U0189745

指导
保罗·博古斯厨艺学院执行副总裁
艾维·弗勒里
Hervé Fleury

前言
保罗·博古斯
Paul Bocuse

摄影
奥雷丽·珍妮特
Aurélie Jeannette
乔纳森·泰夫奈
Jonathan Thevenet

INSTITUT PAUL BOCUSE
博古斯学院
法式西餐烹饪宝典
L'école de l'excellence culinaire

法国保罗·博古斯厨艺学院 著　　施 悦 译

中国轻工业出版社

图书在版编目（CIP）数据

博古斯学院法式西餐烹饪宝典 / 法国保罗·博古斯厨艺学院著；施悦译 . —北京：中国轻工业出版社，2024.1
ISBN 978-7-5184-1431-4

Ⅰ.①博… Ⅱ.①法…②施… Ⅲ.①西式菜肴－烹饪－法国 Ⅳ. ① TS972.118

中国版本图书馆 CIP 数据核字（2017）第 129099 号

责任编辑：高惠京　张　弘
策划编辑：高惠京　　　责任终审：劳国强　　　封面设计：伍毓泉
版式设计：锋尚设计　　责任校对：李　靖　　　责任监印：张京华

出版发行：中国轻工业出版社（北京鲁谷东街 5 号，邮编：100040）
印　　刷：北京博海升彩色印刷有限公司
经　　销：各地新华书店
版　　次：2024 年 1 月第 1 版第 7 次印刷
开　　本：787×1092　1/16　印张：39
字　　数：850 千字
书　　号：ISBN 978-7-5184-1431-4　定价：378.00 元
邮购电话：010-85119873
发行电话：010-85119832　010-85119912
网　　址：http://www.chlip.com.cn
Email：club@chlip.com.cn
如发现图书残缺请与我社邮购联系调换
232107S1C107ZYQ

保罗·博古斯厨艺学院

/ 前 言 /

Préface

　　《博古斯学院法式西餐烹饪宝典》中的教学经验将帮助烹饪爱好者探索法式烹饪技巧的秘诀，能向读者朋友介绍这本厚达600多页的书，我既高兴又骄傲。因为，这本书就像资深主厨在位于法国埃库里（Écully）的保罗·博古斯厨艺学院内教授学生烹饪课程一样，且授课的主厨阵容还包括法国最佳手工业者奖（MOF）的获得者。

　　《博古斯学院法式西餐烹饪宝典》中约有70道食谱的展示，超过250种烹饪技巧的步骤说明，且全部按照食材种类详细进行分类。1990年，在法国当时的文化部部长杰克·朗（Jack Lang）的推动下创立了保罗·博古斯厨艺学院，他一心想将烹饪料理纳入创意行业这一领域，令其变为"烹饪的艺术"，而包含丰富步骤图的本书的出版，就是为了向这所屹立了26年之久的学院致敬。

　　我经常说，幸福就存在于料理中。因此，我们需要分享这种幸福。对于令我魂牵梦绕的法式厨艺理念而言，你们会明白，跨越不同国界及时代的保罗·博古斯厨艺学院既是捍卫法国料理的强力支撑，也是传授法国料理精髓的摇篮。学院设立于修缮完成的养鱼塘城堡（château du Vivier）内，地处4公顷的绿地之上，接收来自全球50多个国家的750名学生。从首次招生开始，学院的好口碑就发挥了实力。校友们作为引人注目且著名的专业人士，遍布80多个国家。就这样，在校友和伙伴的推动下，保罗·博古斯厨艺学院传承了我所看重的价值，并为厨艺界做出了贡献。

　　本书突显了学院院长长久以来的决心，雅高酒店集团（Accorhotels）联合创始人杰拉德·贝里松（Gérard Pélisson）也一直在推进教学计划有序进行。此外，学院执行副总裁艾维·弗勒里（Hervé Fleury）（曾任总经理17年）教导大家认识到厨师与酒店管理培训的必要性，为学院注入了新能量。在此，我们对他在工作中的所有努力表示敬意，可以说学院的成功离不开他的贡献。

　　能成为饮食思想上的先锋必定是那些拥有生活的艺术、丰富的饮食文化以及待客文化的国家和地区，因为他们拥有将其发扬光大的方法。法国手工业行会（compagnon du Tour de France）和法国最佳手工业者优秀的品质就是追求高雅和表现出色，他们致力于传授经验、秘诀、知识和理论。这种优秀的品质以耐心、不断的训练和时间为基础。此刻，就让我们既尊重传统，又展望未来，去迎接明天的美好！

法国料理追求多样性，且会维护那些将优质食材和优质料理相结合的人，这一点极其重要。同时，法国料理因其尊重各个国家与地区特有的饮食习惯和食材之间的搭配，使其被世人所认可，并逐渐趋于成熟。随着厨师与生产者之间交流的增多，法国料理中的差异性也不断增加。

　　在《博古斯学院法式西餐烹饪宝典》中，我们发动了学院所有主厨和餐桌礼仪讲师亲自授业解惑。本书之所以得以问世，多亏学院各位老师的大力支持。《博古斯学院法式西餐烹饪宝典》既扮演了美食的传承者，同时也充当了制作美食的表演者。本书告诉烹饪爱好者和对料理抱有好奇心的人们都能按照自身喜好来改良料理，并做出精致美食。为了让大家不再受时间、地点、年龄和受教育程度的束缚，本书公开的烹饪技巧将有益于大家。

　　进一步来说，为了让大家能够传播和分享法国美食的乐趣，我希望本书能成为你们的最佳烹饪技术伙伴。

　　希望本书的内容能让你们"食指大动，回味无穷"！

保罗·博古斯

总目录

Sommaire

卓越领先的机构——
保罗·博古斯厨艺学院

L'Institut Paul Bocuse Un lieu d'exception

艺术的传承

我们只传授我们所接受过的教育，同时，我们只给相同的群体传授。

相同的语言、世代和美食，让我们从共同的喜好中保留并传承过去。

正因为有这种传承，才让法式餐桌等无形资产登上了联合国教科文组织（UNESCO）名录。法式餐桌是一种有组织的交际方式，在餐桌上人们会接受祝福并展开思考，这也是家庭和友谊的象征。

传承生活艺术和"法式格调"（french touch）正是保罗·博古斯厨艺学院的目标，它需要通过传授法国料理的烹饪技巧来实现。因此，没有机构能超过拉鲁斯（Larousse）出版社，只有它才能实现我们想要将法国料理和它所包含的文化价值传达给更多人的这一愿望。拉鲁斯所出版的厨艺专业书就是最好的证明。人们常常会质疑艺术的重要性，我不认同这种观点，我认为它们对日常生活具有积极意义。所以，我想借助法国料理的烹饪技巧，向大家展示这样一种关系，它可以建立并创造一种连接方式。我希望你们依然能保留一种传统，即通过身体、表情、人及时间来进行表达和交流。花时间体会一种生活方式，丢掉程式化的饮食习惯，继而弥补我们的不足，并激发兴趣，这就是烹饪艺术的意义所在。

我执着地认为，对所有人来说，烹饪料理永远都是新的开始。三个重要因素决定了一餐的成败，如下：

- 食材：蔬菜、食物、饮料，菜品与饮料的搭配以及菜色的安排。
- 品尝者：他的价值观、文化、习惯、期待和需求。
- 环境：氛围、背景、菜品名称、摆盘、餐具和社交。

可以说，烹饪是与心灵进行对话的一个过程，所以，提到社交需求时，烹饪技巧和餐桌艺术能为我们的生活提供一些灵感。

我希望本书能够鼓励人们从日常的烹饪过程中找到积极的、一致的东西，使烹饪爱好者和专业厨师能够爱上下厨的感觉。同时，也希望帮助人们意识到"爱"能够通过外在的活动触及心灵深处。

保罗·博古斯与杰拉德·贝里松

在这个浮躁的、消费主义至上的社会中，"意志力"这一稀有的品质在保罗·博古斯与杰拉德·贝里松身上得到很好的体现。

他们都是既纯粹又有远见卓识的人，很多人会向他们请教，但同时也害怕听到他们的分析。在其他人固执己见时他们会勇往直前；在其他人故技重施时他们会创新；在其他人放弃时他们会坚持下来。

创立于1990年的保罗·博古斯厨艺学院是基于博古斯的优良品质和自信，自然而然建立起来

的。博古斯既尊重美食，又尊重完成美食的条件。美食会让人毫无保留地去分享。为了让学院在各个国家和地区乃至国际舞台上始终保持领先和进步，就要做到将学院与博古斯本人融为一个整体。如今，因为博古斯一直以来的严谨作风、挑选真材实料、烹饪技巧高超稳定，他依然受到全世界其他主厨的高度认可。可以说，他就是保罗·博古斯厨艺学院的灵魂人物。

自1998年起，雅高酒店集团联合创始人贝里松就尽心竭力地管理着我们的学院。贝里松的管理理念为我们提供了一个很好的示范作用，他非常值得信赖。

在保罗·博古斯厨艺学院，崇尚饮食文化的人们、学习烹饪技巧的学生以及专业厨师能够找到令人信服的榜样，这是因为他们深受博古斯和贝里松企业家式精神的影响。他们二人对于整个学院及其所肩负的责任来说，就好比一份精美的"礼物"；而对于他们二人来说，传承就是责任。学院如果能够被世人所认可，也是因为他们的存在。

特长与教育：
经验丰富的主厨亲传顶级法国美食

历史学家帕斯卡尔·欧利（Pascal Ory）曾说过："美食既不是奢侈的山珍海味，也不是高级的料理，而是惯性地吃吃喝喝，并向餐桌艺术转化的一种过程。"我很认同这种观点。

通过运用超过200年的烹饪技巧，打造出符合当今时代人们口味的美食，被称为烹饪艺术。有人会问什么才是经典食谱？我想一道经典食谱应该是随着时间推移却不会被淘汰的食谱。对于一道食谱，我们可以反复制作、不断创新，那么它又会成为一道全新的食谱，这会让我们有种似曾相识的感觉。当我们重新制作名厨卡汉姆（Carême）和埃斯科菲耶（Escoffier）的名菜时，会产生"这道菜的步骤早就烂熟于心了"的想法，其实并非如此。事实是我们根本就没有真正理解制作这道菜的精髓所在。正是因为有这种不足和可能性，使一些经典菜谱经得起推敲、改造或更新。举例来说，最恰当的莫过于21世纪初的风土料理与乡村美食。

使学院主厨的知识和经验得以丰富的正是有关法式料理的专业知识，这些知识巩固了他们的专业水平。主厨们将在教学过程中把他们的专业技能和知识讲授给每一位学生，凭借他们在职业生涯掌握的技能、他们的专长、他们对美的感觉等。这种教学过程会取决于技术水平的高低，其中，既要考虑具体的限制条件（如原料特点、烹饪技巧及价格），又要考虑能够影响品尝者的一切因素（环境及氛围等）。

烹饪的目的是提供食物，就是这么简单。但是，这并非唯一的目的。无论背景如何，能让每一个对烹饪艺术感兴趣的人创造出令人惊叹的东西、无法解释的东西，甚至创造出一个全新的令人动容的世界，才是学院的宗旨所在。

我希望你们能够通过本书去发现一种专业的态度和精神，它启发了学院主厨和学生，令他们在烹饪中不断追求卓越品质。

卓越的技巧

对于烹饪来说，既可以说卓越不重要，也可以说它不可或缺。而正因为这种矛盾，才让烹饪变得如此有趣。

掌握技巧和基础知识必然是、也永远是人们通往卓越的途径之一，这也铸成了手工业者的特色，让他们可以自由地表达自己的心情和创意，而日常生活也成为他们保持默契及创意的源泉。这些既能让人们创造出豪华或平凡的事物，也能创造出不可捉摸或平淡无奇的事物。烹饪仿佛在补给一个空间，并开放了所有资源。若将外行人看不出来的资源通过巧妙手法来处理，那么，它就被融入了感情和欲求。

卓越实实在在地反映了人们的欲求，它是永恒的品质。

懂得如何去了解、如何去行动即卓越。厨师将食材进行巧妙地组合，这种行为本身就是创作，再将对于感官享受的追求推向更高的境界。美食会同时满足视觉及其他感官感受，它代表了色彩和香味，它就是一首诗。烹饪是艺术，美食的艺术。

餐饮业处于大把好时机的时候正是人们在追求卓越的时候。

用心传递的特别场所

如今，作为首屈一指的高等教育研究机构之一，保罗·博古斯厨艺学院致力于在国际上传播和

推广根植于法国传统中的生活艺术。我们培训来自全球50多个国家的750名学生学习与酒店、餐饮和厨艺相关的技能及管理专长。

我们的教学着眼于提高创造力和协作力，将理论与实践相结合，从而培养出具有高水准的、有企业创新精神和领导力的人才。

学院有来自法国及他国的三所教育合作机构，分别是：法国里昂第三大学商学院（l'IAE del'université Lyon Ⅲ）、法国里昂商学院（EMLyonBusiness School）、芬兰哈格-赫利尔理工大学（Haaga Helia），它们构成了我们培训的特色。我们的两个本科专业被记录在法国国家职业资格证书注册名录（Registre Nationalde la Certification Professionnelle）上，酒店餐饮专业始于2009年，烹饪艺术专业则始于2012年。酒店餐饮执照让我们的学生既能获得保罗·博古斯厨艺学院的学位，又能获得大学学位，即双学位。

在硕士专业方面，我们与里昂商学院（国际酒店管理硕士学位）和芬兰哈格-赫利尔理工大学（餐饮管理与创新硕士学位）一同为学生授予双学位。得益于贝里松基金的支持，学院每年都为学生设立奖学金，让更多的学生能得到学习的机会，扩大我们的教学范围。

我把能够向学生传授干练的动作、技巧与优雅的行为称为手的智慧。为了实现这一目标，我们设有8间餐厅，将其中三间向大众开放。同时，还增设茶学院（l'École du thé）、咖啡工作室（Studio café）、品酒屋（Maison de la dégustation）及餐桌艺术空间（espace Arts de la table）、公寓式酒店（Une résidence hôtelière）等。以上场所在学生展现他们的专业技能和知识的灵活性方面会有所帮助。

从2002年起，我们的学生可以皇家酒店学习酒店专业基础及管理知识。皇家酒店是位于里昂市中心的五星级酒店，内设72个房间和套房，其内部装修由皮埃尔-伊夫·罗雄（Pierre-Yves Rochon）操刀。

酒店下面设有学院餐厅（restaurant-école），其最突出的地方就是拥有透明空间，如此设计的目的

是无论学生身在厨房、甜点制作区还是宴客厅，无论正在从事何种职务，他们的举动和态度都能显示出重要的示范作用，这也会使餐厅受益。

2008年，为了适应行业的发展，学院成立了研究中心。研究中心的目标是让人们的生活更舒适（愉悦+健康），不论他们的年龄大小，饮食背景如何，不论他们来自法国还是世界其他国家。这个大工程主要有两个方向：科学研究与博士培养、实践研究与咨询服务，这将为该领域的所有企业发展做出贡献。

科学研究是跨学科的。研究团队包括不同领域的在读博士和研究者，如社会学、行为经济学、认知科学、营养学。研究中心也保持了与地方高校、国际院校的密切合作，同时与企业协作，在世界范围内建立了知名的实验实践网络。

革新和发展还依靠餐饮专家（主厨、烘焙师、酒店经理人）和熟悉市场（消费倾向、饮食习惯、烹饪习惯）与实践（创新、餐饮与酒店保准变化）的项目经理人。

我们拥有独一无二的设施（Living Lab），能让我们收集第一手资料与讯息：多功能餐厅、家庭厨房、专业厨房等。受益于我们的合作网络，研究也逐步走向国际化，不论是在家庭厨房还是专业厨房、企业餐厅还是养老院，或者学校食堂等。

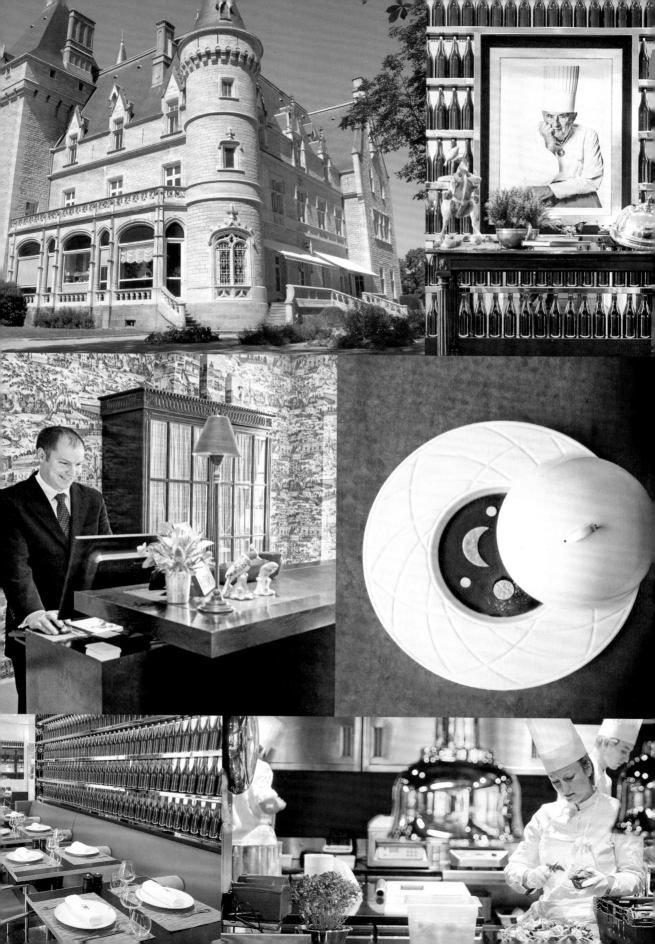

拥有250平方米实验平台的服务实验室（le Laboratoire du Service）于2015年成立，可以在此模拟实景进行学习，便于分析酒店的餐饮服务质量。同时，也可分析针对企业表现等方面的服务。其中，能够保证酒店水准与市场特色的即我们与顾客之间的关系融洽与否。

而且，保罗·博古斯厨艺学院还是法国服务协会（l'Association ESPRIT DE SERVICE France）的成员。

培养未来的专业人才和学识渊博者的机构

古希腊诗人阿里斯托芬曾说："教育不是要将瓶子装满，而是要获得启发"。

保罗·博古斯厨艺学院的办学宗旨是从每个学生身上培养出能够适应不同人事的必不可少的觉悟能力。在这里我们既欢迎普通学生，也欢迎希望提高自己烹饪和管理能力的专业人才，以及准备自己成立企业的创业人士。同时，我们推出为国企和私企量身打造的烹饪技巧和有关服务与接待的培训课程。比如，我们与法国里昂公民医疗机构（Hospices Civils de Lyon）合作推出精致的护理餐服务。

此外，在我们优秀主厨和专家的烹饪秘诀和建议下，保罗·博古斯厨艺学院重启了美食的意义。每年，会有超过1000位的美食爱好者慕名来到我们的美食厨艺学院，参观烹饪、甜点、面包、侍酒、茶艺、咖啡或奶酪等工作区域。

尊重传统、走向世界的教育机构

学院传承传统烹饪的技巧、风俗和惯例。像法国诗人科克托（Cocteau）所言那样："传统好比一台永动机，它在进步、改变，同时活着。有活力的传统比比皆是，但需尽量保持与你年龄相应的处理方式。"

价值是我们传承的东西。想要证明我们配得上"保罗·博古斯"与"杰拉德·贝里松"之名，也配得上我们所传承的法式生活艺术理念，还配得上完成传播法式烹饪理念及酒店传统的使命，我们需要做出选择。

以上只有一个目标：追求卓越。

- 需求：做得更好。
- 道德：个人行为和行业规则的道德。
- 慷慨和尊重：主要指两种人际关系中的价值观，掌握为人处世之道。要自重，更要尊重他人。例如，说："你好女士，你好先生"、着装得体、守时等，都能唤起简单、真挚又持久的感动。

考察餐饮和酒店内的小细节，是希望这些能表

达生活中的艺术之美，而非我们目光短浅。法国的特色正是这种生活艺术和法式格调，同时也是法国很重要的经济支柱。人们可以我们的烹饪课程中汲取灵感，使文化与传统得到发展和进步，进而保障整个国家重要的经济支柱。

从理论上来看，学习并掌握一种职业技能看起来比较容易。但是，放到团体中再看，掌握技能需要更加严苛、宽容及彼此间的信任。要培养学生完成工作后产生的热情并体会成就感，如我们越懂酒，就会越有酒品，也就越会品酒。总之，我们必须在学习期间投入能够观察细节的智慧。而且，通过不同场所实习的经历让我们能够了解并学习正确的手势动作，即手的智慧：切菜、处理肉类、摆餐桌、侍酒等，这些都有正确的手势，这种学习过程必须贯通于教学中。此外，在前面那些基本动作及专业技能的基础上需加入管理能力，包括思考、分析及决策能力。

只有掌握基础以后，在教学团队规划的各个项目中我们才能带领学生发挥他们的创意及灵感。

培养企业精神是最后一个阶段的学习过程。

保罗·博古斯厨艺学院将法国美食与待客之道等专业技术和文化向全球传播开来。有20多所学院和大学，通过博古斯厨艺学院的酒店管理和烹饪艺术专业联盟网络，实践了我们的教学理念及教学方式，我们则协助他们进行教育策划及团队培训工作。也得益于这一教育联盟网络，学生有更多机会参与校际交流项目。我们也同韩国又松大学、日本北斗文化学院开展了合作项目。

从传播法国文化的角度而言，新加坡及秘鲁的利马（Lima）已开设保罗·博古斯厨艺学院本科的烹饪艺术与餐饮管理学专业。

如今，全球已有80多个国家的超过2000名学生在此毕业。我们的首要目标是：就业和良好的职业前景。他们当中有超过33%的人在毕业后的四年内成功进入酒店业或餐饮业进行创业。

为何出版本书？

不遗余力地培养对社会有用的重要人才是我们

的办学特色。不管是现在还是将来，我认为法国文化中的独特韵味和处事方式都是社会乃至世界不可缺少的元素。

我也认为，我们要宣传那些希望自己能与之相匹配的专业技能、烹饪技巧及特殊性。保罗·博古斯厨艺学院的主厨和老师们都认识到他们既是保证人，又是法式烹饪艺术的象征。在此，他们邀您一起分享他们对烹饪的热忱和掌握的专业技巧，最后感谢来自拉鲁斯出版社的支持。

"幸福存在于料理中"，就像保罗·博古斯常说的这句话一样。

保罗·博古斯厨艺学院执行副总裁
艾维·弗勒里（Hervé Fleury）

基础
Les
BASES

目 录

Sommaire

喜欢下厨，
就是学着如何爱并为爱的人下厨

Les bases aimer cuisiner, c'est aimer et cuisiner

下厨。为某人在节日时下厨，或仅仅做一顿平常饭，都并非小事那么简单。其实，这是在为某人做选择，为他搭配食材并端上美食，让他吃下再消化。消化在这里可理解为：吃下的美食会成为品尝者的一部分，并为他们带来幸福感，最后再变成强身健体的营养。下厨无论对下厨者还是对品尝者而言，都是不可缺少的行为，其意义非常深远。食谱、专业技能及建议是基础，我们应稳固架构并打好基础，继而实现愿望，那就是既能发挥自身优势为他人带来快乐，又能给我们制作美食的宏愿提供养分、注入生命力。

管理原则

做一顿饭意味着要改变基本食材的状态，并得到食材的精华。为了实现这一目标，在选择食材时我们必须划分必要的食材及多余的食材，在处理食材时则要按照与美食相似的精致又复杂的艺术规则。

食材的购买

在买到优质食材后我们才会烹饪，并在食用前会妥善保存这些食材。为了便于保存，我们会在宴客前一天或当天才购买必要的食材。但换成平时所用的食材就不那么简单了，因为有时我们会囤够一个星期的食材。

所以，在购物时能准确区分食品杂货和新鲜食材就很重要。食品杂货易于保存且保存时间较长，而新鲜食材只能在冰箱内存放几天。因购物场所（肉店、鱼店、市场或蔬果市场）较多，所以花的时间较多，这也让我们不得不做出更合理的安排，如少买食材，减少浪费。优质食材一般价格较高，更应避免不必要的浪费。

挑选食材的任务相当艰巨。在购买前需要确定自己和客人所吃的食物种类，且这种购买行为已超出烹饪的范围了，它实际上让我们得以融入或退出经济发展大环境中。消费者越来越喜欢直接从生产者那里购买东西，因为它属于近距离的购买方式。有趣的是，可追溯到旧帝国时期的法国古老的供应

剩菜哲学

如今，当大众普遍意识到减少浪费和降低能源消耗的必要性后，我们才开始质疑饮食的个人和社会问题。推崇食用非标准蔬果、过期食品、带有根茎与果皮及副产品食物的想法层出不穷，这都是出于对经济发展和责任归属问题的考虑。

方式，反而在现代显得更有新意。

为了鼓励葡萄种植及酿酒产业，20世纪初AOC（原产地管制命名）得以成立，我们可根据法国已建立的标签制度来选购食材。虽然增加的指标有时会使选购过程变得更难，但其中也有较有名气的标签。

红色标签（Label Rouge）表示具有感官品质。有机农业（Agriculture Biologique）则表示符合尊重环境和生产、种植及畜牧方式的可持续发展。以上非粗放的畜牧方式也避免了伤害动物，这对于如今倡导动物权益的消费者来说很重要。

我们要选择对"大脑"有益的食材，因为只是吃起来可口的食物已无法满足我们的需求。对于动物只因人类享受美食的快乐而被害这件事，我们内心已经开始无法忍受，甚至难以接受。

当地与应季

明确食材的季节很重要，若将此纳入菜单里，那么就可以减轻买菜时因找不到想买的食材而苦恼的情绪。同时，这也是能买到既便宜又美味的食材的好方法。虽然平时我们比较清楚蔬果的旺季，但像肉类、鱼类及奶酪等新鲜食材的旺季却经常被忽略。

19世纪初，能够象征奢侈和权力的就是食用那些不用考虑食材季节和来源的美食，并公然挑战大自然的底线。实际是由于花销太大，因为要为客人准备非应季或来自较远地区的食物，甚至异国美食。直到20世纪初，这些食材才开始普及，但却使它们在感官品质上大打折扣，而且随着需求量不断增长，对环境的影响也越来越大。

如今，一些大咖主厨们使用应季食材进行烹调，提升了应季食材的地位，他们为大家起到了示范作用。有不少主厨会和当地生产商合作，他们会使用特殊的食材来赞美该地区，同时减少会破坏食材品质的昂贵、耗时并污染环境的运送次数。从这些做法中汲取灵感就会得到一种可能性，即让我们再次探索当地或地区性珍稀的、被人们遗忘的食材，同时让我们能够探索未知的新味道。

主厨生活

你们认为准备好了食材，定好了菜单，有最好的食谱明确该做什么、如何做、为什么这么做就大功告成了吗？！并非如此。

家庭主妇

烹饪前请先确认食材的新鲜与否。为什么我们会忽略烹饪时使用的新鲜食材其实很难保鲜，因为我们总是使用那些保质期长到被人遗忘的加工食品。

我们要遵守一些既简单又基础的原则，仅仅洗手、绑起头发、不时更换厨房抹布远远不够。举例来说，我们应把买回的不同食材根据冰箱不同的温度放入不同区域，避免食材交叉污染、摆放杂乱无章。

为了降低细菌的入侵，建议准备适合保存的容器来冷藏食材，如不应冷藏包装乳制品等食材的纸

制冷区

一般我们是按照冰箱不同温度来存放食材的，而非冰箱空间的大小。

- 冰箱门：7~8℃。主要存放鸡蛋、饮料及密封的加工食品。
- 下层（蔬果槽）：5~8℃。主要存放新鲜蔬果。
- 中层：3~5℃。主要存放自制食物及开封熟食。
- 上层：0~3℃。主要存放不易保存的鱼、肉、海鲜等。

记住将不易保存的食材进行密封（如使用保鲜膜、方便盒或锡纸）。若接触到肉、鱼、乳制品或鸡蛋，这些食材可能会变质。

板。这些纸板既附着细菌，又可能隔绝食材与空气、甚至冷空气的接触。所以，买来的食材请仔细去除外包装（尤其是纸板），并将食材装入自家干净的容器内。

烹饪时，为减少细菌滋生，请避免将不同食材放于室温中。请将冷冻食材以冷藏的方式解冻，不要将其放在厨台上，或使用微波炉解冻也很省力省时。

秩序的含义

烹饪时要遵循既定的秩序，所以需要适当空间将不同食材分开，尽量将已熟的食物与未熟的食物分开放。假如烹饪的地方过小，需要将没用的、占空间的东西清理干净。

所以，只有空间比烹饪用具还多时，烹饪才能顺利进行下去。烹饪必用的工具其实很少：几把好的菜刀、一二个量具、几个容器、橡皮刮刀及多功能食物料理机，虽然有时我们会被撺掇买下各种厨房用具。按照个人喜好及习惯，区分出必备用具和多余用具非常重要，这样就可腾出空间让烹饪更加游刃有余。

时间的主人

计时器就像我们大脑中的秒表一样属于烹饪的必备工具，它能让我们掌握食物的烹饪时间、冷却时间及静置时间等，提前做好准备。有时我们需要准备的东西会比想象中还多，甚至需要提前一天做准备，如制作包着肉冻酥皮派的派皮，或用来腌渍

"弗朗索瓦丝会在我们吃完所有食物时特意为我们，尤其是为我父亲端上一份巧克力布丁（他很爱吃布丁），这个行为看上去如此不起眼，但这是她表达友好亲切的方式。"

马塞尔·普鲁斯特（Marcel Proust）

的酱料。

所有这些，需要在非常短的时间内提供给食客，而事前准备工作却可能会花上一天或更长时间。

平衡的基础

客人准备点餐时，我们要确保他们能留下美好的回忆，所以我们会认真挑选食材，而不是让客人在享用时感觉不适。

如果是大众菜，我们要考虑食物的营养均衡及多样化，在定菜单时会考虑食材是否有益健康。

节日或特别场合的菜肴应该让每一位客人感受到愉悦，虽然不用特别担心健康问题，但还是要保证一定的营养均衡。1970年新潮烹饪（Nouvelle Cuisine）革命以前，我们已经对点餐产生了沉重而复杂的心情，客人也会受不小的影响。此外，每个人都有不喜欢的食物，因各自健康、宗教、信仰或自身选择的不同而不同，这是如今社会真正关注的地方。

在慷慨的基础上烹饪

烹饪必需的动力和能量就是愉悦人心。

最初强有力地证实了美食与生活艺术息息相关的不只是推出食谱的人，而是研究美食并写出相关作品的人。例如，"当你接待他人来家里做客时，请在他拜访期间带给他快乐。"19世纪上半叶，布里亚·萨瓦兰（Brillat-Savarin）曾在其作品《味觉生理学》（*Physiologie du goût*）中提到这句话。

准备、付出、使人高兴

通过决定食材、菜谱、菜品勾起的回忆或从中取得的新发现，进而品尝美味的一餐就像请别人探索非常熟悉的领域或未知领域一样。

担心客人是否享受到好的服务更像一位向导的心愿，因为可以与客人尽情分享经验及擅长的领域，这不只是出于尽责主人的自尊心。

在法国及其他拉丁语系国家，他们的习惯就是让所有客人品尝同样的食物。可以这么说，食物就像经过精心设计和制作的礼物一样。

不过，现在我们已经开始接受一种想法，就是一起用餐不代表会品尝同一种食物。

想象的可能性

我们所熟知的食谱可以帮助我们构思全新的食谱，这需要在了解并尊重约定成俗的惯例之后实现。通过某些方式，如使用其他食材代替某一食材、改变食物呈现的方法、加入香料或香草等，使我们可以探索新味道并重新解读经典食谱。

可是，这并非全都能实现。经验的一部分也包括失败和"煳锅未熟"的情况。要知道失败乃成功之母，它是一种学习。传闻塔丁（Tatin）姐妹因苹果烤焦遂打翻了苹果挞，这才探索出经典的法式甜点翻转苹果挞，这一传闻怎么看怎么像真的。

短暂的味道

随着用餐过程的结束，做菜时所倾注的所有精力和准备、做法及时间也会逐渐消失，尤其难以表达对味道产生的感受。在我们尝试分享这种感受时，会涌出既有人情味又美味的回忆。

如今用餐的趋势是什么，不是好好欣赏摆盘、仔细嗅盘中美食的香味之后再细细品尝，而是忙着为美食拍照，放任美食在我们面前变软塌、损失美味及口感，这种行为其实反映出人们想要通过拍照的方式将享用美食的这段记忆保留下来并分享给他人。主厨们之所以不喜欢这种行为是因为这违背了他们的原则，他们期望烹饪艺术应该是短暂的、瞬息的艺术，不仅仅是因为这种行为耽误了时间，降低了美食的价值。

当我们为他人做菜而他人因个人喜好，可能未必欣赏我们所做的食物时，我们需要一种谦逊的态度。因为我们为了他人短暂的快乐付出了精力，我们为了食物能被人欣赏、嗅闻并吃下去花费了无数心思。

烹饪是否属于一门艺术，我们经常这样思考。主厨们像美食家一样赞同这一观点，至少大家会把它称为"烹饪艺术"。主厨的菜肴、日常生活中简单的菜肴，乃至节日时的菜肴，与感觉、专注力、费心、想象力和严谨相关，不仅仅是艺术。可以说，烹饪既是表现慷慨的一种方式，也是爱的一种表达。

"不要进厨房添乱的前提是，假如您一点都不懂魔法。"

科莱特（Colette）

油、醋及调味料

Les huiles, vinaigres et condiments

雪莉酒醋
VINAIGRE DE XÉRÈS

巴萨米克醋
VINAIGRE BALSAMIQUE

花生油
HUILE D'ARACHIDE

橄榄油
HUILE D'OLIVE

覆盆子醋
VINAIGRE DE FRAMBOISE

香油
HUILE DE SÉSAME

核桃油
HUILE DE NOIX

老芥末
MOUTARDE À L'ANCIENNE

带梗酸豆
CÂPRONS

酱油
SAUCE SOJA

精盐
SEL FIN

盐之花
FLEUR DE SEL

胡椒
POIVRE

龙蒿芥末
MOUTARDE À L'ESTRAGON

酸豆
CÂPRES

半腌酸黄瓜
MOLOSSOLS

粗海盐
GROS SEL DE MER

芥末
MOUTARDE

塔巴斯哥辣酱®
TABASCO®

法式酸黄瓜
CORNICHONS

香草及植物香料

Les herbes et aromates

月桂
LAURIER

香菜
CORIANDRE

小葱
CIBOULETTE

牛膝草
HYSOPE

薄荷
MENTHE

莳萝
ANETH

百里香
THYM

龙蒿
ESTRAGON

酸模（含酸液的植物）
OSEILLE

罗勒
BASILIC

香芹
PERSIL

鼠尾草
SAUGE

迷迭香
ROMARIN

香料
Les épices

辣椒
PIMENT

八角
ÉTOILES DE BADIANE

丁香
CLOUS DE GIROFLE

姜
GINGEMBRE

香菜子
CORIANDRE

孜然
CUMIN

肉豆蔻
NOIX DE MUSCADE

辣椒粉
PAPRIKA

肉桂
CANNELLE

山苍子
(POIVRE
CIBÉLE)

长胡椒
POIVRE LONG

藏红花
SAFRAN

混合胡椒
MÉLANGE 5 BAIES

粉红胡椒
BAIES ROSES

白胡椒
POIVRE BLANC

咖喱
CURRY

香醋酱
Vinaigrette

难度：👨‍🍳
分量：200毫升
准备时间：5分钟

原料：
红酒醋（或使用柠檬汁制作柠檬香醋酱）3大匙
油 9大匙
盐 适量
现磨胡椒 适量

用具：
手动小型打蛋器

建议：既可使用传统中性油（如葵花子油、花生油、葡萄子油等），又可使用冷榨调味油（如橄榄油、南瓜子油、香油等）。

做法：

1 将红酒醋（或柠檬汁）倒入碗内并加3撮盐，再将盐用打蛋器搅拌至溶解。

2 将油用打蛋器拌匀，后加入现磨胡椒。

芥末酱
Sauce moutarde

难度：👨‍🍳
分量：200毫升
准备时间：5分钟

原料：
红酒醋（或柠檬汁）3大匙
芥末 2小匙
油 150毫升
盐 适量
现磨胡椒 适量

用具：
手动小型打蛋器

做法：

1 将红酒醋（或柠檬汁）倒入碗内并加3撮盐、现磨胡椒及芥末，再将盐用打蛋器搅拌至溶解。

2 一边将油缓慢倒入碗内，一边用打蛋器将油与芥末融合，搅拌成乳状酱汁。

法式酸辣酱

Sauce ravigote

难度：👨‍🍳
分量：200毫升
准备时间：10分钟

原料：
洋葱 1小颗
混合香草（香芹、细叶芹、
　小葱、龙蒿）1把
红酒醋 2大匙
芥末 2小匙

橄榄油或葵花子油 6大匙
小粒酸豆 1大匙
盐 适量
现磨胡椒 适量

用具：
砧板
菜刀
手动小型打蛋器

做法：

1 将洋葱剥皮洗净切碎，将混合香草洗净、
沥干水分，并在砧板上切碎。

2 将红酒醋及芥末放入碗内混合，加入盐和
现磨胡椒。

3 一边倒入油，一边用打蛋器搅拌。

4 依次加入香草、洋葱及酸豆。

蛋黄酱

Mayonnaise

难度：👨‍🍳👨‍🍳
分量：250毫升
准备时间：5分钟

原料：
常温蛋黄 1个
芥末 1小匙
葵花子油 200毫升

柠檬 半颗（或白酒醋2大匙）
盐 适量
现磨胡椒 适量

用具：
手动小型打蛋器

做法：

1 将蛋黄和芥末放入碗内，用打蛋器拌匀，并加入少量盐和现磨胡椒。

2 先将葵花子油一滴一滴倒入碗内，再以柱状缓慢倒入，并用打蛋器拌匀。

3 待酱汁凝固时，再倒入油并搅拌。

4 将柠檬挤汁，混入并稀释蛋黄酱，之后以盐及现磨胡椒调味。

塔塔酱

Sauce tartare

难度：👨‍🍳👨‍🍳
分量：250毫升
准备时间：10分钟
烹调时间：5分钟

原料：
小葱 半把
白洋葱 1小颗
鸡蛋 1个
芥末 1小匙

葵花子油 200毫升
白葡萄酒醋 2大匙
盐 适量
现磨胡椒 适量

用具：
砧板
菜刀
小型带柄平底深锅
手动小型打蛋器

建议：食用炸鱼（poisson frit）、面包糠炸鱼（poisson pané）或炸鱼天妇罗时，常用塔塔酱来搭配。

做法：

1 小葱洗净擦干并切碎，洋葱剥皮洗净切碎。

2 将鸡蛋放入平底深锅内5分钟煮至溏心蛋（oeuf moller），分离出蛋黄。将蛋黄放入碗内，使用打蛋器搅碎并与芥末混合，之后加入盐和现磨胡椒。

3 将葵花子油以柱状缓慢倒入碗内，用打蛋器拌匀。

4 依次加入白葡萄酒醋、小葱及洋葱并以盐及现磨胡椒调味。

格里比茨酱

Sauce gribiche

难度：👨‍🍳👨‍🍳

分量：250毫升
准备时间：15分钟
烹调时间：7分钟

原料：
混合香草 1把（最好是三种香草，一般会用香芹、细叶芹及龙蒿，有时也用罗勒或香菜）
鸡蛋 1个
橄榄油或葵花子油 150毫升
苹果酒醋 2大匙
小粒酸豆 1大匙
切碎的法式酸黄瓜 1大匙
盐 适量
现磨胡椒 适量

用具：
砧板
菜刀
小型带柄平底深锅
手动小型打蛋器

做法：

1 将香草洗净、擦干并在砧板上切碎。

2 将鸡蛋放入平底深锅内煮7分钟。将蛋清切碎备用，蛋黄放入碗内。

3 将蛋黄用打蛋器搅碎，一边将油一滴一滴倒入、再以柱状缓慢倒入碗内，一边用打蛋器快速拌匀。之后加入盐和现磨胡椒。

4 依次加入苹果酒醋、切碎的蛋清、酸豆、酸黄瓜和香草，并以盐及现磨胡椒调味。

辣根酱

Sauce raifort

难度：👨‍🍳
分量：200毫升
准备时间：15分钟

原料：
新鲜辣根 50克
芥末 1大匙
卡宴辣椒粉 少许
高脂鲜奶油 3大匙
白葡萄酒醋 1大匙
盐 适量
现磨胡椒 适量

用具：
刮丝器
手动小型打蛋器

做法：

1 将辣根刮丝装入碗内。

2 依次加入芥末、辣椒粉、鲜奶油、盐及现磨胡椒。

3 将所有原料用打蛋器拌匀。

4 加入白葡萄酒醋。用打蛋器快速拌匀，并以盐及现磨胡椒调味。

青酱

Sauce verte

难度：👨‍🍳👨‍🍳

分量：300毫升

准备时间：15分钟

烹调时间：2分钟

原料：

混合香草 1把（一种香草或混合香草都可，如菠菜嫩叶、水芹、酸模或香芹）

蛋黄 1个

芥末 1小匙

葵花子油 150毫升

打发全脂液体鲜奶油 100毫升

柠檬 半颗

盐 适量

现磨胡椒 适量

用具：

小型带柄平底深锅

大型带柄平底深锅

筛网

漏勺

手拿电动搅拌器

手动小型打蛋器

做法：

1 将香草择菜并洗净，大锅煮沸水，放入香草2分钟再捞出。

2 将香草放入装有冰块及冰水的碗内冰镇，之后用网筛捞起，并用漏勺使劲按压出水分。

3 将放入小锅的香草用手拿电动搅拌器搅碎。

4 将蛋黄及芥末放入另一碗内，用打蛋器拌匀，后加入盐和现磨胡椒。

5 将葵花子油先一滴一滴地滴入，再以柱状缓慢倒入蛋黄和芥末混合物内，后用打蛋器拌匀。

6 放入鲜奶油及碎香草。柠檬挤汁，并以个人口味加入即可。

法式白酱

Sauce béchamel

难度：👨‍🍳👨‍🍳

分量：250毫升
准备时间：5分钟
烹调时间：10分钟

原料：

牛奶 250毫升
黄油 15克
面粉 15克

肉豆蔻 适量
盐 适量
现磨白胡椒 适量

用具：

厚底带柄平底深锅2口
手动小型打蛋器
刮丝器

做法：

1 将牛奶倒入锅内并加热，将黄油和面粉放入另一口锅内煮至化开，并用打蛋器搅拌至形成金黄色的油糊，冷却备用。

2 一边将热好的牛奶倒入面糊内一边用打蛋器搅拌，避免结块，之后将酱汁煮沸。

3 将酱汁以小火至少煮7分钟并煮至黏稠，煮的过程中用打蛋器搅拌至酱汁变得黏稠、平滑而均匀。

4 最后撒盐和现磨白胡椒，按个人口味加入刮碎的肉豆蔻提味即可。

奶酪白酱

Sauce Mornay

难度：👕👕

分量：300毫升	原料：		用具：
准备时间：10分钟	未调味的法式白酱 1份	刨丝的格鲁耶尔奶酪 35克	手动小型打蛋器
烹调时间：15分钟	（见第35页）	盐 适量	厚底带柄平底深锅
	蛋黄 1个	现磨胡椒 适量（白胡椒更好）	※奶酪白酱为法式白酱的变化款。
	高脂鲜奶油 1大匙		

做法：

1 用锅煮好法式白酱备用。将蛋黄和鲜奶油放入碗内并用打蛋器快速拌匀。

2 将步骤1的混合物倒入装有法式白酱的锅内，并用打蛋器快速拌匀。

3 将锅放回电磁炉上用小火煮，加入奶酪丝。

4 不要煮沸，用打蛋器搅拌至奶酪化开即可，后加入盐和现磨胡椒。

荷兰酱

Sauce hollandaise

难度：🎩🎩🎩
分量：300毫升
准备时间：10分钟
烹调时间：10分钟

原料：
黄油 250克
白葡萄酒醋 2大匙
蛋黄 4个

柠檬 半颗
盐 适量
现磨胡椒 适量

用具：
厚底带柄平底深锅 2口
平底炒锅
手动小型打蛋器

建议：荷兰酱属于基本酱汁，既可用来搭配水煮鱼食用，也可以搭配班尼迪克蛋和芦笋。

做法：

1 将黄油放入锅内煮化，再将2大匙水（配方外）和白葡萄酒醋倒入另一口锅内，以小火收汁一半。

2 将装有水和醋的平底深锅放入炒锅内隔水加热，之后加入蛋黄。

3 用打蛋器轻轻搅拌锅内至起泡。

4 将锅离火，缓慢倒入化黄油，倒的过程中要不停用打蛋器快速搅拌。

5 柠檬挤汁、加入并以盐及现磨胡椒调味。

6 待酱汁表面变为顺滑状即可使用。

洋葱白酱
Sauce Soubise

难度：👨‍🍳👨‍🍳

分量：400毫升
准备时间：15分钟
烹调时间：30分钟

原料：

白洋葱 2颗
黄油 50克
砂糖 1撮
法式白酱 1份（见第35页）

高脂鲜奶油 5大匙
盐 适量
现磨胡椒 适量

用具：

砧板
菜刀
平底炒锅
手拿电动搅拌器
手动小型打蛋器

※洋葱白酱为法式白酱的变化款。

做法：

1 洋葱剥皮并放砧板上切成薄片。

2 将洋葱与黄油放入炒锅，依次加入盐、现磨胡椒及砂糖。

3 盖锅盖，以小火将洋葱煮约15分钟，煮出汁液，但不要上色。

4 在煮的过程中制作法式白酱，并将其倒入炒锅与洋葱混合。

5 之后以小火慢炖15分钟。

6 离火，用手拿电动搅拌器搅拌酱汁。

7 重新加热酱汁，放入鲜奶油。

8 用打蛋器拌匀，并以盐及现磨胡椒调味。

慕斯酱
Sauce mousseline

难度：♟♟♟
分量：450毫升
准备时间：5分钟

原料：
荷兰酱 1份（见第37页）
打发全脂液体鲜奶油 150毫升

用具：
手动小型打蛋器
※慕斯酱为荷兰酱的变化款。

做法：

1 荷兰酱内加入鲜奶油。

2 用打蛋器将混合物拌匀即可使用。

柳橙荷兰酱
Sauce maltaise

难度：♟♟♟
分量：350毫升
准备时间：5分钟
烹调时间：9分钟

原料：
新鲜柳橙 1颗，取橙皮
新鲜柳橙 半颗，榨汁
荷兰酱 1份（见第37页）

用具：
大型带柄平底深锅
手动小型打蛋器
※柳橙荷兰酱为荷兰酱的变化款。

做法：

1 将水煮沸，并将橙皮放入煮3分钟，后清洗橙皮。以上步骤重复两次。

2 将柳橙榨汁，并将橙汁入锅煮，收汁一半时与橙皮一起混入荷兰酱内。用打蛋器轻轻拌匀即可使用。

白葡萄酒酱

Sauce au vin blanc

难度：👨‍🍳👨‍🍳
分量：250毫升
准备时间：15分钟
烹调时间：25分钟

原料：
鱼高汤 150毫升（见第75页）
不甜的白葡萄酒 150毫升
黄油 40克
面粉 10克

全脂液体鲜奶油 50毫升
盐 适量
现磨胡椒 适量

用具：
平底炒锅
平底深锅
手动小型打蛋器

做法：

1 将鱼高汤和白葡萄酒倒入炒锅，大约收 1/3 的汤汁。

2 将10克黄油和面粉倒入深锅内煮成面糊。

3 将步骤1的混合物与面糊混合并拌匀。

4 以小火煮15分钟。

5 加入鲜奶油并煮沸。

6 一边快速搅拌混合物一边加入剩余的黄油，后加盐和现磨胡椒。

鲜奶油淋酱

Sauce à glacer

难度：🍴🍴🍴
分量：550毫升
准备时间：10分钟

原料：
荷兰酱 200毫升（见第37页）
白葡萄酒酱 250毫升（见第41页）
全脂液体鲜奶油 100毫升
盐 适量
现磨胡椒 适量

用具：
平底深锅
手动小型打蛋器

※鲜奶油淋酱为白葡萄酒酱的变化款，用来淋在鱼身上，再放入明火烤箱或烤箱网架上稍微烤制片刻，呈金黄色即可。

做法：

1 非加热的状态下，将荷兰酱与白葡萄酒酱混合。

2 将鲜奶油用打蛋器打发后轻轻倒入步骤1的酱汁内，加入盐和现磨胡椒即可。

松露酱

Sauce Périgueux

难度：🍴🍴
分量：250毫升
准备时间：5分钟
烹调时间：5分钟

原料：
马德拉酱或波尔图酱 1份（见第73页）
切碎或刨碎的松露（新鲜最宜）20克

用具：
平底深锅
烹饪温度计

※松露酱为马德拉酱（波尔图酱）的变化款。

做法：

1 在马德拉酱（波尔图酱）内放入松露。

2 以不超过65℃的温度浸泡食材5分钟即可（温度过高会使香味减弱并消散）。

修隆酱

Sauce Choron

难度：👨‍🍳👨‍🍳
分量：300毫升
准备时间：5分钟

原料：
番茄丁 1大匙（见第378页）
贝亚恩酱 1份（见第44页）
※修隆酱为贝亚恩酱的变化款。

做法：

1 将番茄丁放入贝亚恩酱内。

2 用汤匙拌匀即可。

福釉酱

Sauce Foyot

难度：👨‍🍳👨‍🍳
分量：250毫升
准备时间：5分钟

原料：
釉汁 1大匙（见第61页）
贝亚恩酱 1份（见第44页）
※弗祐酱为贝亚恩酱的变化款。

做法：

1 将釉汁放入贝亚恩酱内。

2 用汤匙拌匀即可。

贝亚恩酱

Sauce béarnaise

难度：👨‍🍳👨‍🍳

分量：250毫升
准备时间：15分钟
烹调时间：25分钟

原料：

龙蒿 1小把
红葱头 3个
红酒醋 150毫升
碎胡椒粒 1小平匙

黄油 150克
蛋黄 3个
盐 适量

用具：

砧板
菜刀
厚底小型带柄平底深锅 2口
平底炒锅
手动小型打蛋器
筛网

做法：

1 将龙蒿洗净、擦干，并在砧板上切碎。红葱头剥皮并切碎。

2 将红酒醋倒入平底深锅内加热，之后放入红葱头及碎胡椒粒。

3 将汤汁以大火煮至基本收干。

4 在另一口锅内以小火将黄油加热至融化，撇去浮沫。

5 将装有红葱头汤汁的锅隔水加热，再放入蛋黄。

6 快速搅拌汤汁至泡沫状，如意式甜点沙巴雍（Sabayon）一样，即成酱汁。

7 离火后，用打蛋器缓慢将已撇去浮沫的化黄油与酱汁混合。

8 用汤匙背按压酱汁，并用筛网过筛。

9 将龙蒿放入酱汁内。

10 放盐并用汤匙拌匀，即可使用。

黄油白酱

Beurre blanc

难度：👨‍🍳👨‍🍳
分量：250毫升
准备时间：10分钟
烹调时间：10分钟

原料：
红葱头 2大颗
不甜的白葡萄酒 150毫升
白葡萄酒醋 2大匙

置于室温的有盐黄油切块
　200克
盐 适量
现磨胡椒 适量

用具：
砧板
菜刀
手动小型打蛋器

建议：为了使黄油便于起泡，请在步骤2时保留少量汤汁。

做法：

1 将红葱头剥皮并切碎。

2 将红葱头、白葡萄酒及白葡萄酒醋放入锅内，煮至汤汁收干。

3 转小火，并一点一点放入黄油，用打蛋器快速搅拌。

4 持续快速搅拌至酱汁颜色变浅并起泡，放入盐和现磨胡椒调味，即可使用。

南特黄油白酱

Beurre nantais

难度：👨‍🍳👨‍🍳
分量：300毫升
准备时间：10分钟
烹调时间：10分钟

原料：
红葱头 2大颗
不甜的白葡萄酒 150毫升
白葡萄酒醋 2大匙
全脂液体鲜奶油 100毫升

置于室温的有盐黄油切块 200克
盐 适量
现磨胡椒 适量

建议：可用漏斗进行过滤。

用具：
砧板
菜刀
平底深锅
手动小型打蛋器
※南特黄油白酱为黄油白酱的变化款。

做法：

1 按黄油白酱的步骤1、步骤2制作酱汁（见第46页）。

2 放入鲜奶油，并煮至略微收干。

3 转小火，一边放入黄油一边用打蛋器快速搅拌。

4 持续快速搅拌至酱汁呈发白的膏状，放入盐和现磨胡椒调味，即可使用。

红酒黄油

Sauce marchand de vin

难度：👕👕
分量：200克
准备时间：10分钟
烹调时间：10分钟
冷藏时间：2小时

原料：
切碎的中等红葱头 2颗
红酒 200毫升
精华牛肉高汤 200毫升
全脂液体鲜奶油 100毫升

置于室温的无盐黄油切块
　100克
切碎的香芹 1大匙
盐 适量
现磨胡椒 适量

用具：
砧板
菜刀
平底深锅

建议：可将做好的成品切成片状，铺在烤盘纸上冷冻后，再装入袋中或小的密封盒内保存。

做法：

1 将红葱头及红酒放入锅内。

2 煮至红酒完全收干。

3 放入牛肉高汤，煮至汤汁呈糖浆状。后将汤汁倒入沙拉碗内，并在室温下冷却。

4 用橡皮刮刀将黄油混入，可再放入盐、现磨胡椒及香芹拌匀。

5 将红酒黄油铺在保鲜膜上，卷成直径约为四五厘米的柱状。将两端打结并至少冷藏2小时。

6 食用时，可将其切成薄片，并摆放在烤肉上（如肋眼肉、牛腰腹部细肉和膈柱肌肉）即可。

甜椒酱

Sauce poiuron

难度：👨‍🍳
分量：500毫升
准备时间：10分钟
烹调时间：25分钟

原料：
洋葱 1颗
大蒜 2瓣
橄榄油 3大匙
去皮并切丁的甜椒 1颗
（其他颜色甜椒也可以，
如这里用的黄椒）

调味香草捆 1捆
番茄丁 250克（见第378页）
埃斯普莱特辣椒粉
（Espelette）适量
盐 适量

用具：
砧板
菜刀
平底深锅
手拿电动搅拌器

做法：

1 将洋葱和大蒜剥皮并切碎。

2 将橄榄油倒入锅内，放入洋葱、大蒜和甜椒，炒至出汁。

3 放入香草捆和番茄丁，加盐后盖锅盖煮20分钟。

4 取出香草捆，将锅内食材用手拿电动搅拌器拌匀，再以辣椒粉调味即可。

澄清黄油

Clarifier du beurre

难度：👨‍🍳👨‍🍳

原料：
切块黄油 适量

用具：
小型带柄平底深锅

建议：用隔水加热法来做也可以。

做法：

1 将黄油放入锅内。

2 将黄油以小火煮化，避免其上色。

3 表面有浮沫时，仔细撇净。

4 从锅内舀出黄油即可，注意避免碰到锅底的乳清，乳清可弃用。

金黄黄油或榛子黄油

Réaliser du beurre blond ou noisette

难度：👨‍🍳👨‍🍳

原料：
切块黄油 适量

用具：
不粘平底锅
细孔筛网

做法：

1 将黄油放入锅内。

2 金黄黄油：以小火煮至乳清蒸发，黄油变为金黄色，并发出噼里啪啦的声音。

3 榛子黄油：持续煮至黄油停止发出噼啪的声音为止，这时黄油呈带有榛子香味的金黄色。

4 将其马上过筛即可。

柳橙酱

Sauce bigarade

难度：👔👔
分量：200毫升
准备时间：15分钟
烹调时间：15分钟

原料：
柳橙 1颗
砂糖 2小匙
红酒醋 1大匙
棕色小牛高汤 250毫升
（见第68页）

黄油 30克
盐 适量
现磨胡椒 适量

用具：
砧板
菜刀
小型带柄平底深锅
大型带柄平底深锅

做法：

1 将柳橙剥皮，并将橙皮切细丝，再将橙瓣榨汁。

2 将橙皮放入装有冷水的小锅内煮。

3 煮沸后，将橙皮捞出沥干水分，并用冷水冲洗。将以上步骤重复两次。

4 在另一口大锅内将砂糖煮至焦糖，并倒入红酒醋。

博古斯学院法式西餐烹饪宝典

5 倒入棕色小牛高汤及橙汁，以小火煮10分钟，将汤汁收干一半。可按需放入盐和现磨胡椒。

6 大锅离火，放入黄油。

7 轻晃大锅使黄油融化。

8 最后放入煮过的橙皮即可。

至尊酱

Sauce suprême

难度：👔👔
分量：500毫升
准备时间：10分钟
烹调时间：25分钟

原料：
黄油 40克
面粉 30克
晾凉的金黄色鸡高汤 500
毫升（见第65页）

高脂鲜奶油 2大匙
盐 适量
现磨白胡椒 适量
柠檬汁 适量（非必要）

用具：
厚底大型带柄平底深锅
手动小型打蛋器
筛网

做法：

1 将一半黄油放入锅内加热至化，后放入面粉。

2 一边煮，一边用打蛋器使劲搅拌至呈金黄色的糊状。

3 倒入鸡高汤时要不停地搅拌，以免结块。

4 先将酱汁煮沸，后转小火煮10分钟，并将酱汁煮至浓稠。

建议：为使酱汁更清爽可挤入几滴柠檬汁。

5 放入鲜奶油煮10分钟，不时搅拌并煮至酱汁收干。

6 以盐及现磨白胡椒调味，并用筛网过筛酱汁。

7 再放入剩下的一半黄油。

8 将酱汁快速搅打至平滑状即可。

波尔多酱

Sauce bordelaise

难度：👕👕👕
分量：200毫升
准备时间：15分钟
泡水去血时间：1小时
烹调时间：15~20分钟

原料：
从两端小牛骨内取出的骨
　髓 约8厘米
切碎的红葱头 2颗
黄油 60克
波尔多红酒 200毫升
百里香 1枝

月桂叶 半片
半釉汁 200毫升（见第61页）
切碎的香芹 1大匙（非必要）
盐 适量
现磨胡椒 适量

用具：
小型带柄平底深锅 2口
大型带柄平底深锅 1口
砧板
菜刀
筛网

做法：

1 将骨髓泡1小时冷水去血水，再放入小锅内以微
滚的水煮8分钟。之后取出冰镇。

2 用漏勺将骨髓沥干水分，并切块。

3 将一半黄油及红葱头放入大锅内煎至出汁，但
不要上色。

4 将波尔多红酒倒入大锅内。

5 煮沸红酒，并用火将酒精点燃进行挥发。

6 放入百里香和月桂叶，并煮至汤汁完全收干。

7 倒入半釉汁，持续收干成酱汁至其能附着在汤匙上。

8 将酱汁过筛进另一口小锅内。

9 以盐及现磨胡椒调味，并放入剩余的黄油。

10 轻晃小锅使黄油融化，后放入骨髓。上桌前撒上香芹碎即可。

胡椒酸醋酱

Sauce poivrade

难度：👕👕
分量：250毫升
准备时间：20分钟
烹调时间：20分钟

原料：
新鲜猪五花肉 50克
黄油 20克
切成骰子块的胡萝卜 1根
（见第365页）
切成骰子块的芹菜茎 半根
（见第365页）
切成骰子块的洋葱 半颗
（见第365页）

调味香草捆 1捆
胡椒粒 20粒
酒作为底料的腌泡汁150
毫升（见第236页）
红酒醋 80毫升
半釉汁 250毫升（见第61页）
高脂鲜奶油 1大匙（非必要）
盐 适量

用具：
砧板
菜刀
平底炒锅
小型带柄平底深锅
筛网

做法：

1 在砧板上将五花肉用刀切成小块。

2 在锅内将黄油加热至化，并放入五花肉。

3 依次放入胡萝卜、芹菜茎和洋葱，再放入调味香草捆和一半胡椒粒。

4 翻炒10分钟左右，一边翻炒一边轻晃锅体。

建议：可根据个人口味决定在步骤 8 是否放入鲜奶油。

5 将腌泡汁煮沸，再将其过筛至锅内。

6 倒入红酒醋，以大火煮至汤汁基本收干。

7 倒入半釉汁并转小火煮15分钟，将酱汁浓缩。

8 将剩余的胡椒粒磨碎并放入酱汁内，煮5分钟，加盐。最后用筛网过筛酱汁即可。

白色鸡高汤

Fond blanc de volaille

难度：🍳
分量：750毫升
准备时间：15分钟
烹调时间：2小时30分钟

原料：
鸡翅 1000克
切小段的胡萝卜 1根
切小段的韭葱 1根
洋葱 1颗

丁香 1颗
未去皮大蒜 2瓣
调味香草捆 1捆
芹菜茎 1枝

用具：
大型带盖汤锅
筛网

建议：可将白色鸡高汤在阴凉处保存两天，过后请冷冻保存。若制作白色小牛高汤，以小牛腿肉来代替鸡翅即可。

做法：

1 将2升水（配方外）倒入大锅内，以水将鸡翅浸没。

2 煮沸2分钟，撇去浮沫。

3 依次放入胡萝卜、韭葱、洋葱及丁香，再放入大蒜、调味香草捆及芹菜茎。

4 小火炖煮2小时30分钟，不加盐（若有浮沫立即撇去）。

5 将高汤用筛网过筛。

6 冷却后放入冰箱冷藏。按需将汤表面的油脂捞去。

半釉汁及釉汁

Demi-glace et glace

难度：👨‍🍳👨‍🍳 　　　　　建议：可将半釉汁及釉汁冷藏保存两天。

做法：

1 将棕色小牛高汤（见第62页）煮沸。

2 半釉汁：以中火长时间炖煮，煮至酱汁有光泽且能附着在汤匙上为止。

3 釉汁：持续炖煮，这时酱汁会收汁并变为焦糖色。其味道很浓郁。

4 将半釉汁及釉汁冷却，之后会产生稍硬的块状。

棕色小牛高汤

Fond brun de veau

难度：👨‍🍳👨‍🍳

分量：1升

准备时间：25分钟

烹调时间：5小时

原料：

切块小牛肉（小牛腿肉、肋骨和牛胸肉）1000克

胡萝卜 2根

芹菜茎 2枝

洋葱 2颗

去皮大蒜 3瓣

市售浓缩番茄酱 1大匙

调味香草捆 1捆

用具：

砧板

菜刀

烤盘

橡皮刮刀

大型带盖汤锅

漏斗过滤器

做法：

1 将牛肉切块。将胡萝卜、芹菜茎和洋葱切成大骰子块（见第365页）。将烤箱预热至220℃。

2 将牛肉放入烤盘，加入1大匙油（配方外），放入烤箱烤20分钟，将肉烤至上色。

3 将蔬菜及大蒜放入烤盘，以200℃烤15分钟。

4 将烤盘内的牛肉和蔬菜放入大锅内。

建议：制作酱汁和炖菜时不可少的高汤就是棕色小牛高汤，同时，
它也是制作釉汁和半釉汁的汤底（见第61页）。

5 将少量水倒入烤盘底部以浇化焦汁，并用橡皮
刮刀刮起。

6 将焦汁倒入大锅，加水浸没所有原料。再放入
番茄酱和香草捆，并煮沸。

7 撇去浮沫，以小火煮至少4小时。

8 用漏斗过滤器过滤高汤即可。

家禽肉汁

Fus de uolaille

难度：🍳
分量：150毫升
准备时间：10分钟
烹调时间：1小时 15分钟

原料：
切块鸡翅 500克
花生油 2大匙
调味香草捆 1捆
切成大骰子块的胡萝卜 2
　根（见第365页）

切成大骰子块的洋葱 1颗
　（见第365页）
白色鸡高汤 500毫升（见
　第60页）

用具：
平底炒锅
细孔筛网

建议：小牛肉、猪肉及小羔羊肉等各种肉类肉汁的做法皆相同。制作肉汁也可用便宜的
　　　肉块或碎肉。

做法：

1 将花生油倒入炒锅，将鸡翅
的每一面用大火炒至金黄色。

2 放入香草捆、胡萝卜和洋葱
翻炒几分钟，将配菜炒至金
黄色。

3 倒入白色鸡高汤。

4 小火慢炖至少1小时30分钟，
至汤汁收干至1/3。

5 将肉汁用细孔筛网过筛。

6 捞去肉汁表面的油脂，过滤
肉汁即可。

金黄色鸡高汤

Bouillon de poule coloré

难度：👨‍🍳

分量：1升

准备时间：15分钟

烹调时间：2小时30分钟

原料：

鸡架 2个或3个（若炖鸡，
　可用切成块状的全鸡）

洋葱 1颗

切半的胡萝卜 2根

切半的韭葱 1根

芹菜茎 1枝

调味香草捆 1捆

丁香 1颗

用具：

砧板

菜刀

大型带盖汤锅

平底炒锅

细孔筛网

建议：最好用老母鸡，可炖出好味道的高汤。这款高汤本身很美味，但也可以在出锅前放
　　　入切小的蔬菜细丁（见第367页），煮至蔬菜刚熟即可，这样能保留其清爽的口感。

做法：

1 将鸡架（或整鸡）放入大锅内，倒入浸过鸡架的冷水，并煮沸。

2 其间，可将洋葱对半切开并入炒锅，以小火煎至洋葱切面焦黄。

3 将大锅内的浮沫撇去，并依次放入胡萝卜、韭葱、芹菜茎、香草捆及丁香，后放入洋葱。

4 以小火煮2小时，不加盐。按需可再加水。

5 将高汤以筛网过筛。

6 将高汤冷却后冷藏。按需可用漏勺捞去表面油脂。

牛肉高汤（与水煮牛肉）

Bouillon (ou marmite) de bœuf

难度：👨‍🍳
分量：1升
准备时间：15分钟
烹调时间：3小时30分钟

原料：
胡萝卜 1根
韭葱 1根
芹菜茎 1枝
牛肉（肩部瘦肉、牛腿肉、
　　肩胛骨、牛颈肉、牛肋排
　　和牛尾等）2000克

洋葱 1颗
丁香 1颗
未去皮大蒜 1瓣
调味香草捆 1捆

用具：
砧板
菜刀
大型带盖汤锅
平底炒锅
筛网

做法：

1 蔬菜剥皮。将胡萝卜、韭葱和芹菜茎切半，并用绳子将韭葱捆成一束。

2 将牛肉放入大锅。

3 将冷水浸过牛肉，煮沸并撇去浮沫。

4 将牛肉以冷水冲洗后放回锅内，锅以同样方式冲洗后装满冷水。

建议: 将牛肉高汤置于阴凉处可保存两天，之后需冷冻保存。

5 其间，可将洋葱对半切开并入炒锅，以小火煎至洋葱切面焦黄。

6 洋葱内塞入丁香，与胡萝卜、韭葱、芹菜茎、大蒜和香草捆一同放入大锅内。

7 以小火炖煮3小时30分钟，不带盖。不时撇去浮沫。

8 从锅内捞出牛肉（可用来制作焗马铃薯牛肉），以筛网过筛高汤，待其冷却后冷冻保存。按需可用漏勺捞去表面油脂。

从清澈肉汤中提取精华高汤

Clarifier le bouillon pour obtenir un consommé

难度：👕👕
分量：800毫升
准备时间：10分钟
烹调时间：15分钟

原料：
碎牛肉 100克
蛋清 1个

切碎的蔬菜末（韭葱、西
芹、胡萝卜和番茄等）
牛肉高汤（见第66页）

用具：
砧板
菜刀
平底深锅
漏斗过滤器

做法：

1 将碎牛肉、蛋清和蔬菜末混合后放入高汤内。

2 待高汤煮沸后转小火，使高汤微滚即可。切记不要碰到汤表面的杂质层。

3 用小汤勺将杂质层中心挖出一个凹槽。

4 待高汤变得清澈后，从凹槽处捞出高汤，注意不要破坏杂质层。过滤高汤时，以装有滤布（或咖啡滤纸）的漏斗过滤器来操作即可。

蔬菜高汤

Bouillon de légumes

难度：👨‍🍳
分量：1升
准备时间：10分钟
烹调时间：35分钟

原料：
切丁胡萝卜 1根
切丁韭葱葱白 1根
切丁带叶的芹菜茎 1根
切丁洋葱 1颗
切丁红葱头 2颗

切丁番茄 2颗
橄榄油 2大匙
大蒜 1瓣
调味香草捆 1捆
盐 适量

用具：
砧板
菜刀
平底炒锅
筛网

建议：将蔬菜高汤置于阴凉处可保存两天，之后需冷冻保存。

做法：

1 将橄榄油倒入锅内，放入所有蔬菜丁。

2 放入大蒜和香草捆，以大火炒几分钟，注意不要上色。

3 以冷水浸过所有锅内所有原料，加盐并煮沸。再以小火煮30分钟。

4 将高汤用筛网过筛。

魔鬼酱
Sauce diable

难度：👕👕👕
分量：250毫升
准备时间：10分钟
烹调时间：20分钟

原料：
切碎的红葱头 2颗
调味香草捆 1捆
红酒醋 1大匙
不甜的白葡萄酒 150毫升
番茄丁 1大匙（见第378页）

半釉汁 200毫升（见第61页）
黄油 30克
切碎的香芹和龙蒿 1小匙
盐 适量
现磨胡椒 适量

用具：
砧板
菜刀
平底深锅 2口
筛网
手动小型打蛋器

做法：

1 将红葱头、香草捆放入锅内，再倒入红酒醋和白葡萄酒。

2 将汤汁以大火收汁至1/3。

3 倒入番茄丁和半釉汁，将酱汁煮10分钟收汁。

4 放入现磨胡椒。

5 将烤盘纸裁成锅口大小并盖住酱汁，将原料浸泡2分钟。

6 用筛网过筛酱汁并倒入另一口锅内，将锅放上炉台。

7 放入黄油并以打蛋器搅拌。

8 按需调整盐的用量，再放入香芹和龙蒿即可。

番茄酱

Sauce tomate

难度：👨‍🍳
分量：500毫升
准备时间：10分钟
烹调时间：25分钟

原料：
洋葱 1颗
大蒜 2瓣
橄榄油 3大匙
调味香草捆 1捆

番茄丁 500克（见第378页）
盐 适量
现磨胡椒 适量

用具：
砧板
菜刀
平底深锅
手拿电动搅拌器

做法：

1 将洋葱和大蒜剥皮并切碎。

2 将橄榄油倒入锅内，放入洋葱和大蒜，炒至出汁。

3 放入香草捆和番茄丁，加盐后盖锅盖煮20分钟。

4 取出香草捆，将锅内食材用手拿电动搅拌器拌匀，再以现磨胡椒调味即可。

马德拉酱（波尔图酱）

Sauce madère (ou porto)

难度：👨‍🍳👨‍🍳
分量：250毫升
准备时间：10分钟
烹调时间：20分钟

原料：
切成薄片的红葱头 2颗
切成薄片的蘑菇 40克
黄油 50克

马德拉酒或波尔图酒 100
毫升
半釉汁 300毫升（见第61页）

用具：
砧板
菜刀
平底深锅
手动小型打蛋器

做法：

1 将红葱头和蘑菇放入锅内，用25克黄油煎出汁水。

2 倒入部分马德拉酒或波尔图酒，煮至汤汁收干至1/3。

3 倒入半釉汁并以小火煮15分钟，煮至汤汁呈糖浆色。

4 将剩余的黄油以打蛋器混入锅内，出锅前可再倒入适量马德拉酒或波尔图酒。

煮鱼调味汁

Court-bouillon pour poisson

难度：🍳
分量：1升
准备时间：10分钟
烹调时间：15分钟
浸泡时间：15分钟

原料：
胡萝卜 1小根
芹菜茎 1枝（或球茎茴香
　1/4颗）
韭葱 1/2根
洋葱 2颗
白葡萄酒醋 100毫升

白胡椒 5粒
香菜子 5粒
新鲜百里香（或罗勒）1枝
粗盐 3小匙
切圆薄片的、未加工的柠
　檬 1/2颗

用具：
砧板
菜刀
平底炒锅
筛网

做法：

1 将所有蔬菜剥皮并切薄片。

2 将所有蔬菜放入炒锅，倒入白葡萄酒醋、1升水（配方外）、白胡椒、香菜子、百里香（或罗勒）和粗盐。煮至沸腾后，再煮15分钟。

3 离火，放入柠檬片，浸泡锅内所有食材15分钟。

4 将汤汁以筛网过筛即可。

鱼高汤

Fumet de poisson

难度：👨‍🍳👨‍🍳
分量：750毫升
准备时间：15分钟
烹调时间：20分钟

原料：
比目鱼的鱼骨和鱼碎屑
　　750克
韭葱葱白 50克
蘑菇 50克
洋葱 1颗

红葱头 1颗
黄油 30克
调味香草捆 1捆
不甜的白葡萄酒 150毫升

用具：
砧板
菜刀
平底炒锅
细孔筛网

建议：鱼高汤可冷藏保存两天。

做法：

1 将比目鱼的鱼骨和鱼碎屑用冷水洗净，并用剪刀剪碎。

2 将所有蔬菜剥皮并切碎。

3 将黄油放入锅内，将蔬菜、鱼骨和鱼碎屑炒至出汁，但不上色。

4 放入香草捆和白葡萄酒，再倒入1升水（配方外）煮沸。

5 煮沸后撇去浮沫，不盖锅盖以小火煮20分钟。

6 将高汤以筛网过筛即可。

甲壳类高汤

Fumet de crustacés

难度：👨‍🍳👨‍🍳
分量：750毫升
准备时间：20分钟
烹调时间：20分钟

原料：
去掉砂囊的大螯龙虾头胸
　甲 2副（或海蟹600克，
　或海螯虾、虾子等的壳
　和头1000克）
球茎茴香 1/4颗
芹菜茎 1枝
洋葱 1颗
红葱头 1颗

橄榄油 1大匙
去皮并切丁的番茄 1颗
市售浓缩番茄酱 1小匙
调味香草捆 1捆
龙蒿 1枝
鱼高汤（见第75页）或水1升
卡宴辣椒粉（Cayenne）1撮
盐 适量

用具：
砧板
菜刀
平底炒锅
细孔筛网

建议：甲壳类高汤可冷藏保存两天。

做法：

1 将龙虾的头胸甲用刀切碎。

2 将球茎茴香、芹菜茎、洋葱及红葱头剥皮并切成骰子块（见第365页）。

3 锅内倒油，将龙虾的头胸甲煎至出汁，一边煎一边挤压头胸甲，尽量将甲壳的味道挤出。

4 依次放入番茄丁、浓缩番茄酱、香草捆和龙蒿，倒入鱼高汤或水，再放入辣椒粉和盐，并煮至沸腾。

5 撇去浮沫后，不盖锅盖以小火煮20分钟。

6 将高汤以筛网过筛。

南蒂阿虾酱

Sauce Nantua

难度：👨‍🍳👨‍🍳
分量：1升
准备时间：40分钟
烹调时间：30分钟

原料：
澄清黄油 30克 (见第50页)
去肠泥的螯虾 1000克
切成小骰子块的胡萝卜 1
　根 (见第365页)
切成小骰子块的洋葱 1颗
　(见第365页)
切成小骰子块的芹菜茎 1枝
切成小骰子块的红葱头 1颗
去皮并切丁的番茄 1颗
　(见第378页)
市售浓缩番茄酱 1大匙

干邑白兰地 50毫升
不甜的白葡萄酒 150毫升
调味香草捆 1捆
鱼高汤 500毫升 (见第75页)
鱼浓汤 (velouté de
　poisson) 200毫升
高脂鲜奶油 2大匙
黄油 (或鲜虾黄油) 40克
埃斯普莱特辣椒粉 适量
盐 适量

用具：
平底深锅 2口
手动小型打蛋器
平底炒锅
漏斗过滤器

做法：

1 将澄清黄油入炒锅加热，再放入螯虾。

2 将螯虾以大火煮至出汁。

3 放入切成小骰子块的蔬菜煮几分钟至出汁。

4 放入市售浓缩番茄酱。

5 倒入干邑白兰地并煮沸，点燃酒精使其挥发。

6 放入番茄丁和白葡萄酒，将汤汁收干至3/4。

7 将鱼高汤和香草捆放入锅内。

8 依螯虾大小煮两三分钟，并撇去浮沫。

9 将螯虾用漏勺捞出。将其去壳，保留尾部便于摆盘。

10 将虾头捣碎，再放回炒锅内。

11 煮20分钟后倒入鱼浓汤，将汤汁收干几分钟。

12 将汤汁以漏斗过滤器过滤，过滤时以汤匙背用力按压。

13 放入鲜奶油，煮5分钟至汤汁收干。

14 将黄油（或鲜虾黄油）切小块放入，用打蛋器搅拌至化，并增加浓稠度。加盐调味，同时用埃斯普莱特辣椒粉提味。

美式龙虾酱

Sauce américaine

难度：👨‍🍳👨‍🍳
分量：600毫升
准备时间：20分钟
烹调时间：30分钟

原料：

去掉砂囊的大螯龙虾头胸
甲 2副（或海蟹600克，
或海蜇虾、虾子等的壳
和头1000克）
橄榄油 2大匙
切成骰子块的胡萝卜 1根
（见第365页）
切成骰子块的洋葱 1/2颗
（见第365页）
切成骰子块的红葱头 2颗
（见第365页）
干邑白兰地 2大匙
不甜的白葡萄酒 200毫升

大蒜 2瓣
去皮并切丁的番茄 1颗
（见第378页）
市售浓缩番茄酱 1大匙
调味香草捆 1捆
鱼高汤（见第75页）或甲
壳类高汤（见第76页）
1升
全脂液体鲜奶油 150毫升
卡宴辣椒粉或埃斯普莱特
辣椒粉 适量
盐 适量

用具：

砧板
菜刀
平底炒锅
筛网 2个
小型带柄平底深锅

做法：

1 将龙虾的头胸甲用刀切碎。

2 将橄榄油倒入炒锅，翻炒龙虾头胸甲，并放入
切成骰子块的蔬菜。

3 倒入干邑白兰地并将酒精点燃挥发。依次放入白葡萄酒、大蒜、香草捆、番茄丁和浓缩番茄酱，并加盐。

4 倒入鱼高汤，以小火煮约20分钟。

5 将高汤用筛网一边过筛进深锅内，一边按压食材。

6 倒入鲜奶油继续煮至高汤变成能附着在汤匙上的酱汁为止。

7 将酱汁以筛网过筛。

8 依个人喜好用辣椒粉提味并调味即可。

鲜虾黄油

Beurre d'écrevisses

难度：👨‍🍳👨‍🍳
分量：250克
准备时间：20分钟
烹调时间：1小时
冷却时间：2小时

原料：
螯虾（头、钳子和头胸甲）20只（保留尾部摆盘用）
黄油 250克

用具：
烤盘
漏斗过滤器

建议：可将切成丁的鲜虾黄油铺在烤盘纸上冷却，再分装进小袋或小型密封容器内。

做法：

1 将螯虾的头、钳子和头胸甲放入不锈钢盆内，并用擀面杖捣碎。

2 将捣碎的螯虾放入烤盘，并铺满切块黄油。

3 用锡纸包住烤盘，将烤箱预热至150℃，烤1小时。

4 烤完取出，用漏斗过滤器一边过滤至一个容器内，一边按压。

5 在容器内倒入150毫升水（配方外），放阴凉处静置至少2小时。

6 待其凝固后，将杂质留在水中，只取出表面的黄油块即可。

制作油酥面团

Préparer la pâte brisée

难度：🍳
分量：425克
准备时间：10分钟
冷却时间：至少1小时

原料：
面粉 250克　　　　　　鸡蛋 1颗
黄油 125克　　　　　　盐 1撮

建议：将面团放于阴凉处 24 小时后风味更佳。冷冻后也很好。

做法：

1 将面粉堆在工作台上，并从面粉中心挖个凹槽，依次放入切丁的黄油和鸡蛋，再加盐。

2 将鸡蛋和面粉轻轻混合。

3 快速揉面。

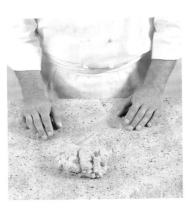

4 当变成均匀的面糊时停止揉面。

5 快速地将面糊揉成面团。

6 将面团以保鲜膜包裹好，并放阴凉处即可。

制作千层面团

Préparer la pâte feuilletée à 3 tours doubles

难度：👕👕👕
分量：1000克
准备时间：30分钟
静置时间：6小时

原料：
面粉 500克
盐 2小匙

水 250毫升
冷黄油 380克

做法：

1 将面粉和盐用水揉至形成平滑的基础面团，并用保鲜膜包裹好置于阴凉处2小时。

2 在工作台上撒面粉，将面团擀成方形面皮。

3 将黄油放在面皮中心，折起面皮的其中一个角。

4 依次将其他角向上折起，包裹住黄油。

5 将面团转1/4圈并擀平。

6 将面皮折三回，折成皮夹的形状。

7 再次擀平。

8 折成皮夹状后转1/4圈，按两个指印作为记号（即第一次折）。将面团用保鲜膜包裹好，并置于阴凉处2小时。

9 重复步骤5至步骤8（按四个指印作为记号，即第二次折）。将面团用保鲜膜包裹好，并置于阴凉处2小时。

10 重复步骤5至步骤8（按六个指印作为记号，即第三次折）。

制作圆形挞皮

Foncer un cercle à tarte

难度：♟♟

用具：
挞圈
派皮花纹夹
※使用挞模也可以。

建议：无论何时，都要先烤无馅挞派的挞皮。需用烤盘纸来保护挞皮，并将陶瓷的烘焙用重石装满挞模。

做法：

1 若在大理石工作台上制作，可将挞圈直接放上；若不是大理石的，则需将挞圈放烤盘上，并铺一张烤盘纸。

2 擀平面团。

3 将挞皮摊开在挞圈上。

4 一只手轻抓挞皮，将另一只手的食指弯成直角并沿着挞圈内壁按压挞皮。

5 用擀面杖擀过挞圈边缘，并用力按压。将多余的挞皮去掉。

6 通常来讲，最后会用派皮花纹夹在挞圈边缘夹出花纹。

制作酥皮肉冻派面团

Pâte pour un pâté en croûte

难度：👨‍🍳
分量：40厘米长的一个模具的量
准备时间：10分钟
静置时间：30分钟

原料：
面粉 500克
黄油 75克（冷冻或室温）
猪油 75克

鸡蛋 1颗
盐 2小平匙
水 125毫升

做法：

1 将所有原料摆在工作台上。

2 将工作台上的面粉中心挖坑，放入黄油、猪油、鸡蛋和盐。

3 倒入水，轻柔地将鸡蛋、水与面粉混合。

4 将面粉快速揉成面团，放于阴凉处至少30分钟。

将派皮铺在传统肉冻派模具内

Chemiser de pâte un moule à pâté traditionnel

难度：👨‍🍳👨‍🍳

用具：
40厘米的派模

做法：

1 在撒有面粉的工作台上擀平面团。

2 将派皮裁好，裁成使其可铺满模具底部和内壁的矩形。

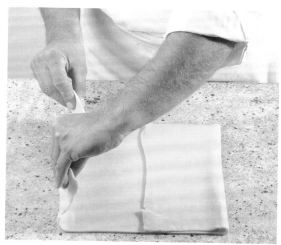

3 将派皮长边的左右部分向中心翻折。

4 同时，将派皮短边也向中心翻折。

建议：没有专用模具的情况下，可将派皮铺在可活动的圆
　　　形模具或派盘内。这时，在底部铺满 2/3 的派皮，
　　　再将剩余的派皮铺满模具。铺法、上色和烤法都相同。

5 在模具底部中心放折好的派皮。

6 注意要小心地将派皮铺开在模具周围，并固定
　在模具的边缘。

7 将派皮在模具边缘留出2厘米的距离，多出的部
　分裁掉即可。

8 派皮已铺好，之后填馅即可。

酥皮肉冻派

Pâté en croûte

难度： ♟♟♟

分量： 2500克（40厘米长的模具的量）

准备时间： 30分钟

烹调时间： 1小时5分钟

静置时间： 24小时

原料：

切成条状的鸭肉或小鸭肉 400克

切块的鹅肝 150克

鸡蛋 1颗

做肉馅：切片并撒胡椒的猪颈肉 750克

切片并撒胡椒的鸭肝 250克

调味料： 切末的大蒜 1瓣

完整的开心果 30克

马德拉酒 3大匙

红酒 3大匙、

糖 1/2小匙

肉豆蔻粉 4撮

去叶的百里香 1小枝

盐 30克

派皮上色： 蛋黄 1个

最后加工： 以果冻粉为原料的液体肉冻 200毫升

切碎的开心果 20克

用具： 铺好派皮的模具 1个（见第88页）

绞肉机

做法：

1 将做肉馅的原料放在工作台上。

2 将猪颈肉和鸭肝放入装好细网的绞肉机内绞碎。

3 将鸭肉条、鹅肝块、所有调味料和鸡蛋混合在容器内。

4 将肉馅与步骤3的混合物混合，再将其填入铺好派皮的模具内。

建议：* 也可用其他禽类（如野鸡、珍珠鸡和鹌鹑等）、
野味或兔子的肉和肝来代替鸭肉和鸭肝。

*若你感兴趣， 可用清澈的精华高汤（见第68页）
来自制肉冻，放入16克用冷水泡软的吉利丁片即可。

5 将模具边缘的派皮向中心卷起，并用手指一点
一点按压。

6 为派皮边缘刷蛋黄，上色。

7 馅料表面铺一层锡纸。将烤箱预热至230℃，烤
约15分钟。再将温度调低至180℃，也烤15分钟。

8 烤毕，将锡纸拿下。

9 待其冷却后，将液体肉冻淋在模具的空隙处。

10 将开心果碎撒在肉冻派表面。

11 将肉冻派置于阴凉处至少24小时。

12 将肉冻派切片即可食用。

烤鸡腌料

Marinade pour poulet grillé

难度：👨‍🍳

用具：
陶瓷烤盘

做法：

1 备料：带腿鸡胸肉、橄榄油、辣椒粉、去皮姜丝、柠檬汁、百里香和胡椒。

2 用除鸡胸肉以外的6种腌料腌渍鸡胸肉1小时。腌好后取出鸡肉，一边烤鸡肉一边刷用过的腌料。

烤鱼排腌料

Marinade pour filets de poisson grillé

难度：👨‍🍳

用具：
陶瓷烤盘

做法：

1 备料：鱼排、柠檬汁、切碎的细香葱、青柠的果肉和果皮、橄榄油、百里香、莳萝、粉红胡椒和胡椒。

2 用除鱼排（这里用的是鲳鱼）以外的8种腌料腌渍鱼排20分钟左右。腌好后取出鱼排，一边烤鱼排一边刷用过的腌料。

蛋类

Les

ŒUFS

目 录

Sommaire

烹饪中的必备食材：鸡蛋

Les œufs indispensables en cuisine

能够呈现文化、饮食和宗教习惯大融合的最好例子就是鸡蛋。

中世纪时，天主教规定，在封斋月40天内禁食鸡蛋。而在可食用前会为鸡蛋上色，主要用植物性染料，这种传统也保留至今。在罗马尼亚，会将鸡蛋加工得异常精美。比较出名的还有法贝热彩蛋、复活节的巧克力蛋等。

鸡蛋拥有完美的椭圆形，虽然它既脆弱又细致，但也能承受超过其重量60倍的压力。在法国的文化和食谱中，鸡蛋起着举足轻重的作用。

很过食谱都会用鸡蛋，它既可以单独使用也可以和其他食材搭配使用，或者取鸡蛋的一部分来使用。

带壳或不带壳？

适用于多种烹调方式可谓鸡蛋的一个独到之处。

由于鸡蛋属于基本食材，所以有它足以。鸡蛋壳非常宝贵并易煮，煮前无需打破。

煮带壳蛋

烹调方式越简单，鸡蛋越美味。在一锅沸水中放入一颗带壳鸡蛋，要煮出微熟蛋、溏心蛋或全熟蛋，只需调整鸡蛋在第二次沸腾的水中的时间即可。三种情况相同，技巧也简单，我们只需认真遵循一些原则，就能达到理想状态。

要煮鸡蛋，需先将鸡蛋从冰箱取出并放于室温下使其接近常温，这样可避免因鸡蛋放入沸水后产生激烈的撞击而使蛋壳破碎的情况。锅需够深但不要太小或太大，这样可避免鸡蛋互相撞击或碰到锅内壁，且鸡蛋需被水浸没。若因物理原因或在沸水中产生的撞击使蛋壳破裂，可将少量白醋

蛋从何处而来？

不管我们是在厨房还是其他任何地方，提到"蛋类"这个字眼，在没有更好的词汇来表述时，通常指的是鸡蛋。过去，蛋主要来自各种禽类，如鸭、鹅及各种鸟类。在欧洲，人们喜欢食用如鲟鱼、鲑鱼或鳟鱼的卵等，而会摒弃蛇和昆虫的蛋。但在有些地方，也会享用它们。

倒入水中，因其具有使蛋清不易在水中散开的凝固作用。

根据鸡蛋大小的不同，煮蛋时间也会不同（鸡蛋越小煮得越快）。而且，若将鸡蛋从冰箱取出不久，那么煮蛋时间也会相应增加。

鸡蛋煮好后，除了微熟蛋，冷水冲洗鸡蛋较易剥壳。微熟蛋需带壳食用，因其蛋清未完全凝固，所以无法取出蛋清。吃带壳蛋也是一种复古、童心未泯并美味的享受。

若是溏心蛋和全熟蛋，我们不会在蛋壳剥开很久才吃，毕竟鸡蛋需要蛋壳保护。

具有最好适应性的是微熟蛋。它会出现在各种早餐中，连1岁以上的小孩也可食用，甚至也用在精致早餐中。由于微熟蛋简单，所以食用松露和鱼子酱这些食材显得更时髦。所谓附庸风雅不仅体现在微熟蛋的配菜比较奢侈，也反映出一种愿景，就是想通过这些配菜来提升蛋黄入口即化且细致的口感。微熟蛋的蛋黄会让珍贵配菜的味道得到提升，而不会使它们变味。

很多不贵且非常美味的食材也适合作为微熟蛋的配菜：简单的乡村面包条配伊斯尼黄油和盐之花、芦笋、帕玛森奶酪、火腿等。也可以做成甜点，撒上巧克力刨花，搭配烤布里欧许面包条。

溏心蛋既可单独食用，也可作为主菜，尽管它本身已经很鲜美了。如可搭配炒菠菜和法式白酱的佛罗伦萨风味鸡蛋，以鲜虾黄油作为底料的溏心蛋配南蒂阿虾酱。

具有丰富用途的则是全熟蛋，既可用来制作尼斯沙拉等什锦沙拉，也可用来作为法式冻鸡蛋（oeufs en gelée）或金合欢蛋（oeufs mimosa）等经典的配料。现在的菜谱偏爱柔软的蛋，如溏心蛋、水波蛋和炖蛋，所以不管全熟蛋有哪些优点，最常见到它还是在野餐时。

如今，主厨们为了摆盘和装饰更愿意用鹌鹑蛋，他们追求的精致与鹌鹑蛋的小巧相契合。要煮全熟的鹌鹑蛋只需三四分钟，与煮鸡蛋的时间一样。

煮无壳蛋

我们可以将蛋壳打破，分离蛋黄和蛋清，分别煮。

这时最好用非常新鲜的鸡蛋，因为这种蛋黄周围的薄膜较结实，不易破。

打蛋后，将蛋清和蛋黄分离的情况下，既可做水煮蛋也可煎蛋。

打蛋后装入小碗内，在沸水中小心地放入鸡蛋，这时可加半杯白醋起到凝固蛋清的作用。

同时不要让水再次沸腾，将火转小，只要微滚2分钟即可。我们可用手指确认熟度：按压表面时蛋清需完全凝固，但仍具有柔软性，能包裹住呈膏状的蛋黄。常与其他食材一同搭配加热的是水波蛋，所以不用将蛋完全煮熟。

当鸡蛋熟得差不多时用漏勺将其捞出，再放入冷水中。为使鸡蛋外形更完美，可进行适当修饰。

红酒炖蛋是指在纯酒或掺水的酒中煮蛋。法国北部地区还有啤酒炖蛋这种菜谱。

煎蛋和太阳蛋非常相似，只是前者煎的时间较长。这两种做法都是打蛋后倒入有油的锅内。太阳蛋主要以小火慢煎的方式，蛋清凝固而无须上

三六九原则

煮蛋所需时间是从水再次沸腾起计算：微熟蛋需3分钟，溏心蛋需6分钟，全熟蛋需9分钟。

色。一般为了避免粘盘，我们会用黄油来煎。煎蛋则用较旺的火煎至蛋清呈金黄色，且有酥脆的口感。也可用榛子黄油、橄榄油或核桃油（选用使鸡蛋变得格外美味的半精炼油来提高其耐热度）来煎。虽说将煎蛋单独作为早餐或早午餐已很美味，不过还可搭配培根或其他烤猪肉制品，也可作为点心的配料使用，如汉堡包、比萨夹鸡蛋。而搭配煎蘑菇、家禽肝脏和海鲜等的绝美组合的总是太阳蛋。

我们可将炖蛋列入最美味菜品的行列，能让每个人尽情发挥想象力是它其中一个优点。实际很容易：用烤箱加热鸡蛋，抑或与原味鲜奶油、或以蘑菇、奶酪丝和火腿丁等为底料的调味鲜奶油一同隔水加热。

烤箱温度不宜超过160℃。若装蛋容器够厚，那么在烤好前即可将容器取出（因容器聚集的温度最终会将鸡蛋烤熟）。

最后，做油炸鸡蛋的也大有人在。而现在这么做的人变少了，因为人们认为油炸鸡蛋含有不良油脂，如今已经用有益于健康的面包粉来代替它。同时，我们还可以将榛子粉、帕玛森奶酪粉、香草和香料等放入面包粉中调味。

混合蛋清和蛋黄

蛋卷和炒蛋就是将不带壳的蛋清和蛋黄混合在一起的两种烹饪方法。不管它们是原味还是与蘑菇、细香草、奶酪或松露搭配的多种口味，既适合作为丰富的早餐也适合作为清淡的晚餐食用。

制作蛋卷时，需先将鸡蛋打散，再倒入已热油的锅内煎，可根据蛋卷的口味（细香草适合搭配橄榄油，奶酪适合搭配黄油）来选油。将备料全倒入锅内，当蛋液周围开始凝固时，将蛋皮用木勺或刮刀折向锅的中心，将蛋煎匀。

可将蛋卷依个人口味煎生一点或熟一点。要注意在煎蛋后期仔细观察，因为这时熟得很快，较难掌握火候。蛋卷一眨眼的工夫就会从生变焦。可将蛋卷在上桌前折起，或简单折三回。再强调一次，

这些属于个人喜好，不是必须要做的。

制作炒蛋时。同样先将鸡蛋打散并倒入厚底深锅内，加热用小火或隔水法。在炒蛋的过程中，将锅的边缘先凝固的蛋皮向中心翻炒，使食材尽量均匀、口感爽滑。为使其口感更好，出锅前可放入黄油或鲜奶油。

蛋卷和炒蛋这两道菜看似简单，但要做好仍需准确度和稳定性。

鸡蛋的属性

唯一一种经常被使用的食材就是鸡蛋，它既可单独使用也可与其他食材搭配使用。同时，在各种蔬菜、肉类、鱼类、谷物或甜品的配料中鸡蛋频繁出现。正因为它具有多重属性，所以在配料中，鸡蛋仍占据着重要地位。

对鸡蛋过敏有了解的人都知道，不用鸡蛋做菜相当困难。

除了鸡蛋的发泡剂、乳化剂和凝固剂这三大属性，我们不想在这里多说鸡蛋的其他做法。此外，装饰菜品也经常用鸡蛋来做。

贾克·维（Jacques Prévert）曾在出自《话语》（Paroles）诗集的《睡懒觉》（La grasse matinée）中写道："在金属工作台上敲击蛋壳的声音太可怕了，同样可怕的还有当把鸡蛋呈现在饥饿的人面前时，他们脑海中翻涌的各种声音。"这些都反映出鸡蛋在饮食中强烈的象征意义。

作为发泡剂的鸡蛋

水、蛋白质和矿物盐构成了蛋清。当我们将蛋清与其他原料混合搅拌时，它会膨胀出一层薄膜，内里包着气泡，这也是当我们用打蛋器快速搅拌蛋清时，为什么蛋清会起泡的原因。要获得打发蛋清（blanc en neige），我们要以垂直绕圈的方法加速而持久地搅拌，让原料中包着尽可能多的气泡。不管是否煮熟，起泡或打发的蛋清都很适宜与其他原料混合，并让不同甜咸混料变得更蓬松、清爽。例如，馅料和慕斯酱（见第40页）、酱汁和慕斯、蛋糕和饼干、舒芙蕾及用来包裹各种油炸圈的面团和意式蛋白霜等。

将蛋清打发成功的方法很简单：只要避免蛋清中掺入哪怕一滴蛋黄，也就是说，任何杂质都不能掺入。如果我们相信分子美食学的原理，那些放入一撮盐或柠檬汁的大众异想天开的建议都是无稽之谈。为了在食用时避免吃到任何带有韧带的胶质，同时为了打发均匀，需去除蛋黄的韧带。将蛋黄固

"净化"鸡蛋

分离蛋清和蛋黄就是"净化"鸡蛋。所以，将鸡蛋轻磕容器外侧使壳破裂，之后将蛋黄盛在半片壳内，两片蛋壳往复着将蛋清分离，并注意避免蛋黄混入。若"净化"需进行多次，可在容器上方拿一颗一颗鸡蛋来操作，最后再将容器内的蛋清和已分离出的纯蛋清混合。同时，蛋壳最好不碰到蛋黄和蛋清。

定在中心处有两条柔软的小带子就是韧带，鸡蛋越新鲜，韧带越坚韧。

作为乳化剂的鸡蛋

蛋黄中的蛋白质具有亲水性、疏水性、吸水性及排水性多重属性。蛋白质很适合作为乳化剂，简言之，若没有乳化作用，就无法让一种液体在另一种液体中散开，因为两者的化学结构无法融合。举个有名的例子，就拿蛋黄酱来说，蛋黄中的油和水就发生了乳化作用。

这种属性使蛋黄成为优秀的乳化剂。将蛋黄加入酱汁、食物泥或汤汁内，就能化腐朽为神奇，使食物变得更甜美、更浓稠爽滑，这是加入其他食材做不到的。

作为凝固剂的鸡蛋

蛋清和蛋黄凝固的温度各异：蛋清比蛋黄更易凝固，其中蛋清需57℃、蛋黄需65℃时凝固，这样我们就能轻松煮出微熟蛋和溏心蛋。若与其他加热后也不能凝固的液体食材搭配时，鸡蛋可使其凝固。所以，当我们想让液体食材凝固时，加蛋烹调足以。例如，正是鸡蛋赋予了沙巴雍和法式布丁特别的口感和韧度。

作为装饰的鸡蛋

蛋黄具有明亮而鲜嫩的色泽，即使经过煮的过程也不会失色。将蛋清或牛奶与蛋黄混合，或加些水，之后铺在诸如派皮等的其他原料上，让其在烤的过程中形成具有光泽且平滑的外观，并呈如焦糖般鲜明的金黄色。同样，只要与蛋黄搭配都能形成美丽的金黄色。此外，也有在其他原料里加入黄色色素的，不知道的人会以为加入了很多鸡蛋。

椭圆形、体型和健康

人们总是过分担心鸡蛋内含有的脂肪，特别是蛋黄。现今有研究表明：鸡蛋可谓一个大宝藏，其内含有少见的维生素D和蛋白质。

太阳和鸡蛋

维生素D为人体所必需的营养元素。经日晒后

由皮肤合成的维生素D有利于人体对钙质的吸收。维生素D可预防多种问题，如身体疲劳、牙病及骨质疏松等骨科疾病。我们的饮食中较少见维生素D的身影，一般它们多存在于小孩不喜欢的鳕鱼肝油里，在鲭鱼及鲑鱼等肝油和鸡蛋内也有大量存在。

蛋白质和饱腹感

鸡蛋内浓缩了优质蛋白质，且有均衡的各种氨基酸。所以鸡蛋易被消化，并有益于健康，特别是不管以何种烹调方式来做，只要吃下整颗鸡蛋时。一般来说，两颗中等大小的鸡蛋的蛋白质相当于100克白肉的蛋白质含量，且热量更低。

蛋白质可增强饱腹感，这有益于少摄取过多食物，可控制体重，甚至使人变苗条。

胆固醇的来历

一直以来，鸡蛋总会和胆固醇画等号，所以许多心血管疾病患者会将鸡蛋拒之门外。但是最新研究表明，我们自身产生的胆固醇其实比食物里含有的更多。很多营养学家建议，一周至少可食用4~6颗鸡蛋，这很安全。实际上准备及烹饪方式的不同才是鸡蛋真正影响我们健康的元凶。

然而，各种菜品中总有鸡蛋的身影，所以不知不觉中我们摄入过多的量。

虽然以下说法过于简单，但下蛋的鸡所吃的食物确实会对食用鸡蛋的我们的身体产生较大影响。

选择、保存及生产鸡蛋

在法国，会选择具有"蛋壳"色的鸡蛋，也就是介于象牙色和亚麻色之间的颜色的鸡蛋。而如美国等一些国家，喜欢选择纯白色鸡蛋。

这种选择直接决定了需要将哪一种补充营养物质加进鸡饲料中，才能使其在蛋壳的颜色上发挥作用，因此极其重要。

零失败选蛋

正确地选蛋：不管鸡蛋来自哪里，我们要观察印在包装及蛋壳上的编码，并能辨识这些编码。一般会将生产日期（特鲜蛋必注明）、建议食用日期、鸡蛋重量和饲养鸡的方式注明在包装上。鸡蛋的重量有：S号蛋即重量低于53克的超小颗，超大颗即重量大于等于73克。一般来说，绝大多数食谱中出现的鸡蛋重量，指的是介于53~63克重量的M号蛋。

饲养母鸡的方式既会影响母鸡的健康，也会决定所下的蛋的营养价值，一般以0~3的数字表示。数字为2~3的鸡蛋强烈建议不要食用，因为它们不够卫生，有损我们的身体健康，同时也会给下蛋的鸡造成伤害。

总之，鸡蛋属于较实惠的食材。比起价格昂贵的食材，购买品质更好的鸡蛋虽然需要额外的花销，但这也在我们可负担的范围内。

产蛋后保存不超过9天的为"特鲜蛋"，烹调时不建议全熟。在28天内可食用的是"新鲜蛋"。需要烹调的时间越久，说明鸡蛋越不新鲜。

辨识数字原则

0：即露天饲养，每只鸡的室外活动范围至少2.5平方米，喂养的是经有机认证的饲料。

1：也是露天饲养，每只鸡活动的面积相同，但饲料被监控。

2：即在土地上饲养，也就是集中在大型建筑内饲养。9只鸡占用1平方米。

3：即在笼子或多层式笼子内饲养，18只鸡占用1平方米。

鸡蛋放久了、未妥善保存或蛋壳略微开裂而不可食用时，鸡蛋较宽一边的气室会变大。教你一个判断鸡蛋是否可食用的诀窍：将一颗新鲜鸡蛋投入水中，它不会沉底而是浮起。

必要的卫生原则

鸡蛋属于脆弱的食材，而蛋壳为它们提供了强有力的保护。多孔蛋壳会受到可溶性薄膜的保护，它们会堵住孔洞，预防诸如蛋壳上有名的沙门氏菌等一些细菌的侵入。

这也是为什么我们在用鸡蛋前必须严格遵守两个非常重要的原则：

第一，蛋壳绝不能接触到蛋清或蛋黄，尤其是在分离它们时。触碰到整颗鸡蛋后，请先将手洗净，再清理干净用过的工作台和用具。

第二，蛋壳请勿弄湿。实际上，保护蛋壳的薄膜对水异常敏感，就算蛋壳再脏也不要用水清洗，可用干布擦拭。同时，为了避免蛋壳收缩，请勿突然改变温度。

不要为抵抗力较弱的人群，如小孩、病人或老人烹调像微熟蛋、溏心蛋及蛋黄酱水煮蛋等含有生蛋或几乎不熟的鸡蛋的菜肴。

虽然保存受到限制，但只要恰当利用，食用它无疑会成为一件幸事，且很多菜谱和甜点中必不可少的食材就是鸡蛋。

鸡蛋在大家的心目中有着特殊的地位，从耶罗尼米斯·博斯（Jérôme Bosch）、萨尔瓦多·达利（Salvador Dalí）到布朗库西（Brâncusi），很少有食材能像鸡蛋那样成为这些流派艺术家巨大的灵感来源。

煮带壳蛋

Cuire des œufs avec leur coquille

难度：🍳
分量：6个鸡蛋
准备时间：5分钟
烹调时间：3分钟、6分钟
或9分钟

原料：
鸡蛋 6个

用具：
小型带柄平底深锅

建议：请用特鲜蛋来煮微熟蛋；用已产1周的鸡蛋来煮溏心蛋和全熟蛋，这样较易剥壳。

做法：

1 提前从冰箱内取出鸡蛋，在沸水中将鸡蛋用漏勺轻轻地放入。

2 微熟蛋煮3分钟，溏心蛋煮6分钟，全熟蛋煮9分钟。

3 微熟蛋：即刻食用。

4 溏心蛋或全熟蛋：从沸水中取出，放入冷水中冷却。

5 将溏心蛋或全熟蛋剥壳。

6 蛋黄呈流淌状为溏心蛋（左），蛋黄已凝固为全熟蛋（右）。

制作蛋卷

Réaliser une omelette

难度： 👨‍🍳
分量： 1人份
准备时间： 5分钟
烹调时间： 4分钟

原料：
鸡蛋 3颗
切碎的香草 1大匙
黄油 25克

花生油 1大匙
盐 适量
现磨白胡椒 适量

用具：
平底炒锅

建议： 若将步骤4中的鸡蛋不折起直接翻面煎，即为煎蛋饼。

做法：

1 将鸡蛋打入容器内，依次加入盐、现磨白胡椒和香草碎。

2 用叉子用力搅打至蛋液起泡。

3 放黄油、花生油入锅呈金黄色时，倒入打好的蛋液。

4 待底层蛋液已凝固，而表层蛋液仍呈流淌状时，将鸡蛋用软刮刀向中心折起1/3。

5 再将另外1/3的鸡蛋向中心折起。

6 将蛋卷折口向下，倒扣在盘内。

制作炖蛋

Réaliser des œufs cocotte

难度：🍳

分量：4人份
准备时间：10分钟
烹调时间：15分钟

原料：

鸡蛋 4颗
全脂液体鲜奶油 4大匙
切碎的香草 2大匙

盐 适量
现磨胡椒 适量

用具：

小型带柄平底深锅

建议：打蛋前，先将 1 大匙蘑菇碎（见第 376 页）、用黄油炒过的菠菜、酸模或碎火腿等配料放在烤盘底部。

做法：

1 将烤箱预热至160℃，将1颗鸡蛋打入容器。

2 将容器摆上烤盘，将热水倒入至烤盘内壁的一半，烤15分钟。烤至蛋清呈不透明状、蛋黄呈流淌状即可。

3 烘烤期间，将鲜奶油和香草用锅加热至稍微收干，加盐和现磨胡椒。

4 将热好的鲜奶油淋在蛋黄四周，即可食用。

水波蛋

Pocher des œufs

难度：🍳
分量：4颗鸡蛋
准备时间：10分钟
烹调时间：5分钟

原料：
白醋 3大匙
特鲜蛋 4颗

盐 适量

用具：
平底炒锅

建议：选用特鲜蛋的原因是鸡蛋越新鲜，水煮时蛋清越不易散。

做法：

1 将水倒至锅的2/3处，倒入白醋，煮至水微滚。将1颗鸡蛋打入小碟内，将小碟贴着水面放入鸡蛋。

2 待鸡蛋浮在水上时，用橡皮刮刀轻轻将蛋清向蛋黄折起。

3 水持续微滚至蛋清呈不透明状，即用漏勺捞起。

4 迅速将鸡蛋放入冷水中冷却。

5 将鸡蛋从冷水中取出，将形状修剪整齐。

6 若蛋清已全熟，而蛋黄呈流淌状，即为煮好的水波蛋。

炒蛋

Brouiller des œufs

难度：👨‍🍳👨‍🍳
分量：2人份
准备时间：5分钟
烹调时间：8分钟

原料：
鸡蛋 4颗
黄油 50克
葵花子油 2大匙

全脂液体鲜奶油 4大匙
盐 适量
现磨胡椒 适量

用具：
厚底平底深锅
手动小型打蛋器

做法：

1 将鸡蛋用叉子轻轻打散即可，不用起泡。加盐和胡椒。

2 将葵花子油倒入锅内，加热一半黄油至融化。

3 倒入蛋液后转小火。

4 一边煮一边不停搅拌，同时小心地刮锅底，煮至鸡蛋半熟并软烂即可。

建议：临上桌前再炒蛋，要比你想象的做得更软烂一点，
不要让鸡蛋在锅内持续煮，马上摆盘上桌。

5 倒入剩余的黄油。

6 将黄油用打蛋器用力搅打并拌匀。

7 放入鲜奶油调味。

8 再用打蛋器拌匀即可摆盘上桌。

肉类
Les VIANDES

目 录
Sommaire

可口、令人愉悦
且充满能量的肉类

Les viandes saveurs, plaisir et énergie

在所有人的心目中，从冬天的火锅到夏天的烤肉，我们几乎到了无肉不欢的地步。中世纪时，将肉称为"carne"，而vivanda（或vivenda）表明肉是我们生活中的必需品，即粮食。纪尧姆·提埃（Guillaume Tirel）于14世纪编写了一本《肉类食谱》（Le Viandier），其中介绍了很多主要食物的做法，这是中世纪的第一本食谱书。追溯它的源头和变迁，反映出在我们的饮食中肉占据着重要地位。

如今，食物中的肉仍然是重要的食材。这虽然有历史方面的原因，但也不是唯一一个。相比其他食材，肉更贵。肉的地位与为了努力买到它们有直接关系。一直以来，在家庭中，煮饭属于女性领域。而提到野味和打猎的乐趣，就会联想到肉所代表的男性领域：权利、精力和使用武器等，这些都暗示了男性特有的气质。所以直到今天，准备烤肉的活计仍由男性来完成。

肉的思考

抛开惊人的重要性不谈，食肉在文化中并非简单的概念。印度教、伊斯兰教和犹太教会严格控制粮食的比例，特别是肉的。就算是饮食习惯较为宽松的基督教，斋戒期也同样会禁食肉。

另外，就算抛开宗教不谈，人类是否该食肉仍是难解之题，这样就形成了一条基本禁忌：一种生物为了进食和追求口感（味道）导致另一种生物的死亡。这也让我们开始思考人与动物之间的关系，主要分为三种：陪伴型动物（宠物）、工具型动物和食用型动物，此外再加上对饲养牲畜所需条件的道德拷问。所有这些对我们环境的影响，尤其对那些赤贫却还被征收部分财政收入买饲料的发展中国家的影响来说，有引发食用者道德思考的可能。另外值得注意的是，若集约型畜牧方式会给环境带来重大影响，那么合理的粗放型畜牧方式可能有助于维持多样化的风景和植被。

于1996年爆发的疯牛病颠覆了我们对肉类的认识，所以出现了应对这类饮食危机的回应，即吃肉有害健康。但是，这些危机也迫使政府制定了牲畜饲养、饮食、饮食补给品及能追溯食品源头等更为严格的立法。其实早在危机以前，就存在这种标签了，这对我们挑选肉类很有帮助。

肉类对于健康而言仍然很重要，这里仅指食用优质肉，并清楚来源，这些信息现今都较易获得。肉富含维生素B，人类细胞更新、免疫系统和神经系统都少不了它，它还有减压和缓解沮丧等负面情绪的作用。肉同时也是诸如锌和铁等优质蛋白质、很多矿物质和微量元素的绝佳来源。

挑选、保存和贮藏

能在提供建议和资讯的肉品专卖店挑选肉类是最理想的。大超市里通常都是有明确来源的肉类，没有提供建议的冷冻肉也越来越容易找到。在传统市场，冷藏或冷冻方式是最值得留意的薄弱环节，因为肉不好保鲜。

直接以肉贩子专用纸或批发商盒子（会有食用期限标注在包装上）包装的肉放进家用冰箱的冷藏室（0~4℃）可保存1~4天。肉馅一般当天买当天煮。汉堡排属于不易保存的食物，需要卖家迅速地以"中间煮熟"法来做，并以保温袋打包带走。

室温下的肉才能煮，这样能避免加热过程中的热量收缩肉的纤维。冷冻肉需通过冷藏来解冻。

官方质量标志

在选购肉时，得益于欧洲和法国的官方标志，使我们能更好地辨认出哪些是优质食材。这些标志既保障了味道，也保证了健康，它们是善待牲畜、使人放心的卫生与安全条件和实打实的优质产品。

与产品的美味相关，并牵涉整个产业投入的为红色标志（Label Rouge）。

标志来自某特定产地的食材，且该食材在此区域被培养出有名的特点，即为原产地命名控制（AOC, appellation d'origine contrôlée）。

保障畜牧方式合理发展，尊重产品与环境的标志为"有机农业"（Agriculture Biologique）标志。

牛肉、小牛肉和羔羊肉在法国的烹饪传统中属于最基本的肉类。比较好的还有猪肉，一般常用做羔羊肉的做法来做猪肉。考虑到以加工食品的方式更能体现猪肉的风味，所以本章不再赘述。

从原料到熟食

因为煮肉所需要的准确度是由肉的品质决定的，所以还是相对容易选购肉。上等肉只需少煮或不煮，但劣质肉不仅要长时间煮，有时甚至还要事先腌渍。

无火之炊

食用生牛肉或小牛肉可用鞑靼或轻渍的方式，再加上柠檬的酸味使肉的香味得以呈现，用盐也能达到不错的效果。

混合了调味料和香料、味重、带酸味的碎肉即鞑靼，这种方式因其制作过程较快，使肉不至于像煮过的那样变熟。鞑靼使用的一定是鲜肉块，将肉块剁碎后，肉的口感会变筋道且味浓。若加入较多橄榄油和1颗生蛋黄，肉会更加顺滑。稍微煎下鞑靼的两面较适合不敢生食肉的人，即恺撒鞑靼（Tartare César）。

通过酸味使切成方形或圆形的薄片生肉"像煮过的那样变熟"即为轻渍。以零下一二℃冷冻保存的肉，才能便于切成规则的肉片，再淋上用柠檬、橄榄油、罗勒、盐和胡椒混合而成的腌渍酱。

若以无火之炊的方式，则效果更好的是小牛肉，可做成精致可口的鞑靼，而用轻渍生食的方式也很赞。

除去加热法，花时间和用盐即为最有效的方法。通常我们会将橄榄油和香料刷在紧致的肉身上，之后将肉用大量粗盐铺满。再将肉至于阴凉处1天，为了达到"像煮过的那样变熟"的效果。将盐清理干净即可食用。

上述烹饪方式最早是由贫血者于19世纪大力推广的。如今，这种方式一般会被肉食爱好者优先想到，它会减少对肉的再加工，使味道更好。

绝世好味道

驱使我们迈出厨房的烹饪方式有烧烤、石板烤肉和铁板烤肉等，这既让人联想到一种比较原始和抗寒的方式，也会联想到夏季和大型聚会。

之所以我们可以烤出能供应多人份的、还不会焦的肉，是因为铁板和石板比较相似，烹饪时均匀受热、火力大、温度不会升得特别快。所以，最好选择优质肉，不要太大太厚的肉块，牛肉的话可选用牛腰腹肉或嫩牛腿肉，羔羊肉的话可选用羊肩肉，这样烧烤时又迅速、用时又短。同时用这种方法也可以煎调好味道的碎肉丸，只要烧烤前将石板或铁板洗净即可。虽然不是必须的，我们还可用腌酱。

千万不要直接用火苗来烧烤，否则不仅会将肉烤焦产生有害物质，还会留下木炭的味道。

用纯天然木炭来烧烤，若温度过高或出现火苗，则将肉转移至干净的烤网上。假如烧烤时间过长，需要将烤网架高，并时常用夹子为肉翻面，或将蜂蜜、芥末及香料做成的腌酱刷在肉上。这时肉

浓缩与膨胀

浓缩烹饪法比较迅速且激烈，平底炒锅最为常用。此方法会留住肉汁，原因是肉里的蛋白质凝固或食材中含有的糖会使肉汁焦糖化，并形成一层表膜，这能将食材的芳香和嫩滑锁住。

膨胀烹饪法需要在多汤汁的情况下实现。此方法便于食材与汤汁的味道进行融合，之后形成混合味道，这与浓缩烹饪法相悖。同时，此方法还会使食物变得软嫩。假如没用此方法，食物会很坚硬。

的四周会形成一层硬皮，散发出浓郁肉香，肉汁也被锁住，使肉免于高温的烧烤。

烘烤和升华

品质优异的肉用烤箱烤后，味道更加浓郁，口感也好。烤牛肉一般会用牛里脊肉、牛上腰肉和牛腿排；烤小牛肉常用上后腿肉、后腿肉和小牛腿肉；烤羔羊肉会用羊肩肉或羊腿肉。

浓缩烹饪法的必经过程：可用肥肉条或肥油肥肉包住烤肉，若没有的话建议先刷一层油脂，再放入热锅内煮。而羔羊肉因其自身油脂相当丰厚，所以可免去以上步骤。根据肉的大小和我们想要的成品决定将肉如何从粉红色烤至合适的熟度。肉食爱好者偏爱将牛肉进行短时间的烤制，这属于个人的喜好。红肉（牛肉和羔羊肉）需在温度高的烤箱内烤，白肉（小牛肉）则相反。烤的过程中要不时为肉淋酱汁。

为了避免烤肉时流出的肉汁层过薄而将肉烤糊，烤盘应比肉大些。若烤糊那就可惜了，还会给肉带来糊味。如烤上好几个小时的大块肉，这时烘烤时间就长了，最好不时用夹子给肉翻面，还可将烤网架高，以免肉粘在烤盘上。

快烤好时，将包了一层的肥肉取下，再烤至肉表面呈金黄色。将肉从烤箱内取出，用具有保温效果的锡纸将肉包住放置几分钟，会使肉汁和热量均匀地散开。

炒与煎：便利之乐

有一种既简单又快速的烹饪法是用平底锅或中式炒锅来炒肉，各种牛肉都适合这么做。这里，我们建议以煎的烹饪法来做牛排（此处牛排不是牛肉的名称）。

很适合煎炒的肉有膈柱肌肉、后腰脊肉、下后腰脊肉、紧挨大腿内侧的腹部肉和嫩牛腿肉，这样具有长肌肉纤维的肉往往容易出汁，所以在烹饪时肌肉纤维会因膨胀而锁住肉汁。

将从优质肉块上切下的小牛肉片和小羔羊肉片用锅煎。与羔羊肉和小牛肉相比，煮牛肉时间较短、火力较大；而煮羔羊肉等时，需要以小火煮至肉变得软嫩、致密。

可将上文的肉切薄片，点缀些异域风味（搭配

或不搭配酱汁都可），再用中式炒锅快速炒出美味又健康的肉食。

小火慢炖

炖肉在中世纪的欧洲是种高贵的象征，而在当今的法国，它已成为大众饮食的代表。其中，传统和美味即广义的"大众"。而从经济角度讲大众：有时我们会炖不那么"昂贵"的肉，用炖的方法会使肉坚韧的纤维变软。同时，炖出的肉富含胶原蛋白，也将混在肉里的调味料和蔬菜变得更美味、口感更软绵。

炖主要是将肉用水完全浸没，再以小火慢炖。放入肥肉、瘦肉和胶质等多种肉块会使味道更加浓郁。混合了牛颊肉、牛膝、牛肩胛肉、牛肩瘦肉及牛髓骨，再加上不易炖化的芜菁、胡萝卜和韭葱。炖好的汤汁可保存好：不管是高汤还是用大米和烤面包混合使汤变稠，都特别美味。我们既可以在吃肉和蔬菜之前享用，也可以搭配着一起食用。

炖羔羊肉主要为英式菜肴，比较少见，只有小部分法国人能接受它。

焖：最好的烹饪法

此法比较特殊：它融合了浓缩烹饪法和膨胀烹饪法的优势，属于混合烹饪法。例如，买来便宜的不同肉块，煮至上色，后将煮出的肉汁淋在肉上，并以小火将肉块、蔬菜和香料长时间慢炖，会出许多汤汁，这时持续盖锅盖炖煮。肉会越煮越软，这时汤汁和肉的味道会融合在一起，变得爽滑。一般来说，搭配红肉的是棕色高汤，搭配白肉的是白色高汤。

例如，红酒炖牛肉（Boeuf bourguignon）、洋葱马铃薯炖小羔羊肉、蔬菜焖小牛肩肉（paleron de veau braisé aux agrumes）等。冬季特别适合炖肉吃，是非常传统并美味的享受，给人一种鼓舞。

均匀而紧实的牛肉

牛肉一般可来自于被淘汰的乳牛及被阉割的成年公牛（已过24个月）。在法国，所饲养的牛的品种大约在20种以上，根据土壤、气候和牧草种类的不同，每种牛都对应着一定的风土条件。夏洛来牛（charolaise）和利穆赞牛（limousine）属于很有

信仰与虚假的拥护者

我们在厨房中的一些习惯有时会破坏食材的本味。例如，我们应该在煮肉并给肉收汁后再加盐，这与以往的做法相反。肉汁本该在肉里被锁住，而提早加盐会使肉汁损失。同样地，我们只要给肉上色即可，不用在肉上戳洞。同时，因肥肉会为整个肉增加香味，所以应在煮好后再去掉肥肉，而不是在煮好之前。相反地，以防加热后肉会收缩，需要将肉块的四周切开。

名的牛种，奥布拉克牛（aubrac）和萨莱牛（salers）则属于非常稀有、来源古老的牛种。以上的牛种往往会有标签来保证其卫生条件和道德，最后还会制成品质极佳且有产品特点的食物。就像认证过卡马尔格（Camargue）公牛AOC标志所售的raco di biou那样，其味道不强烈却浓郁，显得很独特，其口感软嫩、恰到好处，却又没有那么油腻。

即便是一片低品质或高品质的肉，也有其非凡之处

在法国，作为肉食的象征非牛肉不可。从红酒炖牛肉到牛肉蔬菜锅，牛肉既是传统菜的代表，也是牛排、薯条和沙拉这类名气家常菜的代名词。

因牛有较多可食用部位，且做法多变复杂，所以才能呈现出各种受人欢迎的食谱。牛的不同部位因其品质不同而各具特色。它们在现实中会用在各种菜谱里，其价格的高低决定了牛的各部位之间存在的等级之分。

通常来说，牛的不同部位有高低贵贱之分。要想让"低贱"的牛肉变得美味而软嫩，需要更长的烹饪时间，所以这里会加双引号。

肋眼、里脊肉、上腰肉、膈柱肌肉及牛腿排这

些高贵的肉能使我们联想到软嫩多汁的部位。而多胶质的肉、肥肉和瘦肉则大多是"低贱"的肉。我们所说的"雪花"为含有大量油脂的肉块，它不规则地存于肌肉的细致的脂肪纤维内。为和牛赋予独特口感的就是"雪花"，其又软又嫩，就像肥鹅肝一样。

极具营养价值的红肉

与其他肉类相同，牛肉也富含维生素B_2，有利于生成红血球，能从饮食中帮助我们获取能量的则是维生素B_3。

根据部位的不同，牛肉中蛋白质含量为25%~30%，脂类含量为2%~15%。众所周知，不管我们用食材做哪一道菜，也不会改变其所含有的脂类。

牛肉除含有铁以外，还含有如硒（抗氧化物）、锌与铜（对人体形成胶原蛋白和血红蛋白有帮助）等大量矿物质和微量元素。有媒体报道过食用动物蛋白可能对人体健康有损害，不过最新的研究表明，有损害是在过量食用的情况下，可能会引发癌症和心血管疾病。与此相反，若想有益于健康即每日食用的量不宜超过140克。

所以，最好少食用牛肉，并选购优质（包括来源及饲养条件）肉，这既为了享受美食和保证健康，也是基于道德的考虑。

细嫩精巧的小牛肉

年龄不超过6个月的雄性或雌性牛为小牛。放养的为乳小牛，饲养方式为牛乳喂养，不一定是小牛的母亲。

从始至今，一直是富人食用小牛肉。直到乳制品工业化的19世纪，可用乳制品的副产品饲养小牛，这时才开始普及小牛肉。

小牛肉具有非常细嫩的肉质，一般我们选用的小牛肉呈淡粉红色，或颜色更鲜艳的吃草牛的肉。若肉有脂肪，最好是呈珠光白色的。

瘦肉的营养价值

除去几点不同以外，小牛肉和牛肉的外形很相似。因小牛肉的油脂还未渗入肉内，所以油脂较少。小牛肉富含蛋白质且油脂较少，属于瘦肉，对减肥者来说又美味热量又低。以牛母乳为食的小牛所提供的铁含量比牛肉少很多，但小牛肉富含的硒可护心脏免于患心血管疾病，对人体健康非常有益。小牛肉中还富含大量油酸，对油脂氧化并转为能量大有帮助。

传统之优雅

精巧绝伦的小牛肉既可用浓缩烹饪法也可用膨胀烹饪法，这得益于其软嫩程度。小牛肉各部位的肉较小，易煮，只需三四分钟可将小牛肉肉片煮熟，而30分钟就可烤熟500克小牛肉。有一道相当有名的菜谱据说是法国人的最爱，即白酱炖小牛肉（blanquette de veau）。洋葱马铃薯炖肉、肉卷（paupiette）、烤肉或非常简单的烤肋排都很适合用小牛肉来做。

意大利也对小牛肉情有独钟，所以也诞生出炖小牛膝（osso-buco）、罗马小牛肉火腿卷（saltimbocca à la romaine）和米兰炸小牛排（escalope de veau à la milanaise）这样的小牛肉名菜。

软嫩而精细的小牛肉与牛肉多样的表现方式几乎一致，它是追求健康与美味并存的一种理想选择。

复活节的羔羊肉，即宗教美食

不管他们所信仰的宗教有何风俗，复活节是庆祝的节日。宗教仪式里经常会有羔羊出现，不论是基督教还是犹太教。它们既象征了纯洁，也暗喻了牺牲之意。

对很多人而言，在复活节有机会可享受那些价高的经典美味，并使传统美食得以延续。

极具节日氛围的羔羊肉

不满12个月的小羊即羔羊，小羔羊一直吃乳汁到6周左右才断奶。

而上市的羊种约30种以上，法国对干旱或难于耕种的土地比较重视，尤其是遥远的乡村地区，所以生物的多样性得以保存。

引爆唇齿间的精致美味

与成年羊的肉色相比，羔羊肉要淡很多，且超级软嫩。用普罗旺斯的香草、百里香和迷迭香等香草搭配其强烈的味道很适合。雪花羔羊肉呈淡粉红色，全熟时最美味，肉超级多汁，而超过这个程度就会使肉变硬，味道也会不佳。在煮羔羊肉时切记不可将肉戳小孔，煮好食用时再加盐，这样易于保存。

基于传统会给肉搭配腌料，但羔羊肉并不需要，因其味道本身就足够浓郁。不知道做什么菜时，烤羊腿和烤羊肩肉会马上映入脑海。精致的还有切块的肋排、洋葱马铃薯炖肉，长时间以小火慢炖肉块，再以调味蔬菜和春季小菜来搭配，美味又爽滑。

在印度和北非的马格里布（Maghreb），代替绵羊，而以羔羊做的家常菜立刻变身为非常精致的节日大餐。

脂肪的优点

羔羊肉就像所有红肉那样富含蛋白质、B族维生素（特别是维生素B_2、维生素B_3和维生素B_{12}）、铁和锌。磷对骨骼和牙齿特别好，也能强化细胞膜，我们在羔羊肉里也能获取大量的磷。

羔羊的脂肪较绵羊少，特别是，羔羊肉中含有的硬脂酸（构成饱和脂肪酸）能够使HDL（即好的胆固醇）增加，而不增加LDL（即坏的胆固醇）。

可喜的变化

综上所述，不同的肉尽管在对人的健康方面较类似，但也不完全相同。经常变化着食用各种肉很关键，这是出于我们享受美味和强健体魄方面的考虑。在做饭前请以健康为先，尽量选择那些产地明确、质量有严格把关的肉。

牛肉
Le bœuf

肋眼
ENTRECÔTE

嫩菲力
TOURNEDOS

牛肋排
CÔTE DE BOEUF

上腰肉
FAUX-FILET

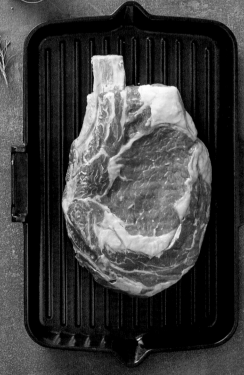

牛腿排
PAVÉ DE RUMSTEAK

牛小排
PLAT DE COTE

膈柱肌肉
ONGLET

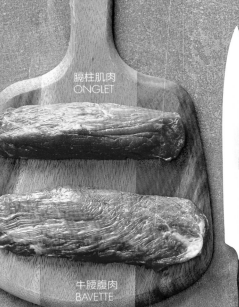

牛腰腹肉
BAVETTE

牛尾
QUEUE DE BOEUF

牛肩瘦肉
MACREUSE

靠近牛大腿内侧的
腹部肉
HAMPE

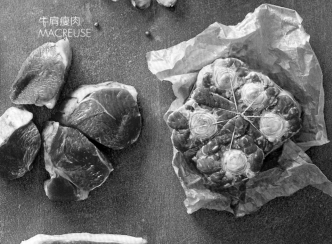

牛肩胛骨
PALERON

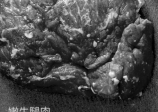

嫩牛腿肉
ARAIGNÉE

处理牛里脊

Préparer un filet de bœuf

难度: 👕👕

用具:
砧板
菜刀

做法:

1 将牛里脊鼓起的那面朝上放砧板上，去除将里脊肉和侧肉（侧面长肉条）连接起来的膜。

2 切下侧肉备用。

3 用刀修整里脊其中一面。

4 将肉翻面，修整另一面并切下脂肪，可将切下的碎屑保留做酱汁。

5 切下里脊前段。

6 将里脊的中段和末段切开。

7 将前段切成夏多布里昂牛排（chateaubriand）（重300~350克，约2人份）。

8 将中段切成嫩菲力，每人150~180克。

9 将末段切成像俄罗斯酸奶牛肉（boeuf Strogonoff）一样的适合油炒的块状或条状。

10 将侧肉进行修整，切碎即可。

煎出上等牛排

Bien cuire un steak de bœuf

难度：👨‍🍳👨‍🍳

用具：
平底锅

建议：将牛排从冰箱内取出 5 分钟后再煎，这样可煎出理想的熟度，煎的过程中记得放盐和胡椒。

做法：

1 将黄油和食用油各一半的混合油用锅以大火加热至融化，再放入撒上盐的牛肉。

2 当底面煎好时，将肉用夹钳或锅铲（勿用叉子）翻面。

3 将火转小，将另一面煎至适当的熟度，用手指按压确认。

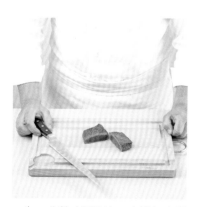

4 一分熟（BLEU）：肉摸起来很柔软，呈匀称的红色、微温（37~39℃）。

5 三至四分熟（SAIGNANT）：肉摸起来很柔软，四周已熟，内里呈红色、温热（50~52℃）。

6 五分熟（À POINT）：肉摸起来较有韧劲，四周是熟的，内里呈粉红色，摸着烫（53~58℃）。顶级牛肉一般不建议"全熟"，最后撒上胡椒即可。

处理牛肋排

Préparer une côte de bœuf

难度：👕👕

用具：

砧板   菜刀

建议：最好选择肉质较软嫩的、肉用的牛肋排。

做法：

1 将附在肉底部六七厘米骨头处的脂肪去除。

2 将肉表面多余的脂肪去除。

3 将包裹在骨头末端的肉切开，并将骨头末端修整干净，露出六七厘米左右的骨头。

4 将可以煎烤的牛肋排处理好。

烤牛肋排

Griller une côte de bœuf

难度：👕👕

用具：
烤架（或铁板）   菜刀
砧板

做法：

1 将油轻轻地用刷子刷在牛肋排上，也可将香草放入油内再刷。

2 将烤架（或铁板）以中火加热，将牛肋排放上烤架。

3 待牛肋排上色充分后，将其水平转动1/4圈，再烤至上色。根据肋排厚度烤5~8分钟，可按需转小火烤制。

4 将肉用料理钳翻面。

5 再将另一面烤至上色。

6 待牛肋排上色充分后，将其平着转动1/4圈，按需烤5~8分钟。

7 用手指检查肉的熟度（见第120页的牛排熟度）。

8 将肋排离火盖锡纸，静置10分钟。

9 将骨头切下。

10 将肋排切厚片即可。

肉类一

123

制作嫩菲力卷

Barder des tournedos

难度：👔👔

建议：请按您想要的厚度来绑绳子，因切菲力卷时是从绳子之间进行的。

用具：
砧板
菜刀

做法：

1 在长方形的肥肉薄片上放牛里脊中段，并按里脊的大小来切除肥肉多出的部分。

2 将里脊用肥肉包住，肥肉重叠1厘米即可，切除多余的部分。

3 将肉用绳子绑住，打结时要对齐（打结的数目代表能切出的菲力卷的个数）。

4 切开嫩菲力卷。

博古斯学院法式西餐烹饪宝典·

红酒炖牛肩胛肉

Braiser un paleron au vin rouge

难度：👨‍🍳👨‍🍳

分量：4~6人份
准备时间：15分钟
烹调时间：3~4小时

原料：

牛肩胛肉 1块（可嵌入肥
  肉条，见第130页）
醇厚的红酒 750毫升
切成骰子块的胡萝卜 1根
切成骰子块的芹菜茎 1枝

切成骰子块的洋葱 1颗
调味香草捆 1捆
橄榄油 4大匙
棕色小牛高汤 300毫升
  （见第62页）
盐及胡椒 适量

用具：

铸铁炖锅 2口
漏斗过滤器

做法：

1 提前一天，按照个人喜好决定是否将肥肉条嵌入牛肩胛肉。将肉放入锅内，依次放入红酒、胡萝卜、芹菜茎、洋葱和香草捆进行腌渍。

2 炖的当天，将肉从腌渍汁中取出并擦干。

3 将腌渍汁过滤，保留蔬菜。

4 将橄榄油倒入炖锅内，用夹钳辅助煎肉的每一面并以盐及胡椒调味。

5 将锅内的肉取出，蔬菜入锅。

6 将蔬菜煮至出汁。

7 将刚刚过滤好的腌渍汁倒入锅内。

8 将棕色小牛高汤倒入并煮沸，撇去浮沫。

9 再将牛肩胛肉放回炖锅内。

10 不盖锅盖，将酒味煮挥发。

11 盖锅盖，以极小的火进行至少3~4小时的慢炖。

12 或将烤箱预热至140℃，烤至牛肩胛肉充分入味。

13 煮好后将肉取出并沥干，静置一边备用，要保持肉温热的状态。

14 将锅内的汤汁用漏斗过滤器过滤至另一口锅内，按压过滤的蔬菜，尽量多过滤出蔬菜泥。

15 将已过滤的汤汁煮至可附着在汤匙上即可，将汤汁内的油脂捞出（若牛肩胛肉有嵌入肥肉条时）。

16 将牛肩胛肉放回锅内，再次加热。热好即可搭配新鲜面食或上光的胡萝卜（见第385页）一起食用。

煎嫩菲力卷、淋马德拉酱制成的酱汁

Cuire des tournedos et déglacer au madère

难度：👨‍🍳👨‍🍳

分量：4人份
准备时间：10分钟
烹调时间：20分钟

原料：

黄油 50克
花生油 1大匙
嫩菲力卷 4块
马德拉酒 50毫升
马德拉酱 150毫升（见第

73页）
液体鲜奶油 150毫升
盐 适量
现磨胡椒 适量

用具：
平底锅

做法：

1 将黄油和花生油以很大的火在锅内加热至融化，放入撒盐的嫩菲力卷。

2 待其中一面上色充分后，用夹钳或锅铲（勿用叉子）将肉翻面。

3 将火转小，将另一面煎至想要的熟度（见第120页的牛排熟度）。

4 将肉取出装盘，并用另一个盘子盖住保温，再去掉多余的脂肪。

博古斯学院法式西餐烹饪宝典 |

5 在锅内倒入马德拉酒。

6 将刚才煎肉时粘在锅底的肉用刮刀刮起，并以大火迅速收干。

7 将马德拉酱倒入。

8 将鲜奶油倒入。

9 以小火将酱汁收汁至可附着在刮刀上的状态。

10 撒盐给酱汁调味并淋在菲力卷上，再撒上现磨胡椒即可。

将肥肉条嵌入牛肩胛肉

Préparer un paleron de bœuf et le larder

难度：👔👔👔

用具：
砧板
菜刀

肥肉嵌入瘦肉内用的扦子

做法：

1 将牛肩胛肉最大一片筋膜去除（即包裹肌肉的纤维膜）。

2 将卤味猪肉的肥肉切下，再将肥肉切成1厘米左右厚的片状。

3 再把肥肉片切成约15厘米长的肉条。

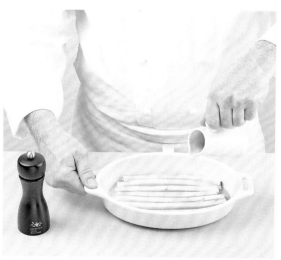

4 将胡椒撒在肥肉条上，倒入50毫升酒（按不同食谱来定所用酒），之后冷藏30分钟，使肥肉变硬。

建议：注意根据扦子沟槽的粗细来切肥肉，肥肉应牢牢塞
入沟槽而不掉出。

5 将肩胛肉用扦子横穿，并将一条肥肉条嵌入沟
槽内。

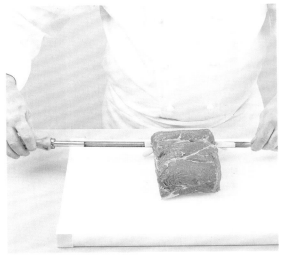

6 一边转动，一边轻轻地拉出扦子。

7 肥肉条应完全嵌入整块肉内。

8 重复以上步骤，整齐地嵌入肥肉条，每条肥肉
条露出四五厘米。将肥肉条全部嵌入后即可腌
渍肩胛肉。

小牛肉

Le veau

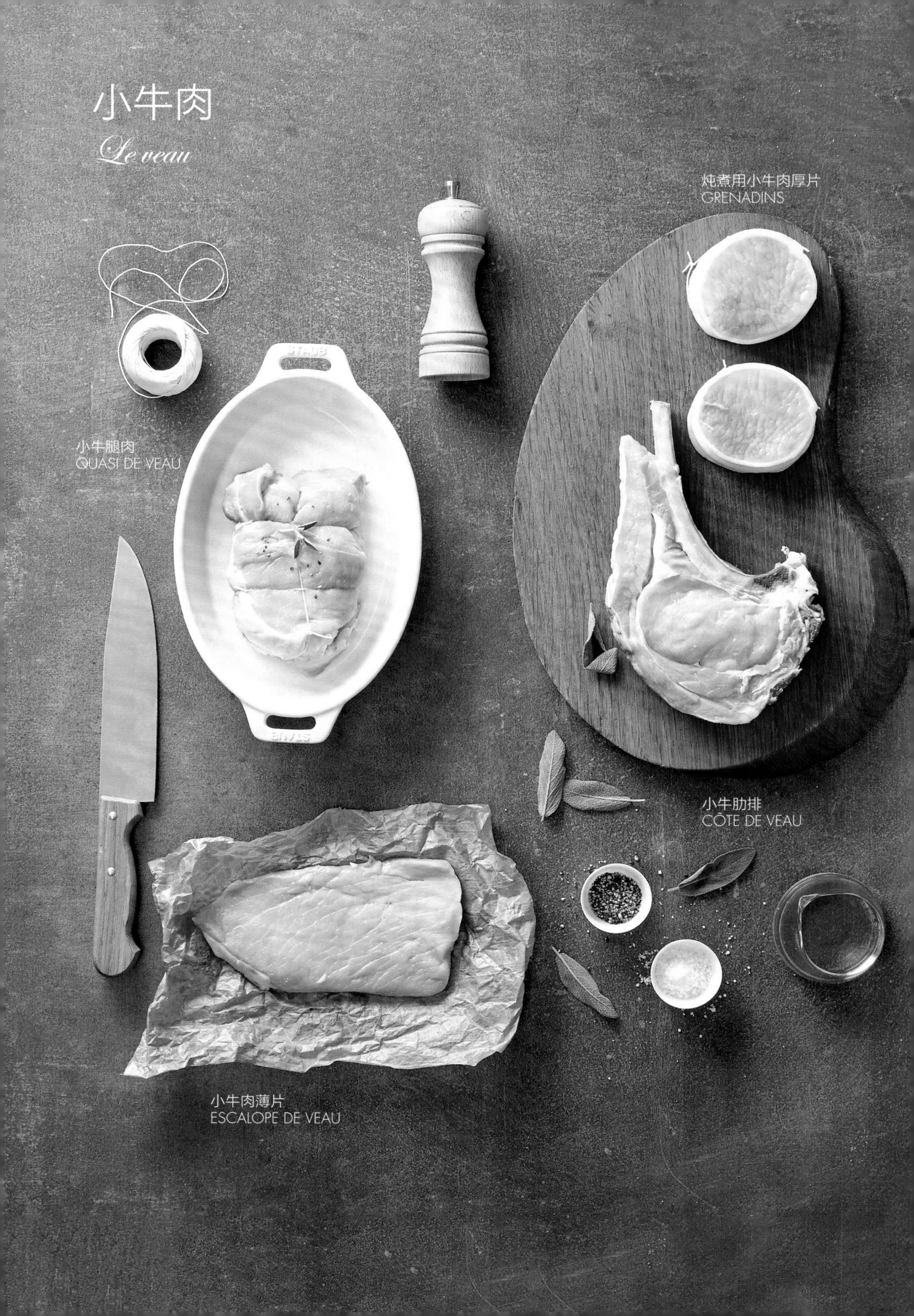
炖煮用小牛肉厚片
GRENADINS
小牛腿肉
QUASI DE VEAU
小牛肋排
CÔTE DE VEAU
小牛肉薄片
ESCALOPE DE VEAU

小牛颈肉
COLLIER DE VEAU

小牛胸肉
POITRINE DE VEAU

小牛膝
OSSO-BUCO

小牛腩
TENDRON DE VEAU

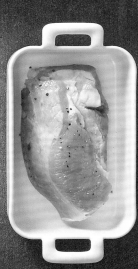

小牛小排
HAUT DE CÔTE

烤小牛肉的准备工作

Préparer un rôti de veau

难度：👕👕👕

用具：

砧板　　　　　　　菜刀

做法：

1 将小牛后腿肉或小牛腿肉1块、长方形肥肉片1片和细绳1条备好。

2 将肥肉片切出1条宽五六厘米的肥肉带子，其长度需能将小牛肉围一圈才行。

3 再切出1条相同长度、约2厘米宽的肥肉小条。

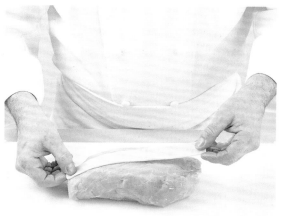

4 将肥肉小条铺在小牛肉上。

5 将小牛肉四周用肥肉带子围一圈，并将肥肉的两个末端叠在一起。

6 将已围好肥肉的四周用细绳左右围一圈。

7 在任意一边将细绳打结。

8 再将整块肉用细绳上下围一圈，打第二个结。

9 根据肉的厚度，再围几次，打两三个结。

10 肉处理好后，烧烤即可。

炖烤小牛肋排（或猪肋排）

Poêler un carré de veau (ou de porc)

难度：👨‍🍳👨‍🍳
分量：6人份
准备时间：25分钟
烹调时间：45分钟

原料：
胡萝卜 2根
切块的洋葱 2颗
番茄 1颗
调味香草捆 1捆
带3根肋骨的小牛肋排或
　猪肋排 1块（约1500克）

花生油 4大匙
黄油 50克
白色小牛高汤 250毫升
　（见第60页）
盐 适量
现磨胡椒 适量

用具：
砧板
菜刀
铸铁炖锅

做法：

1 将用于调味的配菜备好。

2 将小牛肋排（见第154页处理羔羊肋排的方法）
备好。

3 将花生油和黄油放入锅内，将牛肋排以小火煎
至每一面呈褐色。

4 将配菜放入肋排四周，煮至出汁。

建议：也可用此法炖腿肉、上后腿肉和后腿肌肉。

5 将白色小牛高汤倒入锅内。

6 加盐和现磨胡椒，盖锅盖以小火炖，或预热烤箱至170℃进行烘烤。每1500克需烤35分钟。

7 不时将锅内汤汁淋在小牛肋排上，按需可再倒入部分小牛高汤。

8 煮好后将小牛肋排取出，用锡纸包裹肋排保温。

小牛肉切薄片

Tailler des escalopes

难度：👨‍🍳👨‍🍳

用具：
砧板
菜刀

压板

建议：也可用此法切猪肉片（猪腿肉）或火鸡肉片（鸡胸肉）。

做法：

1 将小牛后腿肉切成1厘米厚的肉片。

2 再将每片肉横切、不切断，保留约1厘米的连接。

3 将肉片展开。

4 用两张烤盘纸将肉片夹进去，并用压板进行按压即可。

制作小牛肋排淋酱

Glacer un carré de veau

难度：👨‍🍳👨‍🍳

用具：
筛网
长柄大漏勺

※在传统饮食中，我们会用明火烤箱烘烤放在耐高温烤盘的烤架上的小牛肉块，再将酱汁多淋几次，至肉出现如镜面那样光亮的状态即可。

建议：具有烧烤功能的烤箱也可烤出同样的效果。

做法：

1 炖烤小牛肋排（见第136页）后，将炖锅内的汤汁收干至呈金黄色，再倒入棕色小牛高汤250毫升，稀释锅内的汤汁。

2 将锅底的汤汁刮起。

3 将锅内的汤汁以不按压的方式过筛。

4 将过筛的汤汁尽量捞去表面油脂（使汤汁变清）。

5 将变清澈的汤汁以大火收干至呈焦糖色并带有光泽的釉面酱汁。

6 将酱汁淋在小牛肋排上食用即可。

英式炸小牛肉片

Escalope de veau à l'anglaise

难度：👔👔
分量：4人份
准备时间：10分钟
烹调时间：6分钟

原料：
面粉 适量
打散的蛋液 适量
小牛肉薄片 4片
面包粉 适量
花生油 4大匙

黄油 50克
盐 适量
现磨胡椒 适量
切瓣柠檬 适量

用具：
平底锅

做法：

1 将面粉、用叉子打散的蛋液和面包粉分别放入三个容器内。

2 将盐和现磨胡椒撒在肉片上。

3 先将面粉裹在肉片上，再轻拍肉片表面去掉多余面粉。

4 接下来将肉片放入蛋液内。

5 最后将面包粉裹在肉片上。

6 将花生油和黄油放入锅内，接着将肉片放入。

7 待其中一面煎至金黄色时，用夹钳翻面。

8 煎肉片的另一面。

9 煎好后，将肉片放于厨房纸上。

10 搭配切瓣柠檬即可食用。

煮肉卷

Réaliser et cuire des paupiettes

难度：👨‍🍳👨‍🍳👨‍🍳
分量：10人份
准备时间：20分钟
烹调时间：30分钟

原料：
切成边长为12厘米正方形的小牛肉薄片 10片（见第138页）
25厘米×3厘米的肥肉薄片 10片
做肉馅：切碎的小牛肉300克（可用修整或给小牛肉切片时剩下的碎屑）
切碎的蘑菇150克（见第376页）
切碎的香芹（或细叶芹、龙蒿等）3大匙
用牛奶浸泡并沥干的吐司 1片
切碎的红葱头 2颗
盐 适量
现磨胡椒 适量

煮料：黄油 50克
花生油 1大匙
切成骰子块的胡萝卜1根
切成骰子块的芹菜茎1根
切成骰子块的洋葱1颗
调味香草捆 1捆
不甜的白葡萄酒 100毫升
棕色小牛高汤 150毫升（见第68页）

用具：
平底炒锅
以清水洗净的边长为20厘米的正方形滤网

做法：

1 将制作肉馅的原料进行混合。

2 撒上盐和现磨胡椒。

3 将小牛肉薄片摊开，放上肉馅。

4 将肉片左右两个对角折向中心。

5 再将肉片上下两个对角折向中心。

6 其他肉片也按此法制作，将每个肉包用网油包起。

7 将肉包用肥肉薄片围一圈。

8 将肥肉薄片用细绳绑好固定。

9 将每个肉包用细绳绑成球状。

10 将黄油和花生油入锅，以大火煎至肉包两面呈金黄色。

11 放入胡萝卜、芹菜茎和洋葱煮至出汁。

12 将香草捆放入，再倒入白葡萄酒。

13 将汤汁稍微收干，倒入棕色小牛高汤。

14 盖锅盖以小火慢炖30分钟即可。

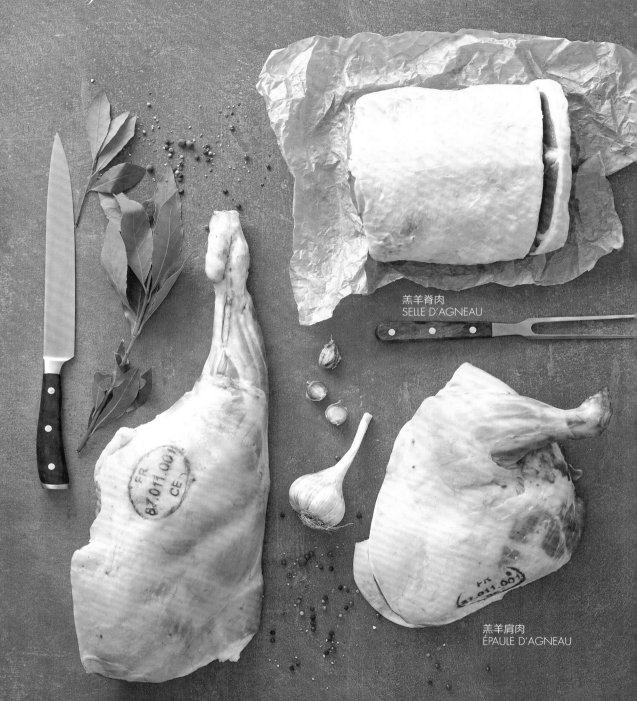

羔羊肉
L'agneau

羔羊脊肉
SELLE D'AGNEAU

羔羊肩肉
ÉPAULE D'AGNEAU

羔羊腿肉
GIGOT D'AGNEAU

羔羊胸肉
POITRINE D'AGNEAU

羔羊颈肉
COLLIER D'AGNEAU

羔羊腩
TENDRON D'AGNEAU

前肋排
CÔTES PREMIÈRES

后肋排
CÔTE SECONDE

处理羔羊腿

Préparer un gigot d'agneau

难度：👨‍🍳👨‍🍳

用具：

砧板 　　　　　　菜刀

做法：

1 将羔羊腿上多余的脂肪切除。

2 沿着腿骨，将胯部的肉和骨头切开。

3 将胯骨切出。

4 切下骨头末端附着的5厘米长的肉，将其刮干净并露出骨头。

羔羊腿嵌入大蒜

Piquer un gigot d'agneau à l'ail

难度：👕👕

用具：
砧板　　　　　　　菜刀

做法：

1 备好迷迭香和百里香各1枝，将羔羊腿切出规则的切口。

2 将半颗剥皮的大蒜一个一个塞入切口内。

3 将两种香草包入羊腿内，将羊腿末端折向骨头，并用细绳沿着长边绑两回。

4 再将羊腿竖着每隔两三厘米绑一回，绑好即可使用。

烤羔羊腿、制作肉汁

Rôtir un gigot d'agneau et réaliser son jus

难度：👨‍🍳👨‍🍳

用具：
烤箱
筛网

平底深锅

做法：

1 将烤箱预热至220℃，将带骨羔羊腿、1颗大蒜和百里香备好，再放入橄榄油、盐和胡椒。

2 将羔羊腿入烤箱烤15分钟，两面都烤上色。再将烤箱温度调低至180℃，每500克若烤15分钟，则肉三四分熟；若烤25分钟，则肉全熟。

3 将羔羊腿从烤盘内取出，用锡纸盖上保温，放置15分钟。

4 将粘在烤盘底部的肉汁用锅铲铲起。

5 将200毫升羔羊高汤倒入烤盘（蔬菜高汤或水也可）。

6 将烤盘内的肉汁过滤至小锅内。

7 煮小锅内的肉汁并收干至一半。

8 尽量将肉汁内的油脂捞出，在切羔羊腿时可将羊血保留，煮汤时倒入。

9 若想做出更浓稠的肉汁，再放入少量以冷水调过的玉米淀粉（1小平匙）。

10 将肉汁沸腾1分钟，使其变浓稠。

将羔羊肩肉去骨并绑肉卷

Désosser et rouler une épaule d'agneau

难度：👨‍🍳👨‍🍳

用具：
砧板　　　　　　　　　菜刀

做法：

1 切除羔羊肩肉表面的脂肪和皮。

2 清理并将肩胛骨取出。

3 将大骨头附近的肉切除。

4 将骨头取出。

博古斯学院法式西餐烹饪宝典

建议：去骨肩肉也可绑成球状，若要绑成球状，请用滤网
　　　包裹肩肉，再放在四条排成星形的细绳上，将肩肉
　　　绑成扁平的球状。

5 将骨头和肉彻底分开。

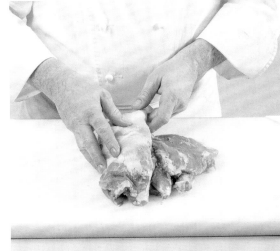

6 紧紧地将肩肉卷起。

7 将肩肉用细绳以十字交叉的方式绑好。

8 间隔两三厘米来绑细绳，肩肉收拾好即可使用。

处理法式羔羊肋排

Habiller un carré d'agneau à la française

难度：♟♟♟

用具：
砧板　　　　　　　　剁肉刀
菜刀

做法：

1 备好带四根或八根肋排的羔羊肋排（这里用的是前四根肋排和后四根肋排）。

2 将脊柱从脊肉中剔除。

3 用剁肉刀将整条椎骨去除。

4 将脊肉附近多余的脂肪切下。

建议：若想将烤肋排做好，可用更锋利的刀在薄薄一层的
脂肪上划出细细的切口，注意不要切到肉。

5 将附着在肋骨上的肉垂直切开，切口至脊肉上方约2厘米处。

6 朝向自己折肋排，并用刀从上至下穿过每根肋骨的肉。

7 沿着骨头，切开其两侧的肉。

8 剔干净并取出骨头。

9 附着在骨头上的肉会剥离。

10 将后排肋骨上的肥肉剥离。

11 保留前排肋骨的脂肪。

12 将每根肋骨之间都绑上细绳。

13 若要烤一整块肋排，请用锡纸将骨头包住。

14 还可将肋排切分出1根或2根肋骨，用油煎。

将羔羊脊肉去骨并绑肉卷

Désosser et rouler une selle d'agneau

难度：🍗🍗🍗

用具：
砧板
菜刀

建议：卷肉前，可将简单的调味料（由蒜泥、百里香、新鲜罗勒、盐和胡椒制成）或碎蘑菇（见第 376 页）铺在羔羊脊肉的皮膜上。

做法：

1 由6根腰椎骨组成的小段肉为羔羊脊肉。

2 按需可去除肌肉背部的脂肪，并用刀小心地在脂肪上切出格纹。

3 将菲力取下。

4 沿着肋骨用刀平切进去。

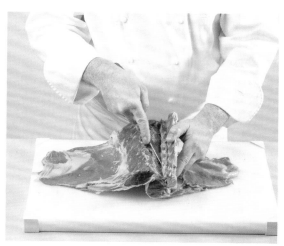

5 将刀插进其中一边的脊肉和脊骨之间，注意不要切断连着肉的皮。

6 以相同手法处理另一边。

7 将脊柱顶端与背部的皮稍微分开，取下整块骨头，不要扔掉骨头和切时剩下的碎屑，可拿来使用。

8 将脊肉摊平，按需可将脂肪切除。

9 将一部分皮膜切除。

10 将菲力放在皮膜上，撒盐和胡椒。

11 向着菲力折皮膜。

12 将其紧紧地卷起。

13 间隔4厘米用细绳绑好。

14 在4厘米之间再以2厘米的距离绑上细绳，这样即绑好肉卷。

将羔羊脊肉取下并切小排

Lever des filets et détailler des noisettes

难度：🍳🍳🍳

用具：
砧板
菜刀

建议：很适合用已切碎的带皮膜的肉来替换牛肉，或搭配牛肉制成意式波隆那番茄肉酱。

做法：

1 按照之前的步骤1、步骤2和步骤3处理羔羊脊肉（见第157页），取下菲力。

2 沿着脊柱切开脊肉。

3 仔细刮净骨头上的肉，并沿着脊椎骨切开肉，注意不要切坏脊肉。

4 将皮膜整齐地切下（可用来做肉馅）。

5 将附着在脊肉上的肥肉薄片切下。

6 根据不同食谱也可将脊肉切成小排。

应季蔬菜炖羔羊肉

Navarin d'agneau

难度：👨‍🍳👨‍🍳
分量：4人份
准备时间：35分钟
烹调时间：50分钟

原料：

切大丁的去骨羔羊肩肉
（见第152页，或带骨的
羔羊颈肉、羔羊胸肉）1
块
黄油 30克
橄榄油 2大匙
切成骰子块的胡萝卜 1根
切成骰子块的洋葱 1颗
面粉 1大平匙
市售浓缩番茄酱 1大匙
剥皮大蒜 3瓣

调味香草捆 1捆
棕色羔羊高汤（见第62
页，用羔羊碎屑制成，
方法同棕色小牛高汤）
或蔬菜高汤（见第69页）
适量
洗净的应季小蔬菜（胡萝
卜、番茄、马铃薯、菇
类、小芜菁、小洋葱和
法国四季豆）1500克
切碎的香芹 2大匙

盐 适量
现磨胡椒 适量

用具：
铸铁炖锅 2口
筛网

做法：

1 将橄榄油和黄油入锅，将肉慢炖至肉的每一面
呈金黄色，撒盐和现磨胡椒。

2 将胡萝卜和洋葱放入，煮至出汁。

建议：若用颈肉或胸肉炖，在过滤汤汁和将肉放回锅内期
　　　间，捞出汤汁内的油脂。可用小火逐渐将汤汁加热，
　　　尽量将油脂捞净。

3 放入面粉，以大火将面粉炒成金黄色，注意要不
停地搅拌锅内的肉。

4 放入浓缩番茄酱、大蒜和香草捆。

5 倒入棕色高汤（或蔬菜高汤）至食材全部浸入。

6 盖锅盖，用小火慢炖35~40分钟（若是颈肉或
胸肉，则需慢炖1小时15分钟）。

7 在炖煮的过程中，可将应季小蔬菜焯好（见第346页）。

8 肉煮好前20分钟时，将肉放入第二口锅内。

9 将第一口锅内的汤汁以筛网过滤至第二口锅内。

10 将第二口锅放上开火，放入焯好的蔬菜。

11 放入切碎的香芹。

12 关火，即可食用。

家禽
La
VOLAILLE

目 录
Sommaire

家禽：白肉的优势和长处

La volaille atouts et bienfaits des viandes blanches

众所周知，亨利四世有句名言是这样说的："请让我王国子民的锅里都有一只鸡※"。

这句话一点不假，它印证了家禽的重要地位，也印证了人们长久以来的唯一肉食就来自家禽。即便是穷人，每周也会至少吃一回鸡肉。

家禽因其便利性促成了以上特点，属于女性专职领域的家禽饲养棚（与农场最接近）里，饲养了飞禽和兔子，它们食量小，还可给它们喂食剩菜。而且，由于它们体型较小，屠宰后保存很方便。

如今的家禽具有非常极端的多重形象：一种是像层架式养鸡这样最差的农副产品加工食品；另一种则是像肥母鸡和阉鸡这种价格昂贵的食材。

在这里，既美味又对健康有益的优质肉品不仅要满足人们对美食和健康的追求，还应符合道德标准，这是我们所关注的。

儿童的美味，美食家的乐趣

多种动物的统称可称作"家禽"，如鹌鹑、鸭、阉鸡、公鸡、小鸡、火鸡、鹅、珍珠鸡、肥母鸡、母鸡和鸡等。经过饲养的雏鸡和鸽子在不被列为野味的情况下也属于家禽。更令人惊讶的是，饲养的兔子也属于家禽，这就解释了为何兔棚会被安置在家禽饲养棚内。

为数众多的大家族

家禽这个大家族由许多品种组成，能影响到肉的口感和味道的则需在饲养期间为其进行"加工处

奢侈的鸡肉

精选的被阉割的鸡肉称为阉鸡，其肉质细嫩柔软。在法国布雷斯（Bresse）的未经光照地饲养，严格控制由谷物和乳制品制成的饲料，使阉鸡的皮和肉都充满油脂，这正是阉鸡与其他家禽的不同之处。

同样具有丰富油脂的就是肥母鸡。过去为了把鸡养肥，甚至会将它们的卵巢摘除。如今，则是通过与饲养阉鸡类似的方式养肥它们，同时配合稳定的生活习惯。来自法国布雷斯、卢埃或利曼的肥母鸡带有AOC的标志或红色标签。

※出自《亨利大帝的故事》（*L'Histoire d'Henri le Grand*），1661年，作者为法国巴黎大主教、国王路易十四的家庭教师阿杜安·得·佩雷菲克斯（Hardouin de Perefixe）。

理"（即阉割和养肥）。公鸡、鸡和阉鸡在出生时都为雄性，但却会被制成不同产品，且会有成百上千种烹调方式来做每一只家禽。

实际上，布雷斯鸡和炸鸡块没有一丝相通之处。炸鸡保持着很好的神秘感，不然会在最坏的状况下令人不快，但我们却会把松露薄片填入布雷斯鸡的皮下。介于以上两个极端例子是周末的家庭烤鸡，它象征了一种生命的美好和对美好童年的追忆。

家禽可在家禽商贩处和大超市里买到，或直接向养殖者购买，只是后面这种情况比较少。家禽大多数时候是去内脏后以整只来卖的，这样便于买回家直接烹调。

在大超市和熟食店里，我们既可购买像腿肉、脊肉、背肉和鸡柳等特定部位的肉，也可购买像蓝带鸡排（escalopes en cordon-bleu）这种已煮熟的肉，或购买像火腿和香肠这种以家禽为主材的加工食品。家禽加工食品能表现出遵守宗教习俗的优点，显然，传统的以猪肉为主材的加工食品比家禽加工食品油腻的多。

家禽也可冷冻，如可先将家禽煮熟、切块再冷冻，或未加工的状态直接冷冻。不要将家禽在室温中放置太久，请以冷藏法或微波炉快速解冻法解冻整只家禽。相对来说，家禽这种新鲜食材比较好保存，可放于冰箱冷藏区的上层保存数日，注意不要

杂碎的小乐趣

从动物身上而非从整块肉上取下的部位即杂碎，主要包括家禽的翅膀、头部、颈部、四肢、内脏——即胗、肾脏（腰子）、心脏、肝脏等，最后再加上公鸡的鸡冠。众所周知，杂碎自古以来只有真正的美食家才懂得它的美味，它在亚洲极具人气。

在保持肉质良好状态的前提下确认熟度

大家都知道建议的烹调时间和温度，只可作为参考使用。我们可用水果刀轻轻插入家禽的腿肉和肉身内来确认其熟度。若插入后留出淡黄色而非红色的汁，则说明已将家禽煮好。

放于中层。

假如烤箱够大的话……

很长时间以来，由于家庭烤箱不够深、不够大，导致无法烘烤火鸡和鹅这种家禽。每逢节日，人们会去面包店烤家禽，面包店则会收取一定费用。

自20世纪50年代到现代化之后，在家煮整只家禽已不是难题，只要我们遵循一些原则即可。

我们会在较大只的家禽和节日用家禽体内放入馅料，再用烤箱烤。馅料会给家禽带来更丰腴的味道，它会散发香味，而家禽的油脂也会使肉质更加肥美。

能防止肉质变干的一个好方法就是放馅料，不过不仅如此，最好在烤的过程中为家禽淋汤汁，甚至将家禽用烟熏五花肉包起来。加上像五花肉这样的肥肉，可减少开烤箱门淋汤汁的次数，这样能保证烘烤温度。

将杂碎或分开购买的家禽肝脏加进馅料里，会给家禽增添香味。将家禽的翅膀和肢体固定在其肉身上绑好很重要，这样有利于家禽在烹调时不会散开，并影响最后的摆盘。

在微滚的水中放入家禽和切块的蔬菜一起煮也很好。有名的法式炖鸡（poule au pot）就用此法制作的，其高汤与蔬菜牛肉汤类似，想使汤变浓稠可放入面包或淀粉。我们一般会在煮的过程中撇去表面的白色泡沫，这样就能得到一道喝了充满元气、清淡又健康的高汤。

有些独特的组合适合某些家禽，如甜味特别适合搭配多汁的鹅肉，只要放入一些水果，或用蜂蜜和芥末混合成的咸甜酱汁烘烤，就能诞生出美味。以上方法做出的鹅肉，与我们在中世纪食谱中找到的鹅肉很类似。

鸭肉也非常适合搭配像柳橙、覆盆子和欧洲酸樱桃这样酸甜的水果，把它们放在一起煮时会使鸭肉散发出浓郁的香味。

切块很简单……

将家禽切块与整只家禽相比可作为主菜食用，也可为了增加口感搭配其他食材食用。

沙拉的美味尤其需要切块家禽的加入，如缺少鸡肉的恺撒沙拉，我们简直不敢想象，其作为清淡的晚餐或夏季午餐的完整沙拉餐也很适合。搭配大量烟熏鸭胸肉片、鸭胗、鸭颈香肠，甚至肥鸭肝的佩里戈尔沙拉（salade périgourdine）既美味又充满节日气氛。

最大众的切块家禽有腿肉、里脊、肉片和上腿肉，鸭用得最多的是胸肉，火鸡则是切块后用油煎。将家禽根据部位切块后再用非常方便，这样我们能方便地做出家常菜，不用担心剩下的部位怎么处理[※]，也不用担心如何切分整只家禽（不过作为节日餐时，切肉是一个很重要的环节，对切肉有自信的人可大显身手）。这里说的切块家禽主要用来做家常菜，这能让那些很怕看到整只家禽被端上桌的孩子开怀而笑，也是一种让动物跳出原本形象的最好方法。

简单的烹调

我们在煮已切好的家禽各部位的肉块时会很迅速，也会有相当大的想象空间。如我们可用炒锅简单地将切块的鸡肉炒至金黄色，使鸡肉变软嫩，而放入的橄榄油或黄油也会增加其香味。再如将面包粉裹在鸡肉上再油炸，可将鸡肉的香味锁住，而溢出的油脂也会增加浓郁的香味，再搭配各种清淡的、或像奶油般浓稠的酱汁。最后再放入少量柠檬来搭配炸物也不错，这样有助消化。

※不过，当我们隔天再加热食物时，家禽其他部位往往更美味，它们的味道会增强，变得更浓厚。

最奇葩的法国美食名

由两小块非常细嫩的取自臀部上方的肉块，盘在胯骨里，这道菜名为"sot-l'y-laisse"（直译为"不吃的是傻瓜"，中文翻译为"锦鸡蚝"）[※]。

这道菜的肉块非常特别，很细嫩、一口大小，但却美味无穷，由一家之主亲自从家禽身上切下，主要是献给女性的。

纸包烹调比较讲究营养学，以香草和香料调味，将食材密封在小的烘焙纸袋中焖烤，烤好后肉质会非常细嫩。

也可用大火烹调切块的家禽，如烧烤。烹调前，将肉块放进像以芥末和蜂蜜为底料制成的腌料内几小时，这时肉会形成一层保护膜，烧烤时不会将肉烤得变干。

亚洲食谱中常见家禽的身影，我们既可烤鸡柳条，也可用中式炒锅炒鸡其他部位的薄片肉，我们可用腌料腌渍，腌料包括保留原味的、提前放过香料的酱油，或使味道变柔和的甜味剂、蜂蜜等。

健康又美味的家禽

印象中，家禽的白肉对健康非常有益。当我们进一步去研究它的长处时，发现其比我们想象得更有益于健康，不过仅限于精挑细选的食材。

瘦肉蛋白质

家禽富含特别丰富的动物蛋白质，如鸡肉就含有人体不可缺少的完整蛋白质，且含量惊人。实际上，这些蛋白质人体无法产生，但是摄入9种氨基酸后便能生成，而鸡肉中就含有这9种氨基酸。

除了较肥的家禽之外，它对我们来说是一种瘦肉，因为动物的大部分脂肪都在皮下。对于需要瘦身和食用低脂的人来说，只要不吃皮即可。虽然皮特别酥脆可口，但不吃就能减少家禽肉的热量。由于家禽的热量极低且蛋白质丰富，所以它们在控制饮食方面有很好的作用，还可减重。不过，只有用适当的烹调方式才能减重，而将家禽用奶油炖、油炸，在其中夹火腿和奶酪或制成肉酱后，都会产生很高的热量。

充足的维生素

家禽富含多种维生素，其中就包括B族维生素，还包括铁、磷、硒等矿物质。硒对于我们的健康来说必不可少，它能减轻在人体老化和心血管疾病等方面的氧化作用。

挑选的问题

家禽和其他很多食材一样，其标签是能帮助我们选购的最重要的参考。红色标签表示很重视家禽的生长时间和环境等饲养条件，以此来确保肉的品质。

有机农业监督的是对动物进行有机饲养，并提供其健康舒适的成长条件。这些标签需要相互配合，它能使我们挑选出精品，食用更健康、更卫生、更符合道德水准饲养的动物所提供的食物。

脂肪含量较少的家禽是火鸡，经常食用即可均衡LDL和HDL胆固醇，也可帮助高胆固醇患者改善脂肪状况。火鸡同时也是肉豆蔻酸含量最低的家禽，其存在于几乎所有肉类中，对心血管系统有很大危害。

必须将家禽煮熟

即便我们能看到一些名叫家禽"骹靪"的食谱，但仍需用微滚的柠檬水焯下里脊肉，再与其他食材混合。就算肉品很安全，我们也不建议生吃，因为生吃没有任何好处。相反地，将鸭肉切块后，肉只要不带血且呈粉红色，食用起来则特别可口。

※sot-l'y-laisse，是位于鸡（或鸭等家禽）脊骨和上腿之间，髋骨中空的那一小块肉。由于每只鸡只有黄金的两块，肉质细嫩鲜美，再加上形状如生蚝，所以中文将其翻译为"锦鸡蚝"。

鸡肉
Le poulet

棒腿
PILONS

布雷斯鸡
POULET DE BRESSE

鸡翅根
MANCHONS

带腿鸡胸肉
SUPRÊMES

鸡翅
AILES

鸡胸肉
BLANC

鸡肝
FOIES

鸡腿
CUISSES

鸡胗
GÉSIERS

上腿肉
HAUTS DE CUISSES

鸡叉
FOURCHETTES

鸡柳
AIGUILLETTES

将整鸡去皮、去内脏并处理鸡杂碎

Habiller une volaille et préparer ses abattis

难度：👨👨👨

用具：
砧板

菜刀

做法：

1 将剩余的毛管（即羽毛根部的毛囊部位）用刀切除。

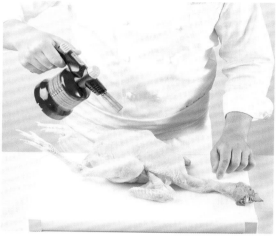

2 将整鸡表面的小羽毛和绒毛用瓦斯喷灯或喷枪快速烧掉。

3 将鸡爪的鸡距和脚趾切除，只保留中间的脚趾。

4 用火烧鸡爪。

建议：刚从农场或直销小商贩那里买来的去毛整鸡也可用
　　　 此方法来处理。

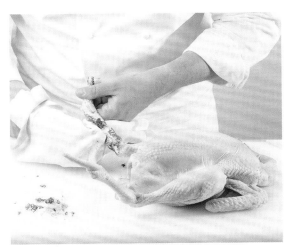

5 用毛巾擦去烧得浮起的皮。

6 将每只翅膀的尖端切下。

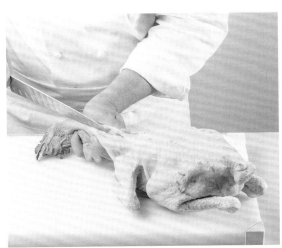

7 将鸡腹朝下放好，将鸡的颈部拉直，切开鸡头部的皮。

8 将鸡头部的皮剥离，并沿着边缘切下。

9 在鸡的颈部中间的位置将皮切开。

10 将食道和胃部切除。

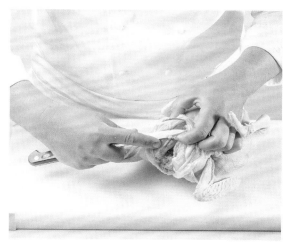

11 切开皮，将鸡叉的部分取出。

12 将鸡叉骨取出。

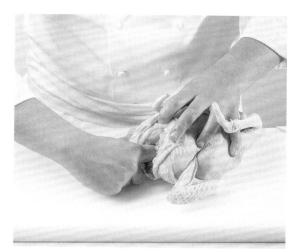

13 穿过鸡的颈部将鸡肺切除。

14 将鸡背朝下放，切开尾部，取出鸡腹内所有内脏。

建议：接下来可将鸡腿或带腿鸡胸肉取下（见第178页），
或切八块做炖肉（见第181页）。如果是这样，就
不用进行步骤3到步骤6的操作了。

15 将鸡心、鸡肝和鸡胗保留（其他的则可舍弃）。

16 将鸡肝的胆和所有染上绿色的部分切除，将粗血管摘掉。

17 将鸡胗的厚膜摘掉，并冲洗干净。

18 这时整鸡已处理好，捆绑即可。

缝并绑整鸡

Brider une volaille

难度：♣♣♣

用具：
砧板
菜刀
缝肉针

做法：

1 将鸡翅膀翻折到鸡身下方并固定。

2 将脚趾的筋切除。

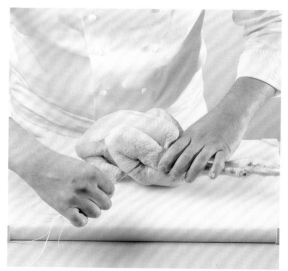

3 保持鸡背部朝下、脚趾呈水平的状态，将缝肉针从腿肉处穿过。

4 将针拉出，给细绳留出10厘米并打结。

建议：此法可将整鸡牢牢固定，这样可保证烹调时味更均
匀，切割时也更美观。

5 将整鸡翻面，将鸡颈部的洞用鸡皮盖住。

6 用针穿过盖住的鸡皮、两侧的鸡翅膀和脊柱。
注意这些部位每次都要用针穿过。

7 将细绳紧紧打结。

8 这时已缝并绑好整鸡，烘烤即可。

切下鸡腿与带腿鸡胸肉

Lever les cuisses et les suprêmes d'une volaille

难度：👨‍🍳👨‍🍳

用具：
砧板　　　　　　　菜刀

做法：

1 取一只已去除内脏的整鸡，将脚部从关节处切下。

2 从第一个关节上方将小翅切下。

3 将"锦鸡蚝"（见第169页注释）找到并取下。

4 将鸡背部朝下放，将腿部和骨架之间的皮划开，将腿肉从关节处取下。

建议：用此法处理整鸡只需几分钟，还可用处理下来的鸡
架做高汤或酱汁。

5 将两只腿肉从关节处完整地切下。

6 将腿肉切开，一点一点剔出骨头。

7 将骨头和关节软骨一并切下。

8 将棒腿骨和筋分别切下，再将骨头周围的肉剔干净，并露出骨头。

建议：收拾好的带腿鸡胸肉因保留了皮和翅膀，所以很适
合摆盘用。其比鸡胸肉煮后更软嫩，入口即化。

9 沿着胸骨将鸡胸肉划出切口，剥离骨头上的肉。

10 从关节处切开两块带腿鸡胸肉和翅膀。

11 将肉向后推，将翅膀尖的骨头剔出，露出
骨头。

12 备好切成四块并半去骨的鸡肉，烹调即可。

切分带骨整鸡

Découper une volaille avec l'os

难度：👕👕

用具：
砧板　　　　　　菜刀

做法：

1 将一只已去除内脏的整鸡的足部切下。

2 从第一根关节处，将鸡小翅切下。

3 将鸡背部朝下放，将鸡腿和鸡架之间的皮划开，再将鸡腿从关节处切下。

4 将两个鸡腿从关节处完整地切开。

建议：为了像法式红酒炖鸡（coq au vin）、甘蓝炖珍
　　　珠鸡（pintade au chou）、意式白酒炖鸡（poulet
　　　Marengo）、奶油炖鸡（见第184页）那样保持柔
　　　软的肉质，请在切分鸡肉时保留骨头。

5 从鸡腿的关节处再将鸡腿切成两块。

6 先切短棒腿骨，再将筋切下，剔净骨头四周的肉，使骨头完整露出。

7 将刀斜着切分鸡架的前半部分和后半部分。

8 拆开鸡架后半部分（留下，可做高汤时使用）。

9 将鸡胸骨朝下放，并迅速切分成两块。

10 将胸骨四周的肉小心地与胸骨分离。

11 将胸肉切为两块。

12 将肉朝上推，剔出并露出骨头。

13 将每一部分的肉对半切开。

14 最后整鸡切分出八块，可用来做炖肉等食谱。

奶油炖鸡

Volaille à la crème

难度：👨‍🍳👨‍🍳
分量：4~6人份
准备时间：25分钟
烹调时间：30分钟

原料：
切成八块的农场鸡（布雷斯鸡最佳）1大只（见第181页）
花生油 3大匙
黄油 50克
切碎的洋葱 2颗

面粉 40克
白色鸡高汤 1升（见第60页）
液体鲜奶油 200毫升
盐 适量
现磨胡椒 适量

用具：
平底炒锅
手动小型打蛋器
筛网

做法：

1 将盐和现磨胡椒撒在鸡肉块上，放入装有花生油和黄油的锅内，煎至表面金黄。

2 将肉块取出备用。将洋葱在同一口锅内煎至出汁，撒面粉。

3 煮几分钟来制作油面糊，注意不要煮至上色。

4 接着一边倒入白色鸡高汤一边不停搅拌。

5 待汤煮沸后，将肉块再次放入锅内，盖锅盖以小火慢炖25分钟左右。

6 炖到一半时，将鸡翅和鸡胸肉取出。如何判断鸡腿是否已炖好：在鸡腿最厚实处戳一下，若炖好会有透明液体流出。

7 接下来，将肉块取出备用，注意保温。再将鲜奶油倒入同一口锅内拌匀。

8 煮至想要的稠度再调味。

9 将奶油酱以筛网过滤。

10 可放入如不上色的糖色洋葱（见第386页）和焯蘑菇等喜欢的配菜，淋上奶油酱即可。

摊平整鸡

Préparer des coquelets en crapaudine

难度：👨‍🍳👨‍🍳

用具：
砧板
菜刀
压板

建议：若要烧烤家禽，最好、最简单的方法就是提前将家禽摊平，这样会烤得特别均匀并易于切分。

做法：

1 背部朝下放处理过的小鸡，再斜着将鸡的前半部分和后半部分的骨架切开。

2 朝上打开鸡的胸部。

3 将鸡翻面，将多余的鸡皮塞进鸡颈部的洞内。

4 用压板将鸡压着并摊平即可。

切分肥鸭

Découper un canard gras

难度：👕👕👕　　　　建议：请先去除毛管后，再将鸭头切下，并按照第 172 页的步骤 4 进行火烧即可。

用具：
砧板
菜刀

做法：

1 将鸭背部朝下放，切下鸭头。

2 将鸭颈部切下，并去除气管和食道。若要在鸭腹内填馅则不切开颈部的鸭皮，保留即可。

3 若鸭体内有鸭肝，请先小心地取出，之后再将内脏去除。

4 将两个鸭腿从关节处切下。

5 将鸭翅切下。

6 在鸭叉所在的鸭皮处划开切口，取出鸭叉。

7 在胸骨表面划一个切口，将鸭胸肉取下，请沿着骨头小心地划切口，这样才便于接下来取出鸭柳。

8 将鸭柳从鸭胸肉上切下。

建议：如今，已经很难在一般商贩处买到一整只肥鸭了，
　　　除了还在流通的一些餐厅。在法国，农场和西南部
　　　地区的"肥鸭集市"（foires au gras）是主要的售卖
　　　点。现在，有些超市会不时售卖整只鸭（一般为去
　　　肝脏的鸭），一些网站也会提供整只鸭的冷冻售卖
　　　和运送等服务。

9 将胸肉四周多余的脂肪切下。

将"锦鸡蚝"（见第169页注释）从鸭架背
10 部切下（可用来油煎）。

11 将鸭架上的所有皮和脂肪尽量去除。

这时已处理好鸭的所有部位，使用即可（鸭
12 架可用来熬鸭高汤）。

处理并烘烤美式小鸡

Préparer et griller des coquelets à l'américaine

难度：👕👕

用具：
砧板　　　　　　　　　烤架
菜刀

做法：

1 将处理好的小鸡背部朝下放，用刀刺穿鸡腹，并将脊柱切下。

2 将小鸡翻面，并将胸骨的上半部分切开。

3 将小鸡横着转180°，将胸骨顶端两侧的每个三角形的鸡皮中心划一刀。

4 在两个刀口处将鸡爪塞入。

5 烤架备好，给小鸡的每一面调味，将小鸡斜着
放烤架上烤30秒左右，要烤出烤架的纹路。

6 将鸡转1/4圈后再烤30秒，并烤出纹路。

7 将鸡翻面，按以上步骤烤另一面。

8 烤好后，将花生油和芥末刷在鸡身上，并裹面
包粉，再放入烤盘。

9 将烤箱预热至170℃，烘烤20分钟。

10 烤好后将鸡取出对半切开，即可食用。

回收鸭油

Récupérer la graisse de canard

难度：👨‍🍳👨‍🍳

准备时间：15分钟
烹调时间：1小时

用具：
厚底平底深锅
筛网

建议：鸭油非常美味的做法有用油炸、用来烘烤焯过的
马铃薯等，且鸭油可冷冻保存。

做法：

1 将切碎的鸭皮和脂肪放入锅
内，长时间以小火煮至融化，
注意不要让脂肪上色，并发出噼里
啪啦的声音。

2 将油脂用漏勺捞出，装入容器。

3 待全部油脂捞出后，继续将
锅内的鸭皮煮至呈金黄色
（即油渣）。

4 将油渣沥干。

5 给油渣撒盐｜如冷热沙拉或
朗格多克意式薄饼（fougasse
languedocienne）可用油渣来做｜。

6 将鸭油用筛网过滤，并放入
密封容器冷藏保存即可。

用油脂浸鸭腿

Confire des cuisses de canard

难度：👨‍🍳👨‍🍳
准备时间：30分钟
冷藏时间：12小时
烹调时间：3小时

用具：
铸铁炖锅

建议：可将擦干水分的鸭腿、鸭油及香料一同放入容器内，再以100℃的高温杀菌3小时，这样能保存得更久些。

做法：

1 将粗盐撒在鸭腿和翅根上，置于阴凉处一晚。

2 第二天，将鸭腿和翅根冲洗干净。

3 用鸭油浸没锅内的鸭腿和翅根。

4 将调味香草捆、几颗胡椒粒和适量水放入锅内。

5 以小火盖锅盖慢炖或放入100℃的烤箱烘烤3小时。

6 做好后，不用将鸭肉从鸭油中取出，使用时再拿出即可。

给鸭腿填馅

Préparer une jambonnette de canard

难度：♦♦♦

用具：

砧板　　　　菜刀

做法：

1 将鸭腿的大骨头用尖刀剔出。

2 一直剔至关节处，向着小骨头的方向折大骨头，将筋折断，并取下骨头。

3 将棒腿的骨头剔出。

4 将棒腿骨的顶部切断。

建议：还可用此法处理鸡肉或珍珠鸡的鸡腿。

5 为了使每块腿肉的重量基本相等，切下多余的肉。

6 将切下的肉再切碎，放入一个蛋清（八块腿肉用一个蛋清即可）、盐、胡椒和少量肉豆蔻粉来调肉馅。

7 将腿骨原来的地方填上调好的肉馅。

8 将每个鸭腿用提前已泡过冷水的方形滤网包起来，后再放入炖锅煮即可。

煎鸭胸肉

Poêler des magrets de canard

难度：👕👕
准备时间：15分钟
烹调时间：15分钟

用具：
砧板
菜刀

平底锅

做法：

1 在鸭胸肉的脂肪上用刀轻轻划出格纹并撒盐，注意不要切到肉。

2 将胸肉带皮的那面朝下放入冷锅内。

3 以特别小的火油煎，注意不要让油发出声音或使肉上色，只要将胸肉带脂肪的那一面融化即可，再保持鸭皮上色10分钟。

4 一点一点将融化的油脂撇去。

建议：可用回收来的鸭油煎马铃薯（见第391页的蒜香
　　　马铃薯）

5 像煎牛肉一样，用手指确认胸肉熟度（见第120
页）。

6 待胸肉基本不再出油时转大火，将皮煎至酥脆
（两三分钟），再将另一面也煎几分钟。

7 将胸肉从锅内取出。注意不要给肉戳洞，将肉
分别在两个盘内放置几分钟，在此期间将锅底
的汤汁融化并收集起来。

8 将胸肉斜着切厚片，撒胡椒即可。

处理小雌鸭

Habiller une canette

难度：🍗🍗🍗

用具：
砧板　　　　菜刀

做法：

1 将剩余的毛管用刀去除。

2 将整鸭表面残留的小羽毛和绒毛用瓦斯喷灯或喷枪快速烧一下。

3 将翅膀切下，保留翅腿。

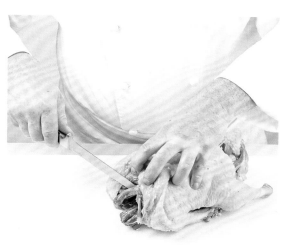

4 切开鸭头的皮，将叉骨取出。

建议：我们在大聚会上吃到的烤鸭，就是用这种方法制作的。

5 将尾部的腺体摘除。

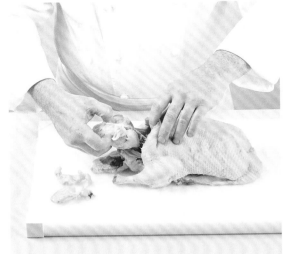

6 小心地将腹内的所有内脏全部取出。

7 将心脏、肝脏、鸭胗和脂肪留下，丢弃其余内脏。

8 将心脏的血块和粗纤维去除，剖开鸭胗并洗净内部，再将肝脏的胆、所有染成绿色的部分及粗血管一并去除。

缝并绑小雌鸭

Trousser et brider une canette

难度：👨👨👨

用具：
砧板
菜刀
缝肉针

做法：

1 将鸭尾部上方的腺体摘除。

2 折断尾部并将其塞入尾部的洞内。

3 在腿部上方的三角形鸭皮处的中心划一个切口。

4 折起鸭脚并将其塞入切口内。

建议：此法还可缝并绑如野鸡、绿头鸭和斑尾林鸽等飞禽。

5 将鸭背部朝下放，从关节处缝入针并穿过鸭肉，留出约30厘米长的细绳打结。

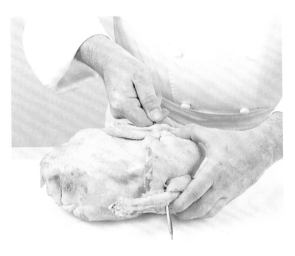

6 将鸭翻面，朝臀部的方向折起颈部的皮，用针将盖住的皮穿过，注意穿针时每次都要将翅膀穿过去。

7 紧紧地将细绳打结。

8 再准备一根细绳，将针穿入棒腿骨正下方，再穿过朝内折起的尾部，将细绳紧紧地打结并收紧开口。

烤小雌鸭

Rôtir une canette

难度：👨‍🍳👨‍🍳

分量：4人份

准备时间：20分钟

烹调时间：每500克的肉需要15分钟

静置时间：15分钟

原料：

小雌鸭 1只

花生油 2大匙

黄油丁 30克

金黄色鸡高汤 150毫升（见第65页）

盐 适量

现磨胡椒 适量

用具：

烤盘

筛网

平底深锅

做法：

1 将烤箱预热至220℃，将小雌鸭及其杂碎放入烤盘，撒盐和现磨胡椒。再放上黄油丁、淋上花生油。

2 入烤箱烤15分钟后再将烤箱温度调低至180℃，每500克肉烤15分钟。

3 将鸭肉从烤盘内取出。

4 将鸭肉用锡纸包好，保温15分钟。

5 其间，将金黄色鸡高汤倒入烤盘并溶掉粘在烤盘底部的汤汁。

6 将汤汁用刮刀仔细刮去。

7 将烤盘内的汤汁过滤至锅内。

8 开火，收汁至一半。

9 将汤汁装入碗内，将表面的油脂用汤匙尽量捞出。

10 再将静置鸭肉时渗出的汤汁倒入碗内，食用即可。

切分烤小雌鸭

Découper une canette

难度：👨‍🍳👨‍🍳

用具：
砧板
菜刀
肉叉

建议：小雌鸭的胸肉应呈粉红色的才好。若鸭腿烤得不到火候，请在切分时将鸭腿入烤箱再烤几分钟。

做法：

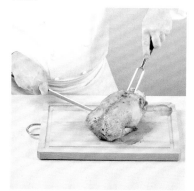

1 将小雌鸭放在砧板上，将胸骨用肉叉固定。

2 将鸭腿沿着鸭架和关节处切下。

3 再将两个鸭腿沿着关节处切成两块。

4 将鸭胸肉连着翅膀一起沿着胸骨边缘切下。

5 将每块带腿鸭胸肉切为两块。

6 这时已将小雌鸭成功地切成八块。

处理肥肝并做肥肝酱

Déveiner un foie gras et le cuire en terrine

难度：👨‍🍳👨‍🍳👨‍🍳

用具：
砧板　　　　　　　烹调用陶瓷罐
菜刀　　　　　　　烤盘

做法：

1 在温水中将肥肝浸泡1小时至软化，并擦干水分。

2 在砧板上将肥肝鼓起的那面朝上，分开两片肝叶。

3 将肝叶上的血管去除：在软化的肥肝上用手指挖洞，并将血管沿着其主要脉络拉出。

4 将血管一边继续轻轻地拉出，注意不要拉断，一边将主要的分枝用刀处理干净。

建议：若配方中需要加酒，请用雅玛邑。

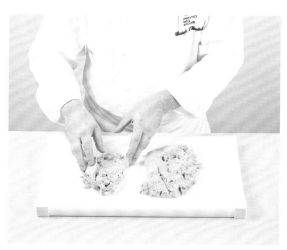

5 用以上方法再处理下小片肝叶。

6 撒盐之花和胡椒（或也可使用你所选的调味料，
如综合胡椒和埃斯普莱特辣椒粉等）调味。

7 将肥肝重新用手捏好。

8 将肥肝放入烹调用陶瓷罐内，将空气压出并
压实。

9 将烤箱预热至100℃，把陶瓷罐放上烤盘。

10 将热水倒入烤盘至陶瓷罐的2/3处，给陶瓷罐盖盖。

11 烤40~45分钟。用烹调温度计测温：当温度达到57℃时，肥肝达到"半熟"。

12 将隔水加热的陶瓷罐取出，尽量将罐内的油倒出，并存于阴凉处。

13 在肥肝上放长方形的聚苯乙烯板或用锡纸包住的、带有一点重量的小板子，放入冰箱冷藏。

14 冷藏6小时后，将板子取下，在肥肝表面淋上油。将肥肝静置24小时后再食用，并可冷藏保存10天。

家禽

207

"煮两回"鸽子的准备

Préparer un pigeon pour "2 cuissons"

难度：👨‍🍳👨‍🍳

用具：
砧板　　　　　　　　菜刀

做法：

1 将鸽子肉侧放，将鸽子腿与骨架之间的皮用刀划开，将腿骨从关节处切下。

2 将两个鸽子腿从关节处完整地切下。

3 将翅膀切短，保留翅腿即可。

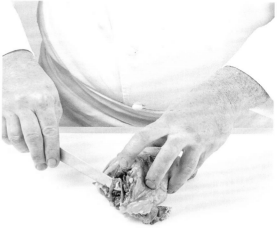

4 将鸽子背部朝下放，将叉骨用刀剔出。

建议：对于有着细嫩胸肉的飞禽来说很适合用此方法，对
于较难咀嚼的腿肉来说需用油浸或填馅这样的方法
进行再加工。

※ "煮两回" 同时适用于山鹑或斑尾林鸽。

5 将叉骨取下。

6 将骨架的前半部分和后半部分斜着切开（将后
半部分保留，可用来做高汤）。

7 将前半部分的脊柱取下。

8 处理好的鸽子腿可开始烘烤，先将最脆弱的带腿
鸽子胸肉不去骨烤三四分钟，之后再去骨即可。

覆盆子煎肥肝

Poêler un foie gras aux framboises

难度：👨‍🍳👨‍🍳
分量：2人份
准备时间：10分钟
烹调时间：10分钟

原料：
带血管的肥肝 250克
红糖 2小匙
雪莉酒醋 3大匙
鸭高汤或白色鸡高汤 100
　　毫升

覆盆子 1小盒（125克）
盐 适量
现磨胡椒 适量

用具：
砧板
菜刀
平底锅

做法：

1　将肥肝下锅前至少提前30分钟，将其切成厚约1.5厘米的片状。

2　摆盘并撒盐和现磨胡椒，下锅前请冷藏。

3　待锅够热时将肥肝放入，将其每一面煎2分钟。

4　将肥肝取出，放入事先热好的盘内。

建议：像一些新鲜水果如无花果、黑醋栗和葡萄等与肥肝
　　　搭配绝佳。

5 将锅内的油倒出，再用此锅将红糖煮成焦糖。

6 给焦糖淋上雪莉酒醋，再倒入白色鸡高汤。

7 将汤汁收干至如糖浆状的浓稠酱汁后，将覆盆
　子放入。

8 一边在锅内加热覆盆子一边滚动它，最后给肥
　肝浇上覆盆子和酱汁即可。

为兔脊肉去骨并填馅

Désosser et farcir un râble de lapin

难度：♟♟♟

用具：

砧板   菜刀

做法：

1 将兔脊肉摊平，展开皮膜，将多余的脂肪和腰子切下。

2 沿着中心的骨线用刀切开，要穿过中心的骨头尖，处理出菲力。

3 继续穿过第二个骨头尖，处理出脊肉。

4 另一面也做同样的处理，注意一定不要切到背部的皮。

5 将整条脊椎和皮小心地分开，将脊椎取下。

6 笔直地切齐皮膜。

7 先撒盐和胡椒，馅料后铺（按配方决定）。

8 放上腰子，将脊肉用皮膜卷起。

9 按配方像绑小型烤肉那样用细绳将脊肉绑好。

10 也可用滤网来包。

切分兔肉

Découper un lapin

难度：👨‍🍳👨‍🍳

用具：
砧板　　　　　　菜刀

做法：

1 将兔头切下。

2 将肝脏保留（按需可保留腰子）。

3 将兔子背脊的前半部分切开。

4 切开肩胛骨的下侧（非关节处），将肩肉取下。

建议：将完整的兔腿保留，要制作填馅兔腿请按第194页
给鸭腿填馅的做法。

5 将颈部的血管切下。

6 沿着肋骨剖开胸腔。

7 将脊柱切开。

8 将左右两片脊柱再切成两块。

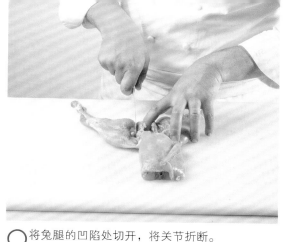

9 将兔腿的凹陷处切开，将关节折断。

10 将兔腿沿着骶骨（即骨头顶端）切下。

11 也可再将兔腿肉一下切成两块（沿着关节处的上侧）。

12 将骶骨顶端切除。

13 既可保留完整的脊肉，也可再切两三块。

14 切好的兔肉即可用来烹调，如炖兔肉（见第217页）。

沙瑟尔炖兔肉

Lapin chasseur

难度：👕👕
分量：4人份
准备时间：30分钟
烹调时间：45分钟

原料：

切块的整兔 1只
花生油 4大匙
切成骰子块的胡萝卜 1根
切成骰子块的洋葱 1颗
面粉 1大匙
去皮并捣碎的大蒜 2瓣
调味香草捆 1捆
市售浓缩番茄酱 1大匙

干邑白兰地 50毫升
不甜的白葡萄酒 350毫升
棕色小牛高汤 150毫升
切成薄片的蘑菇 250克
黄油 30克
切碎的龙蒿 2大匙
盐 适量
现磨胡椒 适量

用具：

铸铁炖锅 2口
平底锅
筛网

做法：

1 给兔肉撒盐和现磨胡椒，将花生油倒入炖锅内，将兔肉的每一面慢慢地煎成金黄色。

2 放入切成骰子块的胡萝卜和洋葱，煮几分钟煮至出汁。

3 将面粉撒入锅内。

4 将面粉用大火一边煮成金黄色（焙炒），一边搅拌兔肉。

5 将大蒜、调味香草捆和番茄酱放入锅内。

6 倒入白兰地使其点燃，将酒精烧掉。

7 倒入白葡萄酒。

8 待酒精煮挥发后，倒入棕色小牛高汤。

9 以小火盖锅盖慢炖35分钟。

10 将黄油放入平底锅以大火炒蘑菇。

11 将炖锅内的兔肉倒入另一口锅内。

12 再将第一口炖锅内的酱汁过滤至第二口锅内。

13 放入炒好的蘑菇。

14 出锅前将切碎的龙蒿撒入锅内，即可食用。

杂碎

Les ABATS

目 录

Sommaire

充满趣味、韧劲十足、细腻且渺小的杂碎

Les abats robustes et délicats, un petit goût canaille

动物器官中可食用的部分和四肢即我们所说的"下水"或"杂碎"。例如。我们既可以食用动物的肠子、小牛头、猪爪、猪头肉冻（pâté de museau）、牛尾和牛颊等，也可以食用肝脏、脑髓和脊髓。"下水"往往会让人们联想到各种奇形怪状的东西，而非美食。

久远的罗马时代的富人曾以食用各种海陆空动物的器官为乐趣，其中就包括食用最珍贵的母猪的胸部和外阴部，而且最好来自不孕的母猪。这些都反映出这些特殊的器官是与其味道并重的。与现今相比，当时的烹调准备、搭配的香料和调味方式较简单，但在食材自身的美味、精致和性质等方面，同样能受到认可和重视。

人们经常误将这些不为人知的器官归类到生殖器上，如将胸腺和腰子混为一谈，但其实胸腺属于胸腔的一部分，而动物的肾脏即腰子。人们还喜欢把一些中性器官联想成极其隐晦的部位，这似乎说明简单的味道或营养比不上这些部位所象征的形象。

白杂碎和红杂碎

我们根据专业人士买前定好的用途将杂碎分为白杂碎和红杂碎。原则上，最好去下水铺或肉铺买杂碎，这样可以获得不少实用的建议。大超市里有新鲜或冷冻的杂碎，处理起来也很方便。最好在烹调前一天再买杂碎，因为它们无法以生鲜方式进行保存。

需要专业人士用复杂的方法处理的是白杂碎，烹调时会用煮的方式，一般烹调前会提前煮好杂碎，可通过杂碎所呈现的白色或象牙色来确认是否

《阐述》（*Élucidations*）

"当摆满舌头、脑髓等内脏的盘子呈现在我眼前时，那些忘记的细节又涌上心头，我询问并找到了做法，这让我回想起了童年的味道。脑髓在我还来不及吞咽时就在我舌尖融化并消失了踪迹。而舌头放进嘴里时就像有一块结实的东西，特别有嚼劲，这让我能畅快地嚼个不停。那天因怀念我吃了人们已不会再吃的脑髓和舌头，我希望在逛市场时还能见到它们。"

亚历克西·热尼（Alexis Jenni）

煮好，如最有名的白杂碎小牛头。做这道菜时可直接煮小牛头，或将半个小牛头制成肉卷。

处理红杂碎则较为简单，一般要迅速地煮像腰子、肝脏和舌头这样的红杂碎即可。

最后，还有像头肉冻（pâté de tête）或头肉冻沙拉（salade de museau）这种已烹调好的、可食用的杂碎。

小酒馆的氛围

下水食材的口感因多样的食材和准备方法而千变万化。例如，脑髓入口即化，猪脚特别有嚼劲，富含胶质又酥脆。

比起小牛或羔羊的杂碎，牛肉杂碎的味道更加强烈和致密，前者的味道更细腻，就像小牛和羔羊的外形那样，口感也较软嫩，

烹调杂碎时方式的差异也会使杂碎各异。人们更喜欢小牛头搭配着酱汁，如搭配使整道菜变酸爽的格里比茨酱（见第32页），这会使小牛头变得更辛辣。相反地，搭配法式酸奶油（crème fraîche）和蘑菇的羔羊胸腺会更细嫩，也不会遮盖羔羊本身的味道。

杂碎的做法除了这些法式料理中的经典搭配外，还取决于根深蒂固的地方传统理念。法国北部的人尤其爱吃杂碎里的牛肉杂碎。

相反地，除了很多食谱会使用的羔羊杂碎外，法国普罗旺斯料理中很少会用杂碎，如蚕豆煎腰子（rognons sautés aux févettes），或从心脏切下的肉、肝脏和胸腺，还有可用于烧烤的腰子。

各行业的工会面临购买量的大幅下跌时，就开始改变下水食品的形象了，并为它们不断增强吸引力。通过各种各样的努力和沟通，如今杂碎的形象已今非昔比。

而且，杂碎也受到兴起的"小酒馆美食"（bistronomique）的青睐。实际上，在这种餐厅，经常可看到含有杂碎的菜谱，它们的食材很便宜，有些优质的食材也是如此，但是却需要常人没有的技巧来进行烹调。

由内而外的健康

在营养价值方面，下水食品的差异不大。它们都是滋补身体的好东西，这也是为什么法国人在战后会吃很多的原因。

美食家和小酒馆美食

餐厅的规模会随着时下流行的趋势来变化，这就让餐厅可以在现代而传统的氛围下迎接客人的到来，这种餐厅会将过去的菜谱保留下来。属于传统料理和古老料理的小酒馆料理的味道非常美味，正因为人们开始崇尚古老料理，所以它的身价得到了提升。

与一些高质量的肉类一样，下水食品也能提供优质的蛋白质，同时也是铁、锌、锰、铜和硒等矿物质的极佳来源。像维生素A、维生素D、维生素E、B族维生素中的维生素B_1、维生素B_9和维生素B_{12}也大量存在于下水食品中。

但是，有些下水食品应少吃，它们在作为具有过滤功能的器官如腰子时就会含有尿酸这样的有害物质。确保食用健康有保障的食品且不含激素和抗生素的食品的好办法就是选择那些有食品认证标志或有机饲养的食品。

能摆脱杂碎特别的外形并食用它们是身为美食家的一个标签。我们既无法全盘接受，也无法全部舍弃多样的杂碎。依个人口味、习惯和回忆的不同，我们有能接受的和不能接受的味道。而对欲望的探索和忍受极限的好方法就是制作杂碎并品尝它。其实，在反胃之前，对于我们或我们的客人而言，能享受到美食乐趣的绝佳机会就是品尝杂碎。

油煎小牛腰子的准备

Préparer des rognons de veau pour les faire sauter

难度: ♣♣

用具:
砧板
小型菜刀

建议: 一定要像其他杂碎一样选择最新鲜的腰子, 最好是从下水商贩那里购买。

做法:

1 将包裹腰子的脂肪层取下。

2 将腰子和保护它的膜一并取下(保留脂肪, 可供烹调用)。

3 剖开并摊平腰子, 注意不要切成两半。

4 将腰子上白色的部分切下。

5 尽量将较硬的部分(即尿道)取下。

6 将腰子切成大的丁块状。

油炸腰子

Cuire un rognon dans sa graisse

难度：👨‍🍳👨‍🍳

用具：
砧板
菜刀
平底炒锅

建议：将以小火融化的腰子的脂肪过滤后，可用来油炸马铃薯（与比利时的做法相同）。

做法：

1 将腰子的脂肪保留1厘米的厚度烹调时会用，其余全部切下。

2 找到腰子上能通向血管和尿道的开口。

3 在不破坏腰子的前提下将血管全部去除。

4 在锅内将盐和胡椒撒于腰子上，用黄油和其他油煎腰子。

5 盖锅盖，将锅放入已预热至180℃的烤箱内烤16分钟左右。

6 烤好后盖锅盖静置10分钟，取出腰子，切片即可。

处理小牛胸腺

Préparer des ris de veau

难度：👨‍🍳👨‍🍳

用具：
平底炒锅

建议：私房诀窍：用油煎羔羊胸腺最美味，这么做胸腺
会熟得很快。

做法：

1 在装满冰块和水的沙拉碗内
放入小牛胸腺，放1小时泡出
血水。其间，可按需换水。

2 在装满冷水的锅内放入胸腺。

3 开火煮沸后加盐，转小火再
微滚5分钟。

4 将胸腺取出，放入装有冰块
的冷水中冰镇。

5 将胸腺上的膜和多余的脂肪
处理干净，注意不要让胸腺
散开。

6（最好夹在两个盘子之间）夹
至少1小时，在使用前放于阴
凉处即可。

焖小牛胸腺

Braiser des ris de veau

难度：👨‍🍳👨‍🍳
分量：4人份
准备时间：20分钟
烹调时间：30分钟

原料：
小牛胸腺 2块
黄油 50克
花生油 2大匙
切成骰子块的胡萝卜 1根
切成骰子块的洋葱 1颗
切成骰子块的芹菜茎 1枝
切成骰子块的蘑菇 4朵

波尔图酒（也可用马德拉酒或白酒）50毫升
白色或棕色小牛高汤 300毫升
液体鲜奶油 150毫升
盐 适量
现磨胡椒 适量

用具：
平底炒锅
筛网
平底深锅

做法：

1 将小牛胸腺入锅撒盐和现磨胡椒，用黄油和花生油将其煎至表面呈金黄色。

2 将小牛胸腺取出备用，将切成骰子块的蔬菜入锅，炒至出汁。

3 倒入波尔图酒。

4 将汤汁收干至1/3。

建议：我们经常在汤汁中放入菌类，一般会用羊肚菌。
我们还可放入新鲜的面食、什锦蔬菜或胡萝卜泥
等配菜。

5 倒入小牛高汤。

6 将全部食材煮沸后，转小火，再将胸腺放于蔬菜上。

7 将锅内的食材用一张圆形烤盘纸覆盖。

8 以小火慢炖20分钟。

9 将胸腺取出，为其保温。将锅内的汤汁用筛网
过滤。

10 在过滤好的汤汁内倒入鲜奶油。

11 将汤汁收干至可附着在汤匙上。

12 将汤汁浇在胸腺上调味即可。

清洗并水煮脑髓

Nettoyer et pocher des cervelles

难度：♟♟

用具：
平底炒锅
※也可用此法处理小牛、羔羊和猪的脑髓。

建议：将水煮脑髓切成大的丁块状，撒盐和胡椒后可炸成特别美味的天妇罗（见第 272 页的菜谱比目鱼鱼柳天妇罗）。

做法：

1 在装满醋水和冰块的沙拉碗内放入脑髓，放1小时泡出血水。其间，可按需换水。

2 在沙拉碗或流动的水中，小心地将附着在脑髓表面的膜和血块去除。

3 在装满加盐冷水的锅内放入脑髓，再放入百里香1枝、月桂叶1片和几粒胡椒，将水煮至微滚。

4 将水表面的浮沫撇去。

5 用手指摸脑髓感觉带有弹性时，表明已煮好。

6 用漏勺捞出脑髓，用厨房纸吸干脑髓的水分即可。

粉炸脑髓

Cervelle meunière

难度：👨‍🍳👨‍🍳
分量：6人份
准备时间：5分钟
烹调时间：15分钟

原料：
排过血水的水煮脑髓 3块
面粉 75克
黄油 100克
花生油 2大匙
柠檬 1/2颗
切碎的香芹 1大匙
切瓣的柠檬 适量
盐 适量
现磨胡椒 适量

用具：
平底锅

做法：

1 将盐和现磨胡椒撒在脑髓上，为脑髓裹一层面粉，将多余的面粉去除。

2 将花生油和一半黄油用大火加热，再将脑髓入锅。

3 将脑髓的每一面炸10分钟，斜着拿锅，一边炸一边淋上滚烫的热油。

4 取出脑髓备用，将锅内的油倒出，将剩余的一半黄油入锅，煮至呈金黄色。

5 将香芹入锅，半颗柠檬挤汁入锅。

6 煮沸后，将汤汁淋在脑髓上，切瓣的柠檬作为配菜上桌即可。

野味
Le
GIBIER

目 录

Sommaire

野味：打猎而回

Le gibier retour de chasse

最具有象征意义的食材也许就是野味了，在过去，通过打猎获得野味一直是贵族的专利和特权。而如今，打猎也依然是一种社交需要和重要的活动。无论法律法规如何定义和管制打猎，不管是以贵族式进行围猎还是以大众化来打猎的人都能让我们回到法国古时的皇家打猎时期，并和他们共享打猎的经验。在现今社会，这样的历史背景也为野味赋予了更加鲜明的形象。

但是，大部分的野味都是食客买来的，而非打猎得来的。我们有时会从猎人手里、或者卖野味的商贩处买到新鲜的野味。

所以，食用野味虽然不重要，但却显得很特殊。一般我们会在年末的节日或假期吃很多野味，其他时期则较少。

我们也可以找到被制成冷冻产品的野味，保存野味很不易，但它却经得住冷冻。特别是好多野味只能在秋冬季节的合法打猎期获得，所以这显得非常重要。

野味有很多不同的分类方式，一般分为飞禽（山鹬、鹌鹑、西方松鸡、野鸡、斑鸠、山鹑和鸽子等）和走兽（雌鹿、雄鹿、狍子、兔子、野兔和野猪等）两大类，根据体型的差异也可分为小型野味和大型野味。猎人一般还会将它们分为迁移型野味和定居型野味，前者主要是由在迁徙时被捕到的鸟类组成。

能量和铁

一般野生动物会在完全独立的、自由的环境下依据自然的生活方式来进化。它们活在自由中，而非牢笼下，这样才会长出结实的肌肉，其肉质才会少脂且具有韧劲，脂肪含量仅为1%~4%。

相比来看，家养兔子的脂肪含量比野兔高五倍，而鸡肉比山鹑肉高三倍，牛肉竟然比雌鹿肉高出二十五倍。

值得关注的是，通常野味会用酒葱烧、肉块

冬季的芳香

冬季是享用野味的最佳季节，能吃到最经典、最美味、肉质最上乘的野味料理。我们不建议在3~5月食用最容易捕猎到的狍子（即弗吉尼亚鹿）。野猪一般不会出现在每年的2~8月，而食用野鸡和山鹑最好的月份则是11月至次年的2月。

佐酱汁等方式进行烹调，并搭配丰盛的配菜来食用。

野味足可以被归类到"减肥"肉类中，但一直未列入其中则是因为其传统的做法。

野味就像其他许多优质的肉类一样，富含铁和B族维生素。它们的肉特别芳香，主要是因为它们吃了大量的草本食物和带有木头味道的食物，饮食非常多变。

先辈食谱的现代化

烹调野味从来不是一件简单的事，即使我们都不用对它们进行烹调前的处理（如拔毛、去皮后再切块等）。我们会将大型野味的肉用香料和酒（味道浓烈的最佳）制成的腌料进行腌渍。

必须长时间地将肉浸泡于腌料内，这样才会软化肉质，并将肉中可能存在的寄生虫杀死。肉未冷冻前先腌渍非常重要，因为未经加工就将肉保存起来易变质，这时就很容易受到寄生虫的侵害。

震撼人心的事

在遵循道德和卫生条件的前提下，也可以人工饲养野猪、雄鹿、野鸡、山鹑、鸭和鹌鹑等野味。一般是将它们饲养在密封空间内，而非野外，直到安排好、开始打猎时才将它们放出。

酒与野味的完美结合

放了酱汁的野味非常美味，要想得到完美的搭配，需要格外注意选酒。野味和烈酒相结合时，口感没有那么重，且唇齿留香。为了餐后的健康着想，可以喝些能感到清爽的佐餐酒，特别是带有明显的矿物质香味的酒。

走兽非常适合那些从中世纪就开始使用的香料、具有浓郁味道的香草及长期浸泡于酒里的腌料等具有强烈味道的配料。能让肉变得更美味的一个绝招就是搭配糖渍水果或烤水果来食用野味。将肥猪肉丁放入腌野味的酱汁里，或将野味用五花肉薄片包起来，这时的肉会因油脂的加入而变得更加软嫩多汁。

用飞禽做的料理就没有那么精致了，我们可以用像烤整鸡一样简单的方法来烹调飞禽。若用此法的话，需要为飞禽淋上大量的肉汁，且尽量保留丰盛的馅料。

野味非常适合做节日餐的肉酱和陶罐派，因为其肉质又结实又美味。我们既可以在熟食店和肉类加工店买到已做好的野味肉酱和陶罐派，也可以用煮好的肉自制。

罐装最适合保存野味陶罐派，其实，处理野味碎肉的最佳方法就是制成陶罐派。将野味的碎肉再切碎些，放入果干、酒和香料，在沸水中放入已杀菌的密封罐，煮2~3小时即可。

炖肉和野味的腌泡汁

Marinade pour daube ou gibier

难度：👨‍🍳
分量：适用1500克的肉
准备时间：15分钟

原料：
牛肉块或野味肉块 1500克
口感醇厚的红酒 750毫升
切成大骰子块的胡萝卜 1根
切成大骰子块的洋葱 2颗
切成大骰子块的带叶芹菜
　　茎 1枝
大蒜 2瓣

胡椒粒 1小匙
刺柏的浆果 1小匙（非必
　　须，用于野味）
调味香草捆 1捆
干燥橙皮 1块（非必须，
　　用于炖肉）
胡椒 适量

用具：
筛网

做法：

1 烤盘内放牛肉块或野味的肉块，倒入红酒浸没食材。

2 根据肉质的不同放入配方中的蔬菜和香料，撒胡椒。

博古斯学院法式西餐烹饪宝典

3 将烤盘用保鲜膜覆盖，放于阴凉处腌渍适当的时间。

4 将肉取出，将腌泡汁过滤后保留蔬菜即可（按配方使用这些蔬菜）。

烤鹿腿

Cuissot de chevreuil

难度：👨‍🍳👨‍🍳
分量：6人份
准备时间：30分钟
烹调时间：每500克15分钟

原料：
鹿腿 1只（去除髋骨）
黄油 50克
鹿肉高汤或棕色小牛高汤 150毫升
盐 适量
现磨胡椒 适量

腌泡汁：红酒 750毫升
切成小细丁的洋葱 1颗
切成小细丁的胡萝卜 1根
调味香草捆 1捆
大蒜 2瓣
胡椒粒 适量
刺柏的浆果 适量

用具：
盘子 3个
筛网
平底深锅

做法：

1 烹调前一天，将鹿腿放于盘内，备好所有腌泡汁的原料。

2 倒入腌泡汁，将保鲜膜包在盘上，放于阴凉处至第二天（要不时为鹿腿翻面）。

3 烹调的当天，取出鹿腿，沥干并用细绳绑好，放入耐高温烤盘内（若还有鹿肉的碎屑，一并放入）。之后放上黄油块，撒盐和现磨胡椒。

4 将烤盘放在火上，长时间将鹿腿煎至每一面都上色。将烤箱预热至210℃烤15分钟，之后再调低至180℃。

5 将鹿腿从烤盘内取出，盖上锡纸保温。

6 将高汤或腌泡汁倒入刚才的烤盘内，将烤盘底部的汤汁化开。

7 将汤汁用刮刀刮起。

8 过滤烤盘内的汤汁至平底深锅内，收干至一半。

9 将鹿腿像切羊腿那样切分（见第407页）。

10 将切肉时留出的血水倒入酱汁内，再将酱汁加热即可。

酒葱烧鹿肉

Civet de chevreuil

难度：🍳🍳🍳
分量：6人份
准备时间：40分钟
烹调时间：3~4小时

原料：
切块的鹿肉 1500克
猪肉肥丁 150克
花生油 4大匙
干邑白兰地 50毫升
炒成棕色的红葱头 12颗
蘑菇 250克
黄油 100克
面包丁 少许
切碎的香芹 适量
盐 适量
现磨胡椒 适量
腌泡汁 适量（见第236页）

用具：
滤锅
铸铁炖锅
漏斗过滤器
小型带柄平底深锅
平底锅

※此法也可制作酒葱烧野猪或酒葱烧野兔。

做法：

1 烹调前一天，将肉块用滤锅沥干，将血水尽量保留（冷冻鹿肉的血水更多）。

2 制作腌泡汁，倒入酒（配方外），腌渍鹿肉一晚。

3 烹调当天，将肉取出，放在厨房纸上吸干水分。

4 过滤腌泡汁，保留蔬菜。

5 花生油入炖锅，煎肥猪肉丁和鹿肉的每一面。撒少量盐和现磨胡椒。

6 倒入白兰地并点燃酒精。

7 将鹿肉取出备用。

8 在炖锅内放入过滤后的蔬菜，煮至呈金黄色。

9 再将鹿肉放回锅内，撒面粉（配方外）。

10 将过滤好的腌泡汁倒入锅内。

11 待腌泡汁煮沸后，将浮沫撇去。

12 继续不盖锅盖炖煮，煮至酒味消散。

13 盖锅盖以小火慢炖1小时30分钟，或将炖锅放入预热至140℃的烤箱烤2小时，至鹿肉变软。

14 将鹿肉取出并保温，备用。将酱汁用漏斗过滤器过滤，一边按压一边尽量过滤出蔬菜。

15 将过滤好的酱汁煮至能附着在汤匙上。

16 将肉和酱汁放入同一口锅内，再次加热鹿肉。

17 在起锅前将血水倒入锅内，煮至血水变稠，注意不要煮沸。

18 做好一锅炒成棕色的红葱头。

19 用黄油炒蘑菇，再放入面包丁，一起炒至呈金黄色。

20 将酒葱烧鹿肉的四周摆上金黄色面包丁、蘑菇和红葱头的配菜，再撒上切碎的香芹即可。

鱼类和甲壳类

Le POISSON *et les* CRUSTACÉS

目 录
Sommaire

具有精妙、健康味道的
鱼类和甲壳类

Le poisson et les crustacés le goût subtil de la santé

除了沿海地带有丰富的海鲜料理，还有几道经典的法餐如阿尔萨斯的雷司令白酒焖鳟鱼（truites au riesling）、或栋布的梭鱼丸（quenelles de brochet）等以外，其实传统的法餐还是鲜少依赖渔业的。所以，以海产为食材的料理在法餐中并不常见，这与我们内心的期待稍有不同。

肉在17世纪成为法餐的主角。没人能够说清理由，唯有一个就是"法国大部分国土离海较远"。的确，大海中不仅有鱼的存在，湖泊、池塘与河流中也有。在以鱼作为惩罚的中世纪的四旬斋上，会把鱼代替肉用香辛料和香料覆盖起来，这样菜的主角就不会是鱼了。

尽管如此，鱼类和甲壳类从美食角度来看仍很有风味，它们的加入会使菜更具口感。而且，鱼类和甲壳类还是公认的重要营养源。

幼鱼与大鱼

在法国，可食用的鱼类有150种以上，这种多样性让人印象深刻。同时，因其多样性，只有行家才能辨别出鱼的种类。一般情况下，我们只会用"脂肪较少的鱼"和"富含脂肪的鱼"以及"养殖的鱼"和"野生的鱼"这样的二分法来辨别，这也能让我们对鱼的来源有一个认识。

虽然鱼有多样化的外形和尺寸，还有从几厘米到

美人鱼的餐后甜点是藻类吗？

鱼和海鲜才不是大海带给人们的唯一礼物，欧洲相比亚洲，较晚认识到藻类在饮食中的重要性。藻类不仅富含多种矿物质，且口感多样。藻类因其自身的特殊性，成为做菜的绝佳灵感来源。例如，琼脂就比明胶更方便。在我们减肥时，能为我们带来有益蛋白质的就是我们既不了解也不清楚做法的螺旋藻。此外，海苔还是我们做寿司时必不可少的食材。

数米的鱼，但我们仍能看到它们之间存在的相通性。

源自大海的健康

易被人体代谢且热量较低的蛋白质就来自鱼类。同时，鱼类也富含能为人体红血球的产生、维持神经系统完整的维生素，以及细胞代谢时必需的维生素B_{12}。

富含维生素A和维生素D的鱼一般脂肪丰富，有益于视力的重要的抗氧化剂就是维生素A，而能

养殖鲑鱼或野生鲑鱼?

野生鲑鱼长期受到大众的欢迎而冷落了养殖鲑鱼,其实与极有可能受到重金属污染的野生鲑鱼相比,养殖鲑鱼更加卫生健康。若养殖鲑鱼还有"红色标志""有机农业认证"或"法国鲑鱼"(Saumon de France)等官方认可的标志的话,那么其来源就很可靠。

促进钙质的吸收,并能防止多种神经性衰弱、癌症、早期痴呆症等疾病的就是维生素D。

鱼类也含有铁和磷等丰富的矿物质,既对人体骨骼和牙齿健康有影响,也能给人提供活力的就是磷,而能制造红血球并促进人生长发育的则是铁。此外还有锌、铜和硒。与其他矿物质相比,能用于抗癌的就是硒,它还能抑制因治疗癌症所用药物而引起的人体不良反应。

此外,鱼类还是重要的多不饱和脂肪酸的重要来源,鱼类不仅为我们提供了活力、降低了不良胆固醇(即低密度脂蛋白)的比重,还为我们的身体、细胞、血管储存了那些有益的胆固醇(即高密度脂蛋白)。脂肪丰腴的鱼主要有鳀鱼、鲑鱼、鲭鱼、鲱鱼、沙丁鱼和鳟鱼等,它们同时也是富含不饱和脂肪酸的鱼。这些鱼实际只含有5%~12%的脂肪,而其他脂肪较少的鱼与它们相比,只含有脂肪1%~4%。

正因鱼类对健康大有裨益,所以法国国家食品环境及劳动卫生署[※](L'Anses)建议大家每周至少交替食用两次富含脂肪的鱼和脂肪较少的鱼。同时,尽量食用多变的品种和不同产地的鱼也很重

※L'Anses是法国国家食品环境及劳动卫生署。从2010年开始,该部门负责对与其相关的食品、环境及劳动领域进行风险评估。

要,包括养殖鱼类和野生鱼类(或在自然条件下生长的鱼类),海鱼和淡水鱼。实际上,大部分的鱼都会受到污染的影响。这些污染物若被人体吸收会非常有害,而最好的解决办法就是变换着食用各种各样的鱼类,而不受制于习惯。对美食家而言,能为吃鱼带来创新和变化的就是多样化的选择,这使得吃鱼更有乐趣也更具有吸引力。

何为优质鱼

鱼类总会以新鲜的、去内脏的整条鱼、鱼片或鱼排等各种各样的形式出现。我们既可以买到速冻鱼、罐装鱼,也能买到烟熏鱼。这些不同的状态体现了对应的不同的食用和保存方式。

请尽量在靠谱的鱼贩那里买新鲜的鱼,这样不仅能使鱼的品质和新鲜度得到保障,还是获得各种鱼类的食用建议的最好方式。建议一般包括烹调前的准备工作、做法和最好的食用季节。买鱼时,一般可从鱼的外形判断其新鲜度。就拿整条鱼而言,脆弱的鱼眼应明亮有神、眼球应凸出,鱼鳃应呈红色或粉红色,鱼肉则应结实又有光泽度。

由于鱼是一种易坏的食材,所以在买鱼时请务必遵循一些规则,避免买回低质量的鱼。买鱼时应买摆放在后排的鱼,之后再装入冷冻袋内。到家后,先用厨房纸将鱼身擦干(细菌喜潮),再裹上

速冻可保持新鲜度

捕获后直接在渔船上处理过的鱼即速冻后贩卖的鱼。这些鱼一般会在处理后被直接放入-40~-30℃的冷库内。这样不仅保证了新鲜度,也会在鱼供应不足时得到补充。但要注意,放在冷库内的鱼最好不要超过6个月,因为这会使诸如多不饱和脂肪酸这样的营养物质因长期冷冻而产生变化。

保鲜膜以隔绝空气（细菌喜空气），之后再将鱼在冰箱最冷的位置多放几天。

易于保存的有罐装鱼、烟熏鱼或用盐腌渍再风干的鱼，难处则是在购买时选择的问题。若比较追求鱼在营养、食品卫生和美味等方面的品质，请购买有认证标志的产品。

适当地做鱼

鱼的品种各式各样，导致处理鱼的准备也千变万化。不过，鱼既适合生吃也适合油煎等所有的做法，还不用高温煮熟。

烟熏鱼、寿司与生鱼片、鞑靼生鱼及意式生鱼片

可能大家不会留意，做烟熏鱼只需25℃左右，这个温度不会将鱼煮熟。所以，人们常在宴客上用的其实是生的烟熏鲑鱼。

从日本寿司、生鱼片和卷寿司等传统做法中吸收了灵感和精华的鱼的料理在法国人气很旺。这些料理都以鱼为主材，搭配的也只是米饭、酱油、山葵和腌渍的姜等配菜。

酸橘汁腌鱼（ceviche）、鞑靼生鱼，还有用青柠、盐和辣椒调味的意式浅渍生鱼片（carpaccio）等都是法国塔希提岛、秘鲁和墨西哥赠予我们的美食。

既然已经知道鱼是非常不易保鲜的食材，那么我们需要在烹调时格外注意其新鲜度。

鱼刺不会毁了兴致

鱼刺总给人一种像是放在口中的尖针一样的印象，这使得人们很不喜欢鱼刺。但我们若在处理鱼脊肉的过程中能够仔细地取出鱼刺，就好很多。所以，在处理生鱼时，可先用夹子将鱼刺取出。

烹调纸

在过去，大家都用简单又便利的锡纸来代替烹调纸。如今，我们知道了锡纸不适应酸性化合物，如做鱼时搭配的柠檬，且耐高温性较差，而烤盘纸则是较好的一种烹调纸。若能像芭蕉叶那样用烤盘纸的话，就能为料理在味觉和视觉上营造一种异国风味。烹调纸可用于烤或蒸，是一种适用于燃气灶的烹调工具。

水和煮

鱼肉极为细嫩并能吸收不少水分，所以不易保存，但最简单的水煮法却特别适合用来做鱼。

我们可用煮鱼的调味汁（见第74页）来做水煮鱼，将香草和蔬菜放入一锅开水中，这样不仅使蒸汽变得芳香，也会使煮鱼的水变得更香。也可以用微波炉短时间地烹调小鱼。

密封制作

为使鱼肉更入味，可用炖锅炖鱼或用烹调纸煮鱼。将鱼肉（尽量选择有结实的肉的鱼）和香料一起密封即密封制作，这既能保证鱼肉的质地，因香料的加入也能使鱼肉变得更美味。制作时，需精准地测算香料的用量，来保证鱼肉达到最美味的效果。

以烤箱烹调鱼

用烤箱烤鱼时，我们会搭配白酒、高汤和蔬菜等含水量大的配料和鱼一起放入烤盘，这样能使鱼肉不至于变干，此法特别适合脂肪较少的鱼。用烤箱做鱼时一般用时较长，先要持续地、温和地煮，这样才能使鱼肉入味，这不仅是为鱼肉调味的过程，也是对鱼肉的一种敬意。

乡村风的户外烤肉和烧烤

与现今主流的做法不同，富含脂肪的鱼非常适合烧烤或烤肉这两种做法。但是此法不适合脂肪较

少的鱼，因为会将鱼肉烤干。烧烤时只要不靠近高温的炭火就能让鱼肉充满香味，这也是种健康的做法。

烹调和油炸

有一种非常美味的烹调鱼的做法就是油炸，为鱼肉裹一层面粉或面包粉来保护细嫩的鱼肉，再炸出使人愉悦的金黄色泽的外形。这和粉炸比目鱼的"粉炸"或用油炸胡瓜鱼的做法一样，我们只需将食材入锅、再沥干、后加盐，即可大快朵颐。当然会有人站出来说这种吃法不健康，但用油炸对于一些不懂如何做鱼的人来说是最适合的做法了。

不管是鱼类多样的品种还是做法的千变万化，只要我们对此感兴趣，就能创新出更多食谱而不会有厌烦的一天，同时也能为宴客或日常生活提供营养又安全的菜谱，使我们找到属于自己的安身之所。

大海芳香的力量

品种庞大的海鲜家族由贝壳类和甲壳类动物组成，虽然人们至今鲜少了解它们的特点，但是真正的上年纪的美食家们却能用它们做出一桌地地道道的宴席。浩瀚的大海而非淡水馈赠给我们这些稀奇古怪的动物，它们独一无二且多种多样。这些动物的肉质就像珍珠般有光泽，既可单独食用，又可搭配其他菜。一般它们的肉比较贵，只有在重要的时刻或宴客时才能吃到。

绝大多数甲壳类动物像螃蟹、虾、大螯龙虾、螯虾、龙虾和挪威海螯虾等都是海生动物，只有少数几个品种属于陆生动物。在身体外附着的甲壳像盔甲一样起到保护作用。这些动物一般由头部、胸腔（多多少少会连着头胸部）和从属部位（脚部和钳子）的腹部组成。我们为了多吃它们的肉，会将它们的钳子和脚部折断并剖开，将碎肉取出。甲壳类动物全身都是宝，都可食用，还能拿来作为食材或制作汤底和酱汁。

如圣雅克扇贝、牡蛎、贻贝、蛤蜊、蚶及扇贝等贝壳类动物属于软体动物的一部分。就像"贝壳类动物"的学名一样，它们具有柔软的身体，主要由头部、脚部和一块含钙质的贝壳保护的内脏组成。贝壳类动物在体型、质地和味道上多种多样。这些软体动物会在抵御潜在的侵害（一般是砂砾等）时分泌珍珠和珍珠母。

极鲜

甲壳类动物和贝壳类动物的热量和脂肪含量都很低。与鱼类一样，它们也富含硒、铜及锌等微量元素和重要的矿物质，值得一提的是还含有碘。

这些海鲜也是绝佳的蛋白质和铁的来源，大家误认为红肉富含更多的蛋白质和铁，其实像贻贝和牡蛎等某些贝壳类动物比红肉含有的蛋白质和铁更多。

碘与代谢

碘是甲状腺素的主要成分之一、也是人体得以运作的基础元素之一，它会参与包括调节体温、生长发育、繁殖和再生血管细胞等人体的基础代谢，这些激素也会影响神经系统和肌肉的发育。

弗朗西斯·蓬热的牡蛎

"牡蛎的体型即普通鹅卵石般大小，外表较为粗糙，颜色既不单一，也不是明亮的米色。牡蛎有着我们能够开启的紧闭的世界，将它用抹布的凹槽处固定，最好用带有缺口的刀将壳撬开大快朵颐。牡蛎因充满好奇心的手指和指甲被弄得伤痕累累，将其开壳是个残忍而粗鲁的事情。大家在牡蛎的壳上纷纷留下了应邀的光晕一般的记号。而打开牡蛎后一个新世界出现了——吃货世界：那里不光有令视觉和味觉受到冲击的黏稠的水塘、暗绿色的小袋用烟灰色的花边装饰起来，还有由珍珠母构成的天穹以及垂直向下的蓝天。"

法国当代诗人弗朗西斯·蓬热（Francis Ponge）

《万物有本心》（ Le Parti pris des choses ）

自路易十五以来，带有字母"R"的月份……

过去，保存牡蛎的唯一方式就是放在户外，但过高的户外温度会使牡蛎变质，食用这种牡蛎出的事以及几起致命的中毒事件导致法国国王于1759年颁布了禁止在每年的4月1日至10月31日出售牡蛎的法规，这既能保护消费者，也能避免牡蛎在繁殖期被捕获。

为了保证一百分的卫生安全，必须在海鲜最新鲜的时候食用它们。一般会以活体来出售品质绝佳或有人气的海鲜，对一些购买者来说，要将这些活体活生生地加热后再吃是种心理上的煎熬。若想放冰箱多保存几天，可将微湿的厨房纸包裹活海鲜，并将脚部和钳子绑好，避免它们伤到自己或同类。贝壳类动物也常以活体出售，当我们触碰贝壳类时，若贝壳立即紧闭则说明它们很新鲜。

某些人既敏感又不习惯烹调中存在的粗鲁的一面，所以他们往往会选冷冻产品。与鱼类一样，将捕获的海鲜第一时间处理后就立即冷冻起来能保证其绝对的新鲜。

升华与朴实

简单朴实地处理食材就可将海鲜的口感和美味提升到与软体动物和甲壳类动物一样的软嫩，此为最佳做法。这种做法既节制了调味和烹煮，也是在尊重海鲜的前提下进行的。所以，我们更推荐煮或蒸的做法。

煮贝壳类时会将含有香草香味的水煮沸，并将贝壳直接放进容器内密封，此法最适合煮贻贝和蛤蜊。像这样煮过后，只需清淡的搭配即可，也可以搭配涂抹了一层奶油的切片面包来食用。

人们一般更喜欢食用一些未经烹煮的、仅仅滴入少量柠檬汁的生贝壳类，如圣雅克扇贝。而像牡蛎这种就可直接开壳端上桌大吃特吃。

众所周知，经典的食谱本就存在，且它们的准备工作更加复杂，传到我们手中的经典食谱大部分来自19世纪，这也解释了为何食谱中会有奶油加入（这样能增强肉的口感，且当时的食用指标就是食材要富含脂肪）。此外，这些料理的高级也因奢侈的配料而强化了，如"香槟沙巴雍烩牡蛎"（ huîtres en sabayon au champagne ） 就是一个好例子。

时令

贝壳类和甲壳类一年四季都能看到，但是尊重时令，即在最令人满意的品质下并用最低的价格买到这些食材才是最聪明的做法。

	1月	2月	3月	4月	5月	6月	7月	8月	9月	10月	11月	12月
甲壳类动物												
螃蟹					X	X	X					
虾	X	X	X	X	X	X	X	X	X	X	X	X
鳌虾						X	X	X	X	X		
明虾						X	X					
大鳌龙虾						X	X	X	X			
挪威海鳌虾					X	X	X	X	X			
贝壳类动物												
滨螺												
蛾螺			X	X	X	X	X	X	X	X	X	X
圣雅克扇贝	X	X	X	X						X	X	X
牡蛎	X	X								X	X	X
贻贝	X	X							X	X	X	X

鱼类
Les poissons

梭鱼
BROCHET

鲻鱼
ROUGET

比目鱼
SOLE

北极红点鲑
OMBLE CHEVALIER

鳟鱼
TRUITE

牙鳕
MERLAN

鲷鱼
DORADE

青鳕
LIEU JAUNE

鲈鱼
BAR

蓝鳍鲔
THON ROUGE

海鲂
SAINT-PIERRE

大菱鲆
TURBOT

鲑鱼
SAUMON

鳕鱼
CABILLAUD

甲壳类
Les crustacés

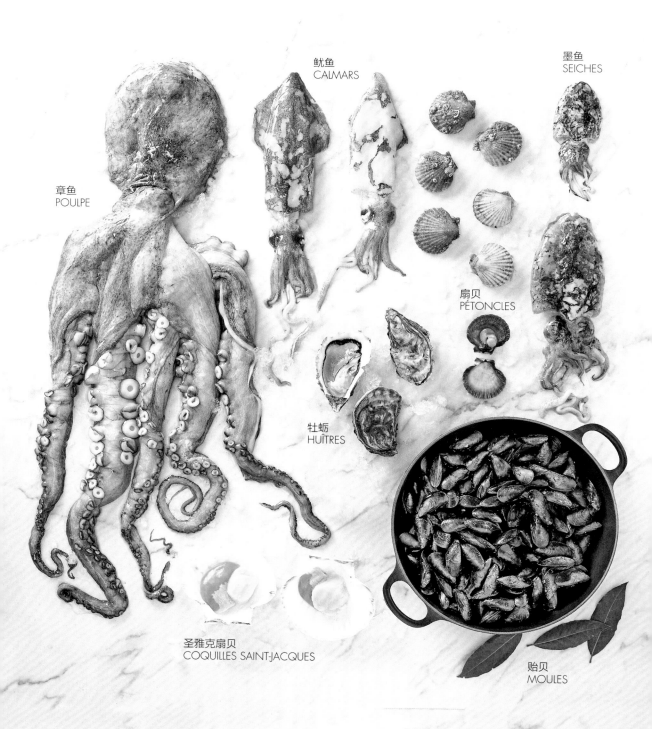

鱿鱼
CALMARS

墨鱼
SEICHES

章鱼
POULPE

扇贝
PÉTONCLES

牡蛎
HUÎTRES

圣雅克扇贝
COQUILLES SAINT-JACQUES

贻贝
MOULES

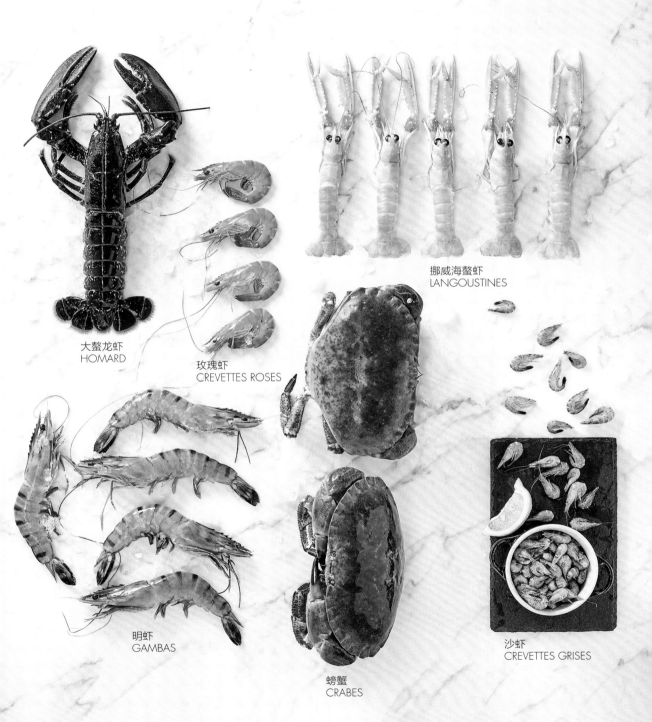

挪威海螯虾
LANGOUSTINES

大螯龙虾
HOMARD

玫瑰虾
CREVETTES ROSES

明虾
GAMBAS

螃蟹
CRABES

沙虾
CREVETTES GRISES

切分鳕鱼并切块

Habiller et détailler un gros cabillaud

难度：👨‍🍳👨‍🍳👨‍🍳

用具：

砧板   剪刀   西式片鱼刀（非必须）

菜刀   大型锯齿刀   ※此法还可处理绿青鳕。

做法：

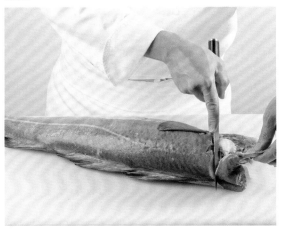

1 将鳕鱼颈部切下，可用于煮汤或做鱼高汤（见第75页）。

2 顺着从鱼尾至鱼头的方向用剪刀将鳕鱼的背鳍和腹鳍进行修剪。

3 将鱼肚的黑色薄膜去除。

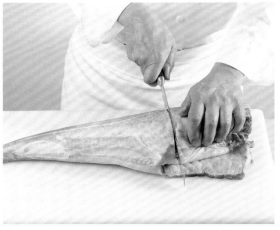

4 将鱼身带肋骨的部分和鱼尾用大型锯齿刀切下。

博古斯学院法式西餐烹饪宝典

5 为了得到整齐的厚片鳕鱼肚，先将一大块鳕鱼切下。做法是在鱼肚上放上刀，沿着脊骨用刀划过鱼肉，将脊骨两侧的鱼肉剔净。

6 将每半块鳕鱼不可食用的部分小心去除，按需可将鱼肉中残留的鱼刺取出。

7 若食谱指定去鱼皮用片鱼刀（即快刀）的话，请按指示来操作。

8 将每块鳕鱼肚向内卷起，放入炖锅可制成2人份的烤鱼。

9 或将每个部分都切成两个方形的厚片鳕鱼肚。

10 可从鱼尾切下鱼片（见第258页），或将鱼肚取下后再切成鱼排。

处理鲑鱼

Habiller un saumon

难度：♟♟♟

用具：

砧板	剪刀
菜刀	去鳞刀

做法：

1 顺着从鱼尾至鱼头的方向用剪刀将背鳍与腹鳍进行修剪（由于鱼鳍比较锋利，需小心操作）。

2 固定鱼尾使鱼保持不动，并去鱼鳞。过程中动作需轻柔一些。

3 抓住鳃裂用剪刀将鱼鳃剪下，注意不要将鱼腹连着鱼头下侧的小三角形尖端剪断。

4 查看是否已将鱼清理干净，按需将残留的内脏取出即可。

切分鲑鱼并将鱼片取下

Lever et détailler des filets de saumon

难度：👨‍🍳👨‍🍳👨‍🍳

用具：
砧板
西式片鱼刀
拔毛夹或削皮刀

做法：

1 将处理好的鲑鱼（见第258页）放于砧板的对角线上，鱼头向外，鱼背朝向自己。

2 一手固定鲑鱼使其保持平稳，一手用刀从鱼头处切下，切至脊骨上方几厘米处。

3 沿着脊骨片第一片鱼片，从沿着脊骨周围生长的脊肉的最前端开始下刀。

4 将鲑鱼翻面，沿着鱼肚细致的脊骨用刀将脊肉切开。

建议：将用油煎的鲑鱼皮弄碎后与寿司卷中的生鲑鱼搭配，
味道相当绝妙。

5 将鲑鱼再次翻面，将鱼头后侧的鱼肉切开，片
下第一片鱼片。

6 再将鲑鱼翻面，开始片第二片，先将鱼头后侧
的鱼肉切开。

7 切开脊骨和脊肉，一边切一边将整块鱼肉往上
拉起。

8 将脊肉两侧连着鱼鳍的部分切下，同时小心地
将鱼片周围不宜食用的部分切下。

建议：不要迟疑，我们可将一整条新鲜鲑鱼再加工处理后用于各种料理中：
　　＊可用鱼片最厚的部分做惠灵顿鱼排或生鱼片。
　　＊无论是否带皮，都要将鱼肉切成方形的厚片（之后冷冻保存）。
　　＊脂肪较少的鱼尾可做成鞑靼生鱼。
　　＊可将剩下的鱼肉做成鱼肉泥（见第 296 页）。

9　将鱼肉表面残留的鱼刺用手找到，用拔毛夹拔去。使用前先用火加热拔毛夹，再放入冷水内冷却（或将残留的鱼刺用大拇指和削皮刀去除）。

10　接着将鱼肉从鱼片的任意一侧切成适合做菜的厚度。

11　若食谱需要去鱼皮，可用片鱼刀来去除。需从鱼尾紧紧抓住鱼皮来去除。

12　根据食谱将去皮的鱼片切成厚鱼块，也可以切成薄片。

鞑靼鲑鱼

Tartare de saumon

难度：👨‍🍳👨‍🍳
分量：4人份
准备时间：20分钟

原料：
去皮去刺的新鲜鲑鱼片 400
　克
切碎的红葱头或洋葱 1颗
　或 1/4颗
切成骰子块的芹菜茎或茴
　香1枝或 1/4颗

切碎的任选混合香草 3大匙
橄榄油 3大匙
挤汁的柠檬 1/2颗
盐 适量
现磨胡椒或粉红胡椒 适量

摆盘装饰用原料（非必须）：
烫过热水去皮的圣女果 1颗
焯过水的柠檬皮 适量
带叶的莳萝嫩枝 适量

用具：
砧板
菜刀

做法：

1 先将鲑鱼片切成条状，再切成小丁。

2 将鲑鱼丁与蔬菜、香草、橄榄油和柠檬汁混合，
　按需放入适量盐和胡椒。

3 用餐盘上的圆形模具为步骤2的混合物塑形。

4 最后摆盘装饰，上桌即可。

盐渍鲑鱼

Gravlax

难度：👨‍🍳👨‍🍳
分量：8人份
准备时间：20分钟
冷藏时间：按鲑鱼尺寸来定
冷藏12~18小时

原料：
砂糖 100克
盖朗德粗海盐 250克
切碎的莳萝 1把
未去皮鲑鱼片 1大片（见第258页）

用具：
西式片鱼刀

建议：在斯堪的纳维亚半岛，人们会用莳萝、蜂蜜和芥末制成的油醋汁以及带皮的马铃薯
　　　一起搭配来食用盐渍鲑鱼。

做法：

1 将砂糖、粗盐和莳萝放入容器内混合。

2 将混合好的调味料铺满烤盘，接着将鲑鱼片带皮的那面朝下放入烤盘，再将剩余的调味料铺在鲑鱼片表面。

3 将鱼片上的调味料铺匀，并用手掌按压。

4 将保鲜膜包裹在鱼片上，放入冰箱冷藏12~18小时，过程中注意将腌渍鱼片时留出的汁倒出两三回。

5 将鱼片从冰箱取出，用厨房纸将鱼片上剩余的调味料擦去。

6 将鱼片用片鱼刀切成约8厘米的厚片即可。

切分大比目鱼

Lever des filets sur des grosses soles

难度：♟♟♟

用具：
砧板
菜刀

剪刀

※也可将大比目鱼称为"比目鱼菲力鱼排"。

做法：

1 用剪刀将比目鱼的鱼鳍全部去除。

2 从鱼尾处将深色鱼皮切开，并从切口处撕开鱼皮。

3 将鱼皮抓好（若鱼皮较滑手，可用抹布固定），用力多撕几次鱼皮。同时，用另一只手固定鱼身使其不动，并将这只手不断向前移。

4 用以上方法将白色鱼皮去除。

5 在砧板上平放比目鱼，从鱼肉的中线处下刀，用刀尖切向鱼脊。

6 沿着脊骨将其附近的鱼肉切开（切时请绕开鱼头，这样才能切下厚鱼肉）。

7 将鱼换个方向，顺着鱼腹的刺将此部位的鱼肉切下。

8 将鱼翻面，重复步骤5、步骤6和步骤7。

9 将鱼鳍附近肉中不宜食用的部分切下，将鱼片进行修整。再将鱼刺和从其上切下的碎肉、鱼鳍附近的肉保留，可用来做高汤。

10 最后，既可保留完整的鱼片，也可将鱼片从对角线切开做成鱼柳，还可将鱼片卷起做成"家常比目鱼排"（见第268页）。

处理比目鱼或黄盖鲽鱼

Habiller une sole ou une limande

难度：♟♟♟

用具：
砧板　　　　　　　剪刀
菜刀　　　　　　　去鳞刀

建议：　若是新鲜的鱼，不仅去皮时能很方便地将黑皮完整地撕下，还能不破坏鱼肉。

做法：

1 将比目鱼用剪刀进行修剪，将所有鱼鳍去除。

2 从鱼尾处将深色鱼皮切开，并从切口处撕开鱼皮。

3 将鱼皮抓好（若鱼皮较滑手，可用抹布固定），用力多撕几次鱼皮。同时，用另一只手固定鱼身使其不动，并将这只手不断向前移。

4 将白色鱼皮以去鳞刀去除。

5 将鳃裂用剪刀剪下。

6 查看是否已将鱼处理干净，按需将体内残留的内脏去除即可。

粉炸比目鱼

Sole meunière

难度： 👨‍🍳👨‍🍳
分量： 3人份或4人份
准备时间： 10分钟
烹调时间： 七八分钟

原料：
大比目鱼 1只
面粉 150克
黄油 120克
花生油 2大匙

挤汁的柠檬 1/2颗
切碎的香芹 1大匙
盐 适量
现磨胡椒 适量

用具：
炸鱼用平底锅

建议： "粉炸"属于一种非常简单的烹调方式，主要指"将裹上面粉的食材用油炸"的过程，几乎所有的鱼和鱼排都可适用于此法。

做法：

1 将盐和现磨胡椒撒在比目鱼上，为其裹一层面粉，并将多余的面粉去除。

2 将花生油和一半黄油用大火加热，再将比目鱼白色鱼皮的那面朝下入锅。

3 炸三四分钟后翻面。炸到最后，斜着拿锅，并为鱼肉淋上滚烫的热油。

4 取出比目鱼备用，将锅内的油倒出，将剩余的一半黄油入锅，煮至呈金黄色。

5 将柠檬汁入锅。

6 将黄油和柠檬汁煮沸几秒钟，撒入香芹碎，之后将浇汁淋在炸好的比目鱼上即可。

家常比目鱼排

Filets de sole bonne femme

难度： 🍳🍳
分量：4人份
准备时间：25分钟
烹调时间：7分钟

原料：
软黄油 100克
切薄片的蘑菇 200克
上乘比目鱼排 4片（见第264页）
以切下的碎鱼肉熬制的鱼高

汤 200毫升（见第75页）
液体鲜奶油 200毫升
切得细碎的香芹 2大匙
盐 适量
现磨胡椒 适量

用具：
平底深锅

做法：

1 将1/3的软黄油刷在烤盘内壁。

2 在烤盘底部散着放好蘑菇，再放上鱼排，并撒盐和现磨胡椒。

3 将鱼高汤倒入烤盘。

4 将烤盘内的食材用抹油的烤盘纸盖好。

5 先将烤盘上火煮，再放入预热至160℃的烤箱烤约5分钟。

6 将烤熟的鱼排和少量汤汁倒入深的椭圆形容器内保温，并备用。再将烤盘内剩余的汤汁和蔬菜倒入锅内。

7 以大火收汁至浓稠的汤汁能附着在汤匙上。

8 倒入鲜奶油后再将酱汁收干。

9 离火后，放入剩余的黄油块，用打蛋器轻轻搅拌或轻轻晃动锅，使黄油融进酱汁内，再放入香芹。

10 在鱼排上淋上做好的酱汁，再将其用烤箱或烧烤炉烤几分钟，之后即可食用。

英式炸牙鳕

Paner des merlans à l'anglaise

难度： 👨‍🍳👨‍🍳
分量：4人份
准备时间：15分钟
烹调时间：8分钟

原料：
牙鳕 4片
打散的鸡蛋 2颗
面粉 140克
精细面包粉 140克
黄油 50克

花生油 50毫升
盐 适量
现磨胡椒 适量
柠檬 1/4颗
塔塔酱 适量

用具：
平底炒锅
锅铲

做法：

1 从牙鳕的背部将鱼骨去除（见第277页），备好三个盘子，分别装入面粉、打散的鸡蛋和面包粉。

2 将盐和现磨胡椒撒在牙鳕上。

3 先将牙鳕裹上面粉，之后裹上蛋液，最后裹上面包粉。

4 将花生油和黄油放入不粘锅内加热，并开始炸牙鳕。

建议：几乎所有的鱼排，如青鳕、鳕鱼等都适合这种英式
用面粉油炸的做法。

5 将其中一面鱼肉炸至金黄色，再用锅铲翻面。

6 再炸另一面，并将滚烫的热油规律地淋上鱼肉
持续3分钟。

7 将炸好的牙鳕放在多张厨房纸上。

8 将牙鳕摆盘并搭配1/4颗柠檬和塔塔酱（见第
31页），即可食用。

比目鱼鱼柳天妇罗

Goujonnettes de sole en tempura

难度：👨‍🍳👨‍🍳
分量：3人份或4人份
准备时间：10分钟
烹调时间：5分钟

原料：
面粉 100克
玉米面 50克
泡打粉 1/2小匙
冰水 250毫升

切成鱼柳的大比目鱼 1条
（见第322页）
盐 适量
现磨胡椒 适量
柠檬或青酱 适量

用具：
平底炒锅
手动小型打蛋器
油炸锅

做法：

1 将油炸锅内的油加热至170℃，加热过程中，将面粉、玉米面和泡打粉混合，倒入冰水，并用打蛋器搅拌成面糊。

2 将盐和现磨胡椒撒在鱼柳上，将鱼柳放入面糊内快速浸入，之后立即下锅油炸。

3 在锅内将鱼柳炸几分钟，炸至金黄色。

4 将炸好的鱼柳放在多张厨房纸上，用柠檬或青酱（见第34页）调味，即可食用。

处理大菱鲆

Habiller un turbot

难度：♟♟♟

用具：
砧板　　　　　　　剪刀
菜刀　　　　　　　※也可用此法处理菱鲆。

做法：

1 将大菱鲆的所有鱼鳍用剪刀剪下。

2 将鳃裂剪下。

3 查看是否已将鱼处理干净，按需可将残留的内脏取出，若不好处理，可切开大鱼肚的切口。

4 将鱼肚和鱼表面用厨房纸擦干，这时就处理好大菱鲆了。

切分大菱鲆并将鱼片取下

Lever des filets de turbot

难度：👨‍🍳👨‍🍳👨‍🍳

用具：
砧板
菜刀
西式片鱼刀

建议：与野生大菱鲆相比，养殖的大菱鲆也发展得越来越快。现今，养殖的大菱鲆的品质基本与法国布列塔尼地区产地的相同。

※也可用此切分法处理菱鲆。

做法：

1 在砧板上放已处理好的大菱鲆（见第273页），鱼头向着砧板的右侧，鱼背朝向自己。沿着鱼身的中线下刀，切至鱼脊。

2 沿着鱼脊将其周围的鱼肉切开（切时要绕开鱼头，这样才能切下厚鱼肉）。

3 将鱼转180°，沿着鱼腹的鱼刺将此部位的鱼肉切下。

4 将鱼翻面，沿着中线切至鱼刺处。再重复步骤2和步骤3。

5 紧握鱼尾的鱼皮，轻轻用片鱼刀将完整的鱼皮去除。

6 按需将不可食用的部分切下，并将鱼鳍一并切下。可用切下的鱼刺、鱼皮和碎肉做高汤，还可将鱼鳍制成配菜，如肉馅酥饼（vol-au-vent）。

将大菱鲆切块

Tronconner un turbot

难度：👨‍🍳👨‍🍳

用具：
砧板
菜刀

大切肉刀（或双刃大刀）
※也可用此切块法处理菱鲆。

做法：

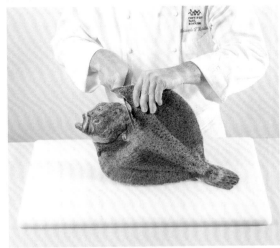

1 将鱼头以切半圆的方式切下，尽量将鱼头后侧的鱼肉取下。

2 将鱼尾抓住以固定鱼身，将鱼脊中心用大切肉刀快速下刀切几次，并将鱼完整地剖开。

3 将每半边鱼肉切成三四块，为使每一块重量相似，鱼肉厚的部分要切得比鱼肉薄的部分小。

4 将鱼块用冷水清洗干净，将血迹洗净并仔细擦干即可。

调味汁煮鱼块

Pocher des tronçons de poisson au court-bouillon

难度：👨‍🍳👨‍🍳

用具：
平底炒锅

※也可用此法做切块的大菱鲆或菱鲆。

做法：

1 将1升煮鱼调味汁（见第74页）煮沸，再放入鱼块。

2 将火转小，按鱼肉厚度煮8~10分钟。其间，需保持汤汁临界沸腾的状态。

3 将煮好的鱼块用漏勺捞出。

4 将鱼刺与鱼皮取下，这时鱼刺和鱼皮应很容易与鱼肉分离，鱼肉也不会有血色。可搭配黄油白酱（见第46页）或荷兰酱（见第37页）食用。

为圆形鱼去鱼骨

Désosser un poisson rond par le dos

难度：👕👕👕

用具：
砧板　　　　　　剪刀
菜刀　　　　　　去鳞刀

建议：也可用此法为鲈鱼、牙鳕或鳟鱼去鱼刺。

做法：

1 将鱼的背鳍和腹鳍用剪刀从鱼尾至鱼头的方向剪下。

2 将鱼尾修剪得稍短些。

3 抓紧鱼尾，用去鳞刀将鱼鳞全部刮去，注意给鱼腹去鳞时手法一定要轻柔。

4 将鱼鳃分开，抓住鳃裂。

5 将鳃裂轻轻取下，取的时候需小心不要让鳃裂划到手。一般将鳃裂取出时会连着部分内脏，这时注意不要破坏鱼肚。尤其牙鳕的腹部属于非常脆弱的部位。

6 沿着鱼脊两侧从鱼头至鱼尾的方向，用刀将背部切开。

7 将鱼脊两侧的鱼肉切下，注意不要将鱼头和鱼肚切坏。

8 先将连着鱼头的鱼脊上的鱼骨用剪刀剪下，再将鱼尾处的鱼骨剪下。

建议：此法适合为裹上面粉的英式炸鱼等（见第 270 页）
菜谱做烹调前的准备，或为将鱼肉泥等肉馅（见第
296 页）填入鱼肚内的鱼做烹调前的准备。

9 手拿鱼脊并小心拉出，这时会将纤细的鱼骨从
鱼肚内完全拉出。

10 将鱼身上腹鳍的附着点剪下，注意不要将鱼
皮剪穿。

11 将鱼内部小心清洗，一定要将残留的内脏和
附在鱼肚内壁的黑色薄膜取出，并用厨房纸
将鱼身擦干。

12 清理完鱼骨后，可将鱼肉裹上面包粉或为其
填馅。

处理圆形鱼

Habiller un poisson rond

难度：👨‍🍳 👨‍🍳 👨‍🍳

用具：
砧板   剪刀
菜刀   去鳞刀

做法：

1 将鱼的背鳍和腹鳍用剪刀从鱼尾至鱼头的方向剪下（需小心这些锋利的鱼鳍）。

2 将鱼尾修剪得稍短些。

3 抓紧鱼尾，用去鳞刀将鱼鳞全部刮去，注意给鱼腹去鳞时手法一定要轻柔。

4 将鱼鳃分开，抓住鳃裂。

建议：* 从正面来看呈圆形的鱼，如鲈鱼、牙鳕、鲻鱼和白
鲑等都可用此法处理。
* 没有去鳞刀也可用汤匙代替。建议在水池内去鱼鳞，
这样可避免鱼鳞到处飞散，且水池内最好有滤网，
这样才能将鱼鳞收集起来。

5 将鳃裂轻轻取下，取的时候需小心不要让鳃裂
划到手。一般将鳃裂取出时会连着部分内脏，
这时注意不要破坏鱼肚。

6 将鱼身肛门处的洞口用剪刀剪开，将剩余的内
脏取出。

7 一定要将鱼肚内带有苦味的黑色部分取出，此
部分位于脊骨中心，与覆盖鱼肚内的黑色薄膜
位置相同。

8 将鱼身用厨房纸擦干。

为圆形鱼取下鱼片

Lever des filets de poisson rond

难度：👕👕

用具：
砧板
菜刀

西式片鱼刀（非必须）

做法：

1 将鱼头朝左、背部朝外放于砧板的对角线上。

2 用一只手固定住鱼身使其不动，同时从鱼头后侧下刀，将鱼切开，并用刀尖顶着鱼脊。

3 绕开鱼鳃将鱼头切开，这样才能更方便得到鱼头部位的肉。

4 保持鱼身放在砧板对角线上，将第一片鱼片取下。

建议：还可顺便将取下的鱼刺和碎肉用来做鱼高汤（见第
 75 页），做好后可冷冻以备将来使用。
※这里用的鱼为鲈鱼。

5 将鱼翻面，这时让鱼头朝向右边。将第二片鱼
 片取下。

6 按需将鱼肚内壁不可食用的部分去除。处理某
 些鱼时，注意手法一定要轻柔。

7 若食谱写到去鱼皮，可将鱼尾的鱼皮抓紧，将
 鱼皮用片鱼刀去除。

8 最后修整好鱼片即可。

切分江鳕并将鱼片取下

Lever des filets et tailler des médaillons de lotte

难度：👨‍🍳👨‍🍳

用具：
砧板
菜刀

建议：也可将鱼片切成方形厚片或绑成小肉卷（见第257页步骤8），按需还可用培根来卷鱼肉。

做法：

1 将江鳕鱼腹那面朝下平放于砧板上，将鱼背的鱼皮和连着鱼背的薄膜用锋利的刀去除。

2 将中间脊骨两侧的鱼肉切下，会得到两大片鱼片。

3 将鱼片上不可食用的部分去除。

4 将每片鱼片的鱼肚内壁（可将此部分制成肉馅或鱼肉泥）切下。

5 将鱼片不可食用的部分切下，并给鱼做最后的修整（可将碎肉制成鱼高汤）。

6 将鱼片切成各个厚2厘米的鱼肉块。

处理海螯虾

Préparer des langoustines

难度：👨‍🍳👨‍🍳　　　用具：
　　　　　　　　　菜刀

建议：甲壳类里最脆弱的要数海螯虾了，既会以冷冻方式运送它们，也会以活体冰镇的方式来出售（冰镇会使海螯虾失去知觉），还会在捕获后直接用海水煮着吃。选购时尽量不买那些已去虾头且软软的海螯虾，也不要买那些只是发出轻微的氨气味道等有一股怪味道的虾。

做法：

1 将虾头去除。

2 将两侧的虾壳按住，这会使腹部的虾壳开裂。

3 小心地将虾尾两侧的虾壳分开，并去壳。

4 将虾背切开，用刀切入虾线。

5 将虾线用刀去除。

6 这是已处理好可用于煎炒的海螯虾，可用虾头做美式龙虾酱（见第80页）或甲壳类高汤（见第76页），也可做法式海鲜浓汤。

制作江鳕卷

Préparer un gigot de lotte

难度：👨‍🍳👨‍🍳
分量：6人份
准备时间：20分钟
烹调时间：每500克5分钟

原料：
江鳕尾部 1000克
切瓣的去皮大蒜 6瓣
去叶的迷迭香 1枝
面粉 50克
黄油 50克

橄榄油 4大匙
盐 适量
现磨胡椒 适量
柠檬片 适量

用具：
砧板
菜刀
炖锅

做法：

1 将鱼腹朝下平放于砧板上，将鱼背的鱼皮和连着鱼背的薄膜用锋利的刀去除。

2 尽量清除干净小片的薄膜。

3 将鱼尾脂肪较少的部分切下。

4 给尾部鱼肉开口，将大蒜和迷迭香塞入其中。

5 按照用肥肉薄片包裹嫩菲力的方法来绑鱼卷，
可参考第124页的绑法。

6 将盐和现磨胡椒轻轻涂抹在鱼卷上， 并裹上
面粉。

7 将黄油和橄榄油在炖锅内加热， 将鱼卷入锅，
煎至每一面都呈金黄色。

8 将炖锅放入预热至220℃的烤箱内，每500克鱼
肉烤5分钟。其间，不时为鱼肉淋汁。最后，以
柠檬片摆盘装饰。

烤厚鱼排

Griller un pavé de poisson

难度：👨‍🍳 👨‍🍳

用具：
铸铁烤盘
烤盘

※也可用此法烧烤鲔鱼或箭鱼。

做法：

1 根据个人喜好选择腌料（见第93页）腌渍厚鱼排1小时，之后取出沥干。将鱼排放在已加热的铸铁烤盘上。

2 将鱼排其中一面烤30秒后将鱼排转1/4圈，之后再烤30秒。接着翻面烤另一面。

3 将鱼排移入烤盘，刷腌料。

4 最后将烤盘放入预热至170℃的烤箱内烤4分钟即可。

烤鲻鱼

Griller des rouges

难度：♟ ♟

用具：
铸铁烤盘

建议：烤鲻鱼时注意尽量不要移动鱼身，不然会使鱼皮掉落。

做法：

1 将已清除内脏并去鳞的鲻鱼用自己喜欢的腌料腌渍约1小时。

2 将鱼沥干，撒盐和胡椒后放上已加热的铸铁烤盘烤3分钟，再将鱼横着转动1/4圈，烤出格纹痕迹。

3 将鱼翻面，按以上烤法烤另一面。

4 烤好后为鱼淋上橄榄油，再放上几片罗勒和柠檬片作为装饰。

梭鱼丸

Quenelles de brochet

难度：🍳🍳🍳

分量： 可用1500克的鱼肉
做出30个约50克重的鱼丸
准备时间：40分钟
烹调时间：每次6分钟
冷藏时间：3小时

原料：
去皮的梭鱼片500克
蛋黄 1个
蛋清 2个
室温回软的黄油 150克
化黄油 60克
盐 适量
现磨胡椒（或卡宴辣椒粉）

适量
奶糊： 牛奶 250毫升
黄油 100克
过筛的面粉 125克
鸡蛋 4颗
盐 适量

用具：
筛网
厚底平底炒锅

※梭鱼丸一般常会与南蒂阿虾酱
（见第77页）一起食用。

做法：

1 将梭鱼片切成条状，并用料理机将其与蛋黄、蛋清和软黄油一起搅拌至变成光滑的面糊，再撒盐和现磨胡椒调味。

2 取一个大碗，将面糊用筛网过滤至碗内，再将大碗放入一个更大的、装满冰块的容器内。

3 将化黄油倒入碗内，并拌匀。

4 开始制作奶糊： 将黄油和牛奶入厚底炒锅内煮沸后加盐。

5 待牛奶与黄油沸腾后马上离火，将面粉全部放入锅内，并用力搅拌。

6 再将锅重新放上以小火收干，一边收干一边不停搅拌至奶糊变光滑，即可关火冷却。

7 将奶糊倒入沙拉碗内，每次打入1颗鸡蛋，直到将4颗全部打入碗内。

8 将奶糊和步骤3的面糊混合均匀，再敷上保鲜膜冷藏3小时。

9 将一锅盐水（配方外）烧开，用汤匙来做鱼丸：将步骤8的混合物从冰箱内取出，用一只汤匙舀一勺混合物，再不断将混合物从两只汤匙间移动，这样会塑形成梭子的形状。

10 将成形的梭鱼丸放入沸水中煮约6分钟，煮至半熟时将鱼丸转动一下。最后将鱼丸捞出，用纸巾吸干水分即可。

去虾线

Châtrer les écrevisses

难度：

※这种手法还体现在第77页。

做法：

1 取一只洗净的螯虾，确认虾尾的中心部分。接着将此部分向上折起并分开。

2 将带有苦味的虾线小心地拉出。

为大螯龙虾切块

Tronçonner un homard

难度：

用具：
砧板
菜刀

做法：

1 将龙虾的头部和胸前部单独切开，将虾尾分离并去除内脏。

2 将龙虾用大菜刀切成约2厘米厚的虾块。

将大螯龙虾对切，烧烤用

Partager un homard en deux pour le gril

难度：👕

用具：
大菜刀

建议：烧烤大螯龙虾时，只需简单地涂上带盐黄油即可。
还可按需放入大螯龙虾卵或大蒜。

做法：

1 将大螯龙虾固定后，垂直将刀切入龙虾的头部后侧。

2 将刀尖作为支撑，用刀从虾头前部笔直切入。

3 将龙虾水平转动180°，将虾的后半部切开。

4 在砧板上平放对切为两半的龙虾。

5 将虾腔内脂肪肥厚的部分和胸腔上侧的砂囊取出，保留珍贵的深绿色虾卵，可将虾卵做成酱汁食用。

6 最后将虾线取出。

处理圣雅克扇贝

Ouvrir et préparer des coquilles saint-jacques

难度：👔👔

用具：
牡蛎刀　　　　　　　菜刀

做法：

1 用手隔着一张对折的纸巾将扇贝拿稳，这样是为了保护手不被划伤。将牡蛎刀插入扇贝壳波浪处的小细缝内。

2 插入刀后，顺着扇贝壳边缘的圆弧切割，将与贝壳平行的闭壳肌切断。

3 开壳后，将贝壳拉起并取下。

4 只保留壳内的贝柱、扇贝卵及外套膜。

5 将壳内的贝柱和扇贝卵用汤匙取出。

6 将扇贝卵上不可食用的黑色部分去除。

7 将贝柱旁的一小块硬肉去除。

8 将贝柱和扇贝卵洗净。

9 将贝柱和扇贝卵仔细擦干。

10 将外套膜洗净，它与步骤7切下的硬肉都可用来做甲壳类高汤。

圣雅克扇贝肉泥

Farce mousseline aux saint-jacques

难度：👨‍🍳👨‍🍳
分量：1000克
准备时间：20分钟

原料：
贝柱 500克
蛋清 1个
冰的全脂液体鲜奶油 400毫升
化黄油 80克
盐 适量
现磨胡椒（或卡宴辣椒粉）
适量

用具：
调理机
抹刀或刮刀

建议： 可将做好的成品切成片状，铺在烤盘纸上冷冻后，再装入袋中或小的密封盒内保存。

做法：

1 将贝柱放入调理机内。

2 一边搅碎贝柱，一边将蛋清倒入调理机盖上的开口处。

3 将食材转移至一个圆底容器内，再将其放在一个更大的、装满冰块的容器内。

4 一边将鲜奶油缓慢倒入圆底容器内，一边不停地用力搅拌。

5 搅拌的过程中再放入化黄油。

6 撒盐和现磨胡椒（或卡宴辣椒粉）调味，使用前可将做好的贝肉泥用冰块冰镇起来保存。

为牡蛎开壳

Ouvrir des huîtres creuses

难度：👔👔

用具：
牡蛎刀

建议：牡蛎的繁殖期为夏季，这时牡蛎会带有乳状液体，产量较少。牡蛎肉质肥美且带白色的这种特质使有些人误认为这很"稀有"。

做法：

1 在左手（假如您惯用右手）上垫一块对折的布再拿牡蛎，这样可防止手受伤。在牡蛎一侧边缘处的中间找个合适的细缝，并插入牡蛎刀。

2 为使刀插得更深，要配合着拿刀的手上下晃动。

3 一边将上片贝壳进行刮切，一边朝向自己往回拉刀，并将与上片贝壳平行的闭壳肌切断。

4 这时牡蛎已处于无力状态，可将贝壳成功取下。将可能含有贝壳碎渣的液体倒净，之后还会产生新的液体。

处理鱿鱼和小墨鱼

Préparer des calmars ou des petites seiches

难度：🍳🍳🍳　　用具：
　　　　　　　　　砧板　　　　　　　菜刀

做法：

1 将鱿鱼的鳍和鱿鱼的外皮去除。

2 将鱿鱼鳍的外皮去除。

3 将鱿鱼的头部用力拉出。

4 平放鱿鱼，切开鱿鱼双眼的正上方，并将鱿鱼嘴和附着在头部的脏器切下。

5 将鱿鱼的骨片取出（墨鱼也有一块小小的骨片）。

6 将鱿鱼从内朝外翻面，并将不要的部分全部去除。

7 将鱿鱼的身体、触手和鳍仔细洗净，并用厨房纸擦干。

8 将鱿鱼的身体切开即得到鱿鱼圈。

9 若用来炒，先将鱿鱼剖开，再按需切成条状或长方形（若是厚鱿鱼片，可用刀划出格纹）。

10 若用来做馅，将切成细末的鱿鱼触手和鳍加入馅里即可。

清洗贻贝

Nettoyer des moules

难度：👨‍🍳

用具：
钝刀　　　　　　　　　　漏勺
筛网

※清洗贻贝时一定要迅速，这样才能保证其新鲜度。

做法：

1 将贻贝的外壳用钝刀刮干净，将贻贝尖处的丝状部分用力拉出。

2 将贻贝用大量的水清洗，不仅要充分淘洗，还要多次换水，直至洗净。

3 将贻贝用筛网过滤后再取出，这时水中就会留下沙子。

4 将破碎的及已开裂的贻贝去掉。将半开的贻贝先轻压，若壳没有自动闭合则需丢弃。

处理贻贝

Ouvrir des moules crues

难度：👕👕

用具：
小型钝刀或牡蛎刀

※生贻贝和牡蛎一样。常常搭配柠檬汁和醋渍碎红葱头一起食用。

做法：

1 用手隔着一张对折的纸巾将贻贝拿稳，这样是为了保护手不被划伤。将贻贝的尖处朝前，将其两侧压紧，将钝刀插入笔直的那一侧。

2 将贝壳凹陷处的闭壳肌以画圆的方式用刀切断。

3 将刀移向贻贝的尖处，将连着上下两片贝壳的第二个闭壳肌切断。

4 将上方的那片贝壳抬起并将其取下。

白葡萄酒煮贻贝

Moules en marinière

难度：👨‍🍳👨‍🍳

分量：1000克
准备时间：10分钟
烹调时间：5分钟

原料：
处理并洗净的贻贝（或其他贝壳类）1000克（见第300页）
切成薄片的红葱头 2颗

黄油 60克
白葡萄酒 100毫升
调味香草捆 1捆
切碎的香芹 3大匙

用具：
大型带盖汤锅
平底深锅

做法：

1 将贻贝（或其他贝壳类）、红葱头和一半黄油放入汤锅内。

2 倒入白葡萄酒，并将香草捆放入。

3 盖锅盖，以大火将贻贝全部煮至开壳，用时5分钟。一边煮一边将锅晃动两三次。

4 将贻贝用漏勺取出，将开壳的贻贝快速分出，不要未开壳的贻贝。

5 将煮过贻贝的汤汁倒入平底深锅内。

6 将汤汁煮沸并放入剩下的切成小块的黄油，将锅轻微晃动使黄油为汤汁增稠，再将一部分香芹入锅。

7 在贻贝上淋上煮好的汤汁。

8 将剩余的香芹碎撒在贻贝上即可。

面食、谷物与豆类

Les

PÂTES,
CÉRÉALES

et

LÉGUMES SECS

目 录

Sommaire

谷粒、种子与禾本科植物

Les pâtes, céréales et légumes secs grains, graines et graminées

我们能和美食大咖们一个接一个列举出一个大名单，如扁豆、白豆、稻米、麦子和鹰嘴豆等。豆科植物和谷物作为众多文明的基本食粮，亚洲、非洲和拉丁美洲的人们都在吃。在过去的几百年间，欧洲人的基本食粮也是豆类与谷物。

对植物学家来说，谷物与豆类完全不同，但在妈妈等大多数厨师眼中，更看重的是使用谷物和豆类很便利、易煮等优点，还能在长期保存后做出美味又健康的食谱。

藏在外皮内的小小种子

豆类或豆科植物指的是植物外皮下的种子。与其他植物相反，豆科植物的根不仅不会吸收土壤中的氮气，反而会给土壤提供氮气，这种特性很稀少。由于这种特性会使土壤变肥沃，所以豆科植物多应用于农耕活动中。

自身强壮的豆科植物只需少量肥料就可长成，收割后还能将种子很方便地保存一年左右，也无需受到炎热气候和紫外线的侵袭。就算将种子忘在乡下的仓库内，也无需担心被虫蛀而使它们变质。

在过去的法国乡村，最人气的食物就是豆科植物制成的，如"法式砂锅豆焖肉"（cassoulet）中的白扁豆，或扁豆炖咸猪肉（petit salé aux lentilles）或跨过意大利的边境出现在尼斯人餐桌

上重要的一道"油炸鹰嘴豆泥"（panisse de pois chiches）等，从这些祖传食谱中，我们都可以找到豆科植物的身影，这些菜侧面反映出它们的多样性。

提起豆类很容易让一些消费者想到"陈旧、庸俗且毫无吸引力的菜"。若产品的产地、名称和做法及标签都能证明其品质时，也许豆类就能唤起其他一部分消费者内心对于能将传统保留下来的欣慰和自豪感。豆类对于那些越来越多开始忧虑健康与饮食是否均衡的消费者来说是种神奇的食物。

豆科植物脂肪含量较少，纤维与矿物质含量又高，且在与谷物结合时会提供大量的植物性蛋白质，如印度料理。豆科植物还能提供使人充满活力的复合碳水化合物。所以，我们会建议运动员在赛前食用豆科植物。

有多少开水就要有多少耐心

在过去很长一段时期，人们处理豆类的方式都很简单。泡水绝对是当之无愧的第一步，在充足的水中浸泡一夜即可，泡时注意选在不使豆类容易发酵的凉爽处。泡过的豆类具有比较易煮且能使我们更好地吸收其营养的实用性。泡过之后便是用水煮，需用充足的水煮35~40分钟以上，有时用时更久。一般我们会将香草（如百里香、月桂或鼠尾草等）放进煮豆的水中，这样能增加豆类的香味，也能使其更易于被我们消化。同时，煮的过程中最好能再放些软化豆类的海藻。若用压力锅来煮，时

间则可减半。

有时，我们会将豆类制成类似用水煮过的模样，有时会将其搅碎做成汤，如危地马拉人几乎每一餐都吃的"黑豆浓汤"（velouté de haricots noirs）。

豆科植物的味道一般不会很明显。味道清淡细腻的豆科植物能协调地搭配与其不同的香辛料和香草。就算是很经典的食谱，其中的蔬菜和肉也可毫不犹豫地用豆科植物来搭配，它们不会盖过那些细腻的味道。

如今，豆类的样式变化了，所以准备工作也相应变化了。这些准备工作较简单，用时较短，比较适合我们快节奏的生活。现在的豆类都是片状的、捣碎过的，将其煮后压扁即可。与豆科植物相比，这类加工过的豆类保质期较短。

法式咸薄饼就是用片状豆类搭配切成细丝的新鲜蔬菜制成的，一般用油腻的食材来做这种薄饼，深受孩子的欢迎，且这种做法有种牵着游牧厨房（cuisine nomade）的鼻子走的感觉。

我们也可在肉馅内放入片状的豆类，素食者常会这么做，这样能增加食材的稠度。

我们还能看到已磨成粉的豆科植物，这种粉末状易溶于水，我们将加热后的水混合粉末状的混合物使其变稠，这也能使含水分多的食材变浓。还有一个最大胆的做法就是混合水和豆类粉末，并制成浓汤或酱汁。

新品种的豆类制品可以方便地在健康食品超市或有机商店内买到。很多大型超市为了满足广大消费者的需要，也增加了豆类制品的货架。

非常适合的替代品——大豆

大豆在豆科植物中占有一个独特的地位[※]，产自亚洲并在日本饮食中被发扬光大的大豆，自从发展为奶蛋素食者和纯素食者的主食后，它的多样性就得已被欧洲人所知晓。

※这里指的不是大豆发芽的事情，"发芽"的一般是绿豆芽，我们会将其归入蔬菜类。

大豆对健康有帮助吗？

大豆有益于健康这种话听过太多，它不仅能降低胆固醇的比例，也有预防某些女性患癌的可能性，还能预防肥胖问题。但是，科学家比较担心大豆异黄酮的浓度，异黄酮对女性和男性具有相似的调节作用，类似雌激素。而且，大豆经常被制成转基因产品（OGM），因其易被用在有机农业上。不管大家对大豆的争议及其功效如何判断，从营养均衡的角度来说，其有益之处更具吸引力。

大豆会以代替牛奶而出现的"豆奶"或霜状的形态出现在我们眼前，虽然豆奶只是用磨成粉的种子和水制成的，但"奶"也能反映出这种白色液体的甜味。我们还可将水、葵花子油、少许小麦糖浆与豆子混合制成豆霜。

豆腐是凝结后的豆浆，既可致密又可爽滑。豆腐爽滑的口感可取代奶油，且这种爽滑与尚蒂伊鲜奶油（chantilly）不同。可用放入香草的酱汁腌渍致密的豆腐。正因豆腐这种淡而无味的特点，使其更易与各种味道的食材搭配。豆腐还富含蛋白质，所以素食者会以豆腐来代替肉。

我们可将腌渍的豆腐制成烧烤豆腐、油煎豆腐和煮豆腐等。沙拉的好搭档就是豆腐，它们是既营养又低脂的轻食。

购买味噌可去亚洲食品超市，它是一种长时间发酵后的豆糊。大家所知的这种味噌，也是日本味噌汤的基本食材。浓郁并富含蛋白质的味噌是一种极佳的作料。味噌既能增加酱料稠厚的风味，也给这些酱料打上了亚洲风味的标签。

活力及蛋白质的优质来源——谷物

谷物最好搭配豆类食用，从传统烹调方式及饮食均衡的角度考虑，1/3的豆类搭配2/3的谷物来食用，这一原则也体现在印度料理如印度豆糊和印度炖饭中，而其他国家的传统烹调方式虽然也看重这种搭配，但却不太注重这方面的比例分配。其既运用于非洲马格里布地区（Maghreb）用粗麦粉与豆类搭配制成的库斯库斯（couscous）中，也运用于亚洲地区用酱油搭配米饭里。

在法国，我们会将"淀粉类食物"这句短语误认为是将豆类与谷物混合后得到的。从1970年起，人们认为淀粉可能导致人肥胖，所以减少了其摄入。但是，面包也是由谷物中的小麦制成的，但它却成为很多人必吃的食物，也是有些人餐桌上的代表。

印加米与阿兹特克奇迹

藜麦与苋属植物都属于藜科家族的准谷物。它们不含有麸质，也不能用来做面包。准谷物富含营养，特别是蛋白质。所有轮番出现的饮食潮流都拜倒在包括素食、有机饮食、活力饮食及"排毒"等准谷物脚下。谷物的种子像小麦和稻米的谷粒一样很小，易煮。收割下来的藜麦也会出现在早餐上。与其他谷物相比，准谷物的新鲜感和人们对它的追捧使其价格水涨船高。

谷物制成的早餐焕发活力

欧洲的早餐是法国人全天的营养食粮，而谷物在早餐中最有代表性。

能制成面包的谷物主要是加水将面粉揉成面团的一类作物，它们也是面包店和甜点烘焙店制作面团最需要的。

谷物富含营养，人们将其比作人类充满活力的发电厂，尤其是对孩子来说，所以在我们的饮食中必有谷物的身影。谷物食品中的面包片、甜酥面包、布里欧修、烤面包片、棒状或放入牛奶里的巧克力味麦片、燕麦糊、果干麦片，或将干麦片烘焙后加蜂蜜制成的谷麦等，都深受人们喜爱。

我们甚至会在燕麦奶这种"植物奶"中喝到谷物，还能在放入巧克力或苦苣调味的饮料中喝到大麦、麦芽和黑麦等谷物。

谷物能适应饼干和巧克力棒等各式各样的形状。谷物也是很多零食、茶点和轻食等的主要食材。

面粉、种子与片状谷物

不管大品牌怎么鼓吹拿小麦谷粒或藜麦代替面粉和稻米，我们仍旧吃不惯那些未经加工的谷物。

谷物总以各种形状出现，这些形状与豆类改变外表后的样子很相似。

举例来说，我们有"植物奶"，只需将浸泡过的谷物种子煮好后，再放入装有优质水的榨汁机内搅拌并过滤，这样就制成了鲜美的"植物奶"。若我们想少摄入牛奶中的脂肪或想要改变自身饮食，可用植物奶这种没有特别影响的中性饮料代替牛奶。

将谷物磨成细粉则会得到有名的"糊状"谷物食品。用它可将含水较多的面糊变浓稠、制成酱料或为汤汁增稠。其中，面粉最常用也最有名，尤其是做面包。

最后，我们也会用粗粒谷物（即事先煮好的细颗粒）和与豆类薄片类似的片状谷物，如最适合制成开胃咸饼的燕麦片。

从能量到未加工

众所周知，谷物长久以来一直给人一种极易饱腹的印象。玛丽·安托瓦内特王后（Marie-Antoinette）曾向需要面包的百姓提议用布里欧修，或许也是因为这种印象。

谷物不仅能增加饱腹感，还是身体活力的发电厂，也是发育身体的要素。值得一提的还有给家畜喂食的谷物。

谷物中富含复合碳水化合物（即淀粉）、蛋白质、矿物质和纤维，所含脂肪基本是有益脂肪且含量低。其脂肪主要来自胚芽，我们还可提炼出胚芽油（如玉米油和小麦胚芽油，还可用于制作化妆品）。

从健康口味的角度出发，我们用漂白处理的

浓缩的蛋白质——面筋

微白的面筋味道平淡无奇，质地为胶状。就是那样不起眼的外形却能做出被大众接受并认可的美食，还能用各种香辛料、酱料和调味料为其调味。我们可以买面筋，当然自制也不复杂。制作面筋时，将水倒入小麦面粉或斯佩耳特小麦面粉中并揉面。将揉好的面团用水冲洗多次，将淀粉洗去，只保留蛋白质、铁和维生素B$_2$的麸质。接着，将面筋调味后放入一锅沸水中长时间煮。最初佛教僧侣的基本饮食之一就是面筋，素食者也会食用。素食者吃前会先腌渍面筋，并用它来代替各类菜中的肉食，如用白酱煮面筋，或以面筋制成的蔬菜馅及波隆纳肉酱等代替。

不同和是否去除麸皮等来区分加工过的谷物和全谷物。全谷物因其包裹在棕色外壳内，显得比较简朴。全谷物保留了全部营养成分，营养丰富。但是，与大家当初所想的也许不同，很难选出食用哪一种更好。全谷物带着外壳，而外壳也将植物生长所需的大部分营养储存下来，所以我们应选用那些带有"有机农业认证"标志的全谷物。

有两种谷物在我们的膳食中占有非常重要的地位，一种是我们所吃的保持原始形态的稻米，另一种则是用来制成面粉的硬粒小麦。

复杂多变又朴实无华的面食

可将加了水和盐的谷粒揉成面团，我们还会将鸡蛋（要制作"鸡蛋面"的面团，每1000克至少需要加入140克鸡蛋或蛋黄）、香草及植物香料加入面团内。接着，可为面团塑形并将其风干。制作面团很简单，也无需多少技术，最传统的烹调方式也适用。在古时的美索不达米亚地区、我国古代汉朝及古罗马时期，都有面粉存在的痕迹，而世上第一位做出千层面的人就是罗马帝国时期的一位名叫阿比修斯（Apicius）的富翁。古老的面食使其在各民族中占有重要地位，谁都主张自己才是面食得以起源的人，也使一些美食家的爱国情怀转变成模糊不清的争论。

尽管过去的时光很大度，马可·波罗仍从那场所谓的中国之旅（其是否到过中国并没留下任何有力的证据）中带着新的面食回到了意大利，而人们也开始回避、不再争论面食起源的问题了。

欧洲从一开始就以小麦粗面粉、全麦粗面粉、斯佩耳特小麦粗面粉或荞麦粗面粉做面食，并以普通小麦面粉做面皮。然而在亚洲，会以稻米制成的粉或普通小麦面粉做面食。

中世纪做的面条经干燥处理后，可保存两三年。这在当时是很不寻常的，因当时是一个富有生机却担心粮食匮乏、收成不佳并难以储存

麸质与不耐受

我们身边受污染的环境增加了我们过敏的风险，这也使麸质不耐受流行并扩散起来。我们不要将不耐受和腹腔疾病混为一谈，不能因为不耐受麸质，就认为也会不耐受铁和锌等营养物质，并负起这种疾病的责任，这很可笑。显示麸质不耐受症状的特征，主要是通过停止食用麸质的人群感到自身的状况有所好转实现的。而食用更高质的膳食、更有营养的食物（不再食用那些经过加工的面粉和纤维与矿物质的白面包等细粮），减少食用麸质，这样身体也会变得更好。

粮食的社会，如今也如此。与新鲜面条相比，经干燥处理的面条的含水量仅为12%，可避光保存一季。

面食能适用于各种产品和当地口味，在德国南部、瑞士和法国阿尔萨斯，都开发了一种将加蛋的面团撕成一个小块一个小块后投入沸水中煮的面食——"德国面疙瘩"。还有一种变化的面食，即加入藜麦面粉后进行低温烘烤至干，最后会出现浓郁味道的"萨瓦焗面"（crozets de Savoie）。还有些面食做得像圆月或坐垫一样，如日本的饺子、意大利的意式饺子、法国东南部多菲内的饺子和波兰的波兰饺子等，这些面食会包裹蔬菜馅、肉馅或奶酪馅等。

面食的水分

根据各家习惯不同，煮面的方式也各异。万变不离其宗：在加盐的大量水中放入面食，将水煮至沸腾，注意不要使水中的淀粉太浓稠。煮面的过程中一边观察一边规律地翻动面食。待水再次沸腾后可将煮面时间缩短，当然了，根据面食的性质煮面时间也会各异。法国作家大仲马（Alexandre Dumas）总会将烹调方式简化，并认为煮面完全是"凭感觉"来煮。

我们经常会倒入一点油来煮面，并多用橄榄油，此法其实用处不大，因油不溶于水，反而会使煮面更难，而在将面食滤过水再倒入油则会很好。当很烫的面食接触到油或黄油时，会使面食变得更筋道爽滑，附着在面食上的油还能防止面食之间粘连在一起。

不用将面食沥水沥得太干，残留的淀粉可使酱料变得更浓稠爽滑，使面食变得更筋道。有些人会特意在酱料内加进一两汤匙煮面水，这样酱料会变得更有口感。面食与豆类的搭配众所周知，但我们更愿意用肉酱、或仅以酱料（如番茄酱、肉酱或蘑菇酱等）及化奶酪为配菜来搭配面食。

在意大利，将面食煮至"有嚼劲"即可将水滤尽，之后再将面食放入正在煮的酱料内。在法国，则会将面食完全煮熟并保持面食滚烫的状态下上桌，只要面食不互相粘连就没事。在美国流行风潮的影响下，面食会以焗烤的方式做。而在日本和如今的法国，备受欢迎和喜爱的、地道的速食之一，即"拉面"。

健康的乐趣

面食是一种健康膳食，但提起它，人们想到的多是凸显面食特色的美食而非健康食物，这使得面食的营养价值取决于煮面时放入的食材。面食中富含的复合碳水化合物会长久地维持我们身体的能量，所以在美国纽约马拉松比赛前夕，会将面食作为参赛者的晚餐之一。过去很长一段时期，意大利人指责法国人将面食煮得太熟，而如今已有所不同。煮得"有嚼劲"的面食由于食用后消化速度较慢，因而热量低且健康。

至1970年，经典食谱中仍鲜少出现面食，大家认为其做法太简单，营养太高……如今，已成为人体活力与生命力象征的面食超有人气。

品尝与外观

虽然人们更喜欢新鲜的面食，但是制造商却总给面食创造些新花样，如1980年，法国最有人气的面食品牌潘扎尼®（Panzani）已懂得创新，他们请来优秀的设计师设计面食的造型，并打造出独有的范例，如菲利普·斯塔克（Philippe Starck）设计的名为"曼陀罗"（Mandala）®的意大利面食。

除了给面食添加菠菜或胡萝卜等，还有各种五花八门的面食，如库拉索岛（Curaçao）的绿松石面。

面食的弹性与柔软得益于其富含的麸质，煮过也不会变形。以硬粒小麦制成的面食与以普通小麦和稻米制成的面食相比，更经得住塑形，前者总会以简单的面条或带状的形态呈现。

面食的外观不仅关乎美学，也与我们所期望的准备面食的方式相关。

若用来煮汤或蔬菜浓汤，则像米粒面食、小星星面食和字母面食这种小型面食比较理想。能锁住一层薄薄酱汁的是带有纹路的面食，而像螺旋面食和螺纹面食这种螺旋形状的面食则能将含有奶油或浓郁的化奶酪的酱汁锁在螺旋形状里。

回想起从前不爱下厨的学生将波隆那肉酱面装入朴素的沙拉碗内再端上桌的情景，如今面食已成为人们周日餐桌上一道必不可少的佳肴。

可根据面食的多变性将其制成各式各样的食谱，我们甚至还可用最少的水煮成的面食做出意式炖饭。炖饭内的面食会将所有汤汁吸收，我们还会"强势"加入帕玛森奶酪。有时，我们会将面食以稻米来代替，也会将以面食制成的菜谱归入甜点中。

稻米

虽然印度料理与亚洲料理很不同，但是它们最需要的食材都是稻米。若印度香饭、日本寿司和印尼炒饭都不用稻米的话，它们就没有任何相同之处。稻米也是拉美、北美及欧洲的基本食材之一。

野米

现今，我们会食用一种谷物，称为"野米"。植物学家告诉我们，野米不是一种稻米，而是与稻米比较接近的植物。

北美五大湖区产野米，它非常强韧，也无须给予很多营养。野米鲜明的味道和软硬兼具的口感使其大受欢迎。此外，野米富含蛋白质和纤维素，所以其在美食家和注重健康的人群眼中极具吸引力。

红米和黑米

红米和黑米可作为糙米的代表，来自喜马拉雅山和非洲的是红米，来自中国的即黑米。这两种米因其少见、绝妙的味道与营养成分，所以特别受欢迎。当然，将这两种外形新潮的米作为食材，也能彰显菜品独到的状态。

由于种植稻米需要大量的光照、高温及湿度，条件比较严格，所以稻米只适应于热带及亚热带地区。这些地区又因经济发展和地理因素的限制，所以只有很少的地区实现了种植稻米的机械化。

童年喝牛奶巧克力的趣事，即在不用来做面包的粉状物内、在事先煮好的"糊"内，以及在我们熟悉的植物奶内与最好的稻米相遇。我们可不改变稻米而直接食用它，这是稻米与其他谷物相比特别的食用方式。

糙米、白米或蒸米？

除了关注稻米形态之外，还可将世界上各种各样的食用米种根据稻壳外形、稻米产地和稻米的味道等细分成8000余种不同种类的稻米。

我们还可根据保存稻米的时间、烹调时间和营养标准将稻米分为三大类。

糙米或棕米

糙米是脱去原壳的棕色的稻米，将麸皮和胚芽保留。胚芽中富含包括矿物质、维生素B、纤维和抗氧化剂等在内的营养精华。糙米不易煮也不易保存，需至少煮45分钟。糙米细致的榛果味道使其成为可选择的食材之一，如制成综合沙拉。虽然，麸皮具有"使稻米易于培育的化学成分"的特点，但最好还是选择以有机方式来栽培棕米。

白米

将胚芽与麸皮剥去，只保留像珍珠般纯洁无瑕且光滑的米粒即白米。加工白米后，会使其营养物质大量流失。意式炖饭中必不可少的"阿尔博里奥米"，以及通过极佳的烹调方式散发香气的茉莉香米、泰国香米和印度香米等品种可作为最受欢迎的白米的代表。烹煮白米20分钟即可，若已提前洗过或浸泡过则时间会更短。

蒸米

在真空状态下将带壳蒸米提前煮好，再为其脱水干燥。以真空状态加热蒸米时，为了将营养渗入谷粒中心，胚芽和麸皮中的营养成分会移动。这样既有利于保存，也能使人们感到乐趣。与其他米种相比，蒸米不仅使用方便，煮得还快，只需5分钟即可。

关于两种烹调方式的变化

虽然种类繁多的稻米能让我们做出各种多变的菜谱，但我们仍发现煮饭的方式虽简单但不粗鄙。纵使煮饭千变万化，最后会归为两种：以大量的水来煮饭即"水煮"，用汤汁来煮饭即"烩煮"。

用大量的沸水煮饭即水煮法，此法对蒸米来说，几分钟就可煮好，对糙米来说，则需45分钟，煮糙米和野米时强烈建议使用此法来煮。有些人在煮饭键未跳前就停止煮饭，以焖的方式使米再吸收一部分水分。我们还可在煮饭的水中放入一些香辛料或香草调味。

水煮法除了简单，还有一个优点即煮出的米粒

需要淘米吗？

有些家庭认为淘米是理所当然的，有些家庭则会认为这简直不可思议。从字面意思来讲，淘米即以大量的水冲洗米粒。在米粒相互摩擦的过程中将淀粉洗去，并伴有白色物质沉淀在水中。按习惯我们可能淘米淘到水是清的为止，或水不清时也停止淘米。淘米是为了将米粒上的脏东西、碎片或灰尘洗去。若想降低米粒的黏性，淘米这道程序可将淀粉洗去。所以，如此看来淘米不分好坏。有些食谱要求米粒必须颗颗分明时，则需淘米。若希望米粒能保持黏性，则无须淘米。

颗颗分明，应了那句"米饭不能粘连在一起"的俗语。

与水煮法相同，电饭煲也是利用蒸汽来煮饭。用蒸汽煮熟的饭有一股独特的香味，其中一部分原因是因为煮饭的容器。将稻米长时间地浸泡后（此过程可能会用一夜的时间），我们将一层薄薄的稻米放在覆盖蒸笼底部的布上，再将蒸笼放上一个装有沸水的平底深锅上煮30分钟左右。

烩煮法也比较简单，只是在煮饭的水量上要求较精准，因为稻米要吸收煮饭水。

意式炖饭除了将煮饭水趁热一点一点倒入，使稻米能更好地吸收水分以外，也是利用烩煮法来做的。要是以别的做法来做意式炖饭的话，需先用油炒稻米，放入香草，并炒至米粒呈半透明状。

米饭一般搭配鱼或与白酱一起煮的白肉。如今，意式炖饭已成为一道独特的人气菜谱，这得归功于虽做法复杂却灵活度极高的优点：即刻做好，且超高的精准度。

夏季，综合沙拉中会有米饭这种基本食材。我们也可将米饭加入以蔬菜作为馅料的食谱中，或用米饭来代替肉泥。

最后，用一点甜蜜作结。甜点也可用稻米来做，与童年甜点代表"米布丁"类似。在加了香料的牛奶中煮稻米，煮至锅内的液体沸腾并持续此状态即可。米布丁的变化款为米蛋糕，将稻米放入牛奶中煮，将全蛋打成的蛋液和焦糖放入锅内，再以隔水加热的方式煮即可。

面食
Les pâtes

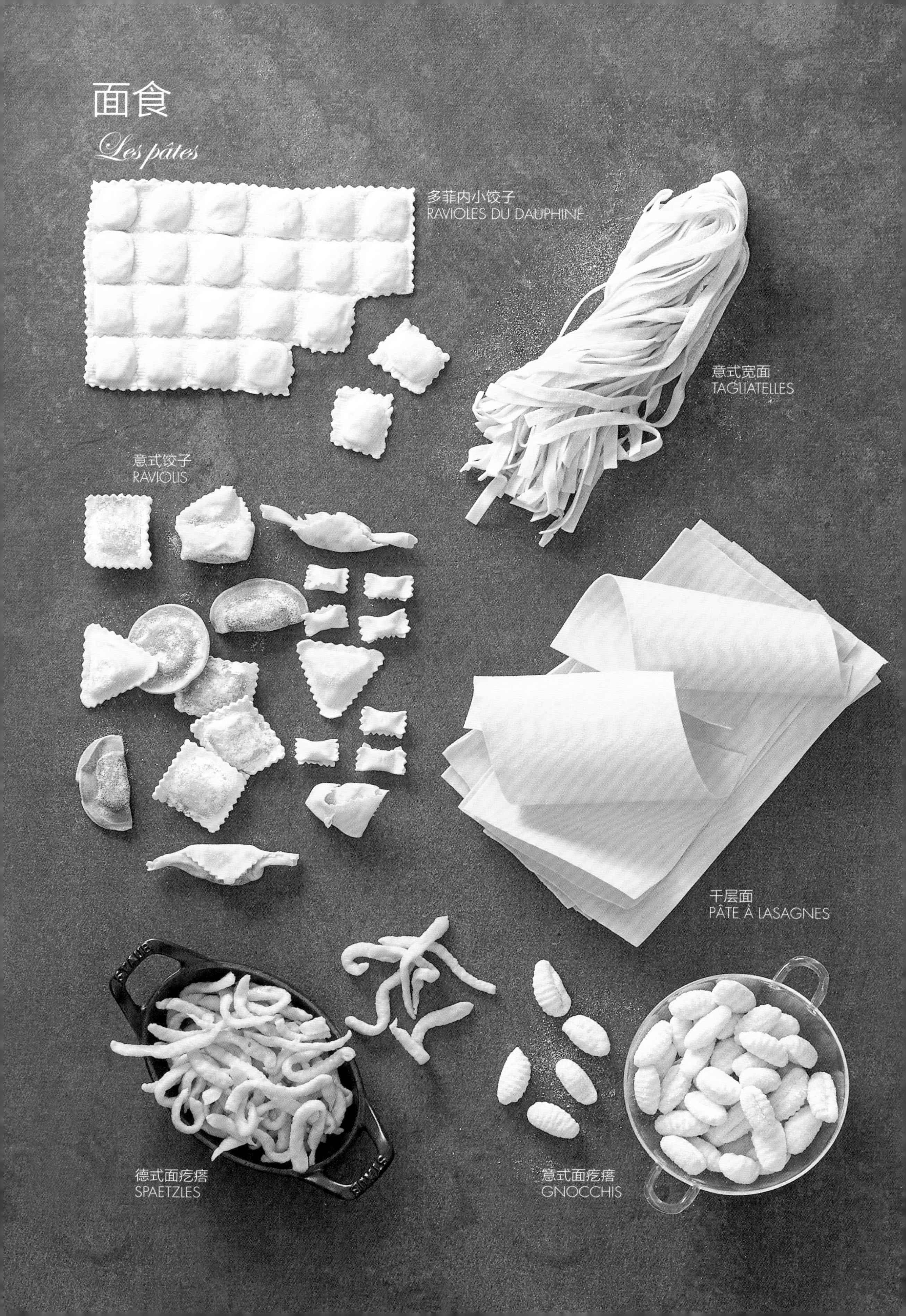

多菲内小饺子
RAVIOLES DU DAUPHINÉ

意式宽面
TAGLIATELLES

意式饺子
RAVIOLIS

千层面
PÂTE À LASAGNES

德式面疙瘩
SPAETZLES

意式面疙瘩
GNOCCHIS

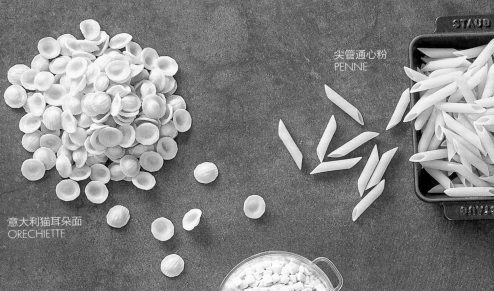

尖管通心粉
PENNE

意大利猫耳朵面
ORECHIETTE

米粉
NOUILLES DE RIZ

荞麦面
SOBA

德式荞麦方形面
CROZETS

豆类
Les légumes secs

大白豆
LINGOTS

蚕豆
FÈVES

白豆
COCO DE PAIMPOL

红腰豆
HARICOTS ROUGES

黑豆
HARICOTS NOIRS

红扁豆
LENTILLES CORAIL

豌豆片
POIS CASSÉS VERTS

鹰嘴豆
POIS CHICHES

片状豆类
POIS CASSÉS

绿扁豆
LENTILLES VERTES DU PUY

稻米
Les riz

印度香米
RIZ BASMATI

印度蒸长米
RIZ LONG ÉTUVÉ INDICA

野米
RIZ SAUVAGE

卡马尔格白长米
RIZ DE CAMARGUE LONG BLANC

阿尔博里奥米
RIZ ARBORIO

谷物
Les céréales

粗粒大麦粉
SEMOULE D'ORGE

荞麦
SARRASIN

斯佩耳特小麦
ÉPEAUTRE

白藜麦
QUINOA BLANC

高粒山小麦
BLÉ KHORASAN

燕麦片
FLOCONS D'AVOINE

制作新鲜面皮

Préparer des pâtes fraîches

难度：👕👕
分量：1000克

原料：
面粉 300克
特细的硬粒小麦粉 300克

（亚洲食品超市有售）
新鲜鸡蛋 6颗

用具：
面条机

做法：

1 在面条机（带面团钩）的容器内放入面粉和小麦粉，或在工作台上将面粉和小麦粉进行混合，再将鸡蛋倒入混合物内。

2 将步骤1的食材揉成面团，置于室温下1小时。

3 将面团分成8个圆球面团，再将其放入面条机内压成厚度为1（此刻度为最厚）的面皮，再反复按压至面皮越来越薄，至刻度5时停止。

4 在工作台上平铺一块布，撒上配方外的小麦粉，将面皮置于布上。先让面皮干燥15分钟后再切（见第321页）。

切面皮

Découper des pâtes

难度: 👨‍🍳👨‍🍳

用具:
菜刀　　　　　　　　　面条机

做法:

1 先将面皮切成多个长方形面皮，若要做千层面，则将面皮切成8厘米×16厘米的长方形面皮即可。

2 若要做缎带面，给面条机的滚筒撒面粉后再将面皮切成面条。切好后，既可将面条放于干燥处，也可将其放于面条专用晒面架上进行干燥。

3 若要做意式宽面，则将步骤1的面皮切成长方形，再将其对折。

4 接着将对折后的面皮切成规则的细条，再放于干燥处，或将面条卷成类似鸟巢状，撒上面粉即可。

将新鲜面皮调味并上色

Préparer des pâtes fraîches colorées et parfumées

难度：👐👐
分量：1000克

原料：
面粉 300克
特细的硬粒小麦粉 300克
（亚洲食品超市有售）
新鲜鸡蛋 6颗
热水 50毫升
墨鱼面皮：墨鱼汁 4大匙
绿色蔬菜面皮：罗勒 1束（或
洗净的新鲜菠菜250克）
红椒番茄面皮：市售浓缩番
茄酱 3大匙
埃斯普莱特辣椒粉 1/4小匙
牛肝菌面皮：干燥牛肝菌 2
大匙

用具：
面条机

做法：

1 在榨汁机内放入罗勒（或菠菜），或将牛肝菌放入榨汁机磨成细粉，再将以上食材放入50毫升的热水里。将自己所选的食材与鸡蛋混合，按照第320页的做法制作面皮。

2 揉出各种颜色、味道多变的面团即可。

煮意式玉米糊

Cuire la polenta

难度：👐👐

用具：
厚底平底炒锅
手动小型打蛋器

建议：按包装指示来煮：
提前煮过的玉米糊需
煮 5 分钟，未煮过的
需煮 45 分钟。

做法：

1 将1升水、250毫升牛奶、各1小平匙盐和现磨胡椒入锅。将水煮沸，再放入250克（6~8人份）玉米糊，用打蛋器将锅内的食材快速搅拌。

2 一边将火调小并慢煮，一边不停翻动食材。若想使玉米糊像马铃薯泥那样软烂，可按个人口味放入液体鲜奶油来达到以上口感。最后，在玉米糊未凝固时食用即可。

博古斯学院法式西餐烹饪宝典

煎意式玉米糊

Poêler de la polenta

难度：👕👕

用具：
模具框　　　　　　　平底不粘锅

做法：

1 以750毫升盐水和250毫升脱脂牛奶煮玉米糊，在铺有硅胶烘焙垫的模具框内装入热热的玉米糊。

2 以蘸着化黄油的抹刀将玉米糊的表面抹平，待其冷却后置于阴凉处2小时。

3 将冷却好的玉米糊切成棒状等喜欢的形状，再放入装有适量橄榄油的锅内。

4 将玉米糊的每一面各煎3分钟，呈金黄色即可。

意式半月形菠菜奶酪饺子

Ravioles demi-lunes ricotta-épinards

难度：👨‍🍳👨‍🍳
分量：1500克
准备时间：30分钟

原料：
绿色蔬菜面皮 1000克（见第322页）
蛋清 1个
菠菜奶酪馅：瑞克达奶酪

或布鲁斯奶酪 400克
盐水焯过、沥干并切成细末的菠菜 300克
鸡蛋 1个

肉豆蔻 适量
盐 适量
现磨胡椒 适量

做法：

1 将面皮以直径约为六七厘米的圆形磨具压成圆形面皮，边缘光滑或带锯齿的模具都可以。

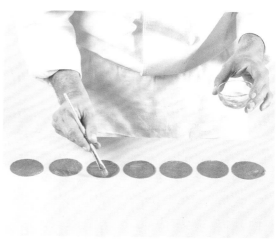

2 将蛋清刷在圆形面皮半圆的边上。

3 将制作菠菜奶酪馅的食材混合，接着将馅料放在每张面皮的同一位置。

4 再将每张面皮的另外半边面皮盖在馅料上，将模具翻面后压在面皮上使面皮粘在一起即可。

意式三角形饺子与意式小馄饨

Triangles et tortellinis

难度：👨‍🍳👨‍🍳
分量：1500克
准备时间：30分钟

原料：
红椒番茄面皮 1000克
　（见第322页）
蛋清 1个
番茄干羊奶奶酪馅：新鲜
　羊奶奶酪 500克

切碎的橄榄油渍番茄干
　200克
鸡蛋 1个
切碎的新鲜百里香 适量
盐 适量
现磨胡椒 适量

做法：

1 将面皮以格尺和刀或比萨刀切成边长为6厘米的正方形（见第328页步骤1至步骤3）。

2 将蛋清刷在正方形面皮的同一处。

3 在每张面皮的边角上依次挤入做好的番茄干羊奶奶酪馅。

4 对折正方形面皮，并用手指按压面皮使其粘在一起。

5 要做出完美的意式三角形饺子，可将饺子的边缘用刀或锯齿刀进行修剪。

6 向中心弯折三角形的两个角并用力将其粘在一起，即可得到意式小馄饨。

意式圆形饺子（做法一）

Ravioles aux saint-jacques (première méthode)

难度：👨‍🍳👨‍🍳
分量：1500克
准备时间：40分钟

原料：
墨鱼面皮 1000克（见第322页）
蛋黄 1个

圣雅克扇贝贝柱馅：用黄油炒过的贝柱 400克
咖喱 1小匙

做法：

1 将面皮以直径约为六七厘米的圆形磨具压成圆形面皮。

2 将蛋黄刷在一半圆形面皮上，并刷满至面皮的边缘。

3 在刷蛋黄的面皮正中心放上做好的已分成小块的圣雅克扇贝贝柱馅。

4 盖上剩余的一半面皮，注意面皮接合处要仔细按压好，并将空气挤出。

5 将模具翻面并按压面皮。

6 再次将蛋黄刷在做好的饺子上，将其放入平底深锅以沸水煮3分钟即可。

意式圆形饺子（做法二）

Réaliser des ravioles rondes (seconde méthode)

难度：👨‍🍳👨‍🍳
分量：1500克
准备时间：30分钟

原料：
墨鱼面皮 1000克（见第322页）
蛋清 1个

圣雅克扇贝贝柱馅：用黄油炒过的贝柱 400克
咖喱 1小匙

做法：

1 按照第328页做法中的步骤1至步骤3制作饺子皮，接着将做好的贝柱馅一块一块分别放上面皮。

2 在未放馅料的面皮上刷蛋清，再盖上提前预留的另一片面皮。

3 将面皮之间的空隙用手指仔细从中心向外按压，并将面皮内的空气挤出。

4 在面皮上以模具按压出圆形的饺子，使用边缘光滑的或带锯齿的模具皆可。

意式方形饺子

Réaliser des ravioles carrées

难度：👨‍🍳👨‍🍳👨‍🍳
分量：1500克
准备时间：30分钟

原料：
牛肝菌面皮 1000克（见第322页）
蛋清 1个
牛肝菌馅：用黄油炒至出汁

的切成薄片的红葱头与碎牛肝菌
3颗与400克
高脂鲜奶油或马斯卡彭奶

酪 2大匙
鸡蛋 1个
盐 适量
现磨胡椒 适量

做法：

1 将面皮修剪至12厘米宽。

2 将面皮宽度的一半用格尺量出，并按压做记号。

3 将面皮的长边量出边长为6厘米的正方形，也按压做记号。

4 在其中一片面皮的每个正方形内放上一块做好的牛肝菌馅。

5 在馅料周围的面皮上刷蛋清。

6 盖上另一片面皮。

7 将面皮之间的空隙用格尺仔细从中心向外按压，并将面皮内的空气挤出。

8 将饺子以刀或锯齿刀切开即可。

煮新鲜的包馅面食

Cuire des pâtes fraîches farcies

难度： 👔👔　　　　用具：
平底深锅

做法：

1 在平底深锅内将水煮沸并加入少许盐，将饺子
放入后调低火，这样沸水才不会将饺子煮破皮。

2 煮3分钟后，用手指确认饺子熟度，按压饺子的
中心，不软不硬即可。

3 将饺子以漏勺取出，将水分沥干。

4 将化黄油或少许橄榄油倒在饺子上，也可撒上
帕玛森奶酪和少许香草即可食用。

博古斯学院法式西餐烹饪宝典

煮布格麦

Cuire le boulgour

难度：👕 👕

用具：
平底深锅

做法：

1 将水倒入锅内（布格麦与水的用量的比例为 1:2）加热，并煮沸。

2 在锅内放入布格麦，撒盐后关火。

3 将锅盖盖好，使布格麦在锅内膨胀约20分钟。

4 将适量橄榄油和像核桃那样大小的黄油块放入锅内，用叉子搅拌布格麦并使其不粘连即可。

煮马铃薯面疙瘩

Gnocchis de pomme de terre

难度：🍗🍗🍗
分量：4人份
准备时间：20分钟
静置时间：30分钟
烹调时间：3分钟

原料：
蒸熟或以盐水焯熟（见第384页）的马铃薯 500克
蛋黄 1个

面粉 200克（根据马铃薯的品质决定用量）
盐 适量

用具：
筛网
平底深锅

做法：

1 直接将熟马铃薯碾碎，并以筛网过滤。

2 将蛋黄放入并以抹刀搅拌，接着撒盐调味。

3 将面粉少量多次放入，搅拌至面团不粘手、像派皮那样柔软即可。

4 将面团揉成圆球状。

5 将圆球状的面团分成多份放于已撒面粉的工作台上，再将每一份面团整形成手指粗细的长条状。

6 将长条状面团切成约2厘米长的小段面团，再将这些面团搓成小的梭子形。

7 将每个梭子面团用叉子叉出条纹可得到面疙瘩，之后将其放于已撒面粉的布上，静置并干燥30分钟。

8 在平底深锅内将淡盐水煮沸，放入面疙瘩并将火调低。

9 煮约3分钟，待面疙瘩从水中浮起即可以漏勺将其取出，并沥干。

10 最后，将少量金黄黄油（见第51页）、橄榄油或罗勒撒在面疙瘩上，再配上刨碎的帕玛森奶酪即可食用。

煮藜麦

Cuire le quinoa

难度：👨‍🍳👨‍🍳

用具：
大型带盖平底深锅　　　筛网

做法：

1 将藜麦以冷水长时间清洗，以便将藜麦的皂苷所带的苦味去除。

2 将平底深锅内的淡盐水煮沸后放入沥干水分的藜麦，煮10分钟。

3 待藜麦四周的小圆圈煮至脱落，表明已煮熟，此时的藜麦口感较脆。

4 将煮好的藜麦以冷水浸泡并冷却即可。

博古斯学院法式西餐烹饪宝典

煮手抓饭

Cuire du riz pilaf

难度：👨‍🍳 👨‍🍳

用具：
带盖平底炒锅

建议：美国长米、卡马尔格长米或混合稻米也可适用于此法。

做法：

1 将切碎的洋葱在锅内炒几分钟，炒至出汁但不要上色。

2 量出稻米用量（4人份为250毫升，即200克左右），将其入锅以锅铲搅拌至米粒呈珍珠般的亮光即可。

3 将高汤入锅并煮沸，米与高汤的比例约为1：1.5（蔬菜高汤、鸡高汤、鱼高汤或甲壳类高汤均可）。

4 将香草捆入锅。

5 将一张圆形烤盘纸入锅后盖好锅盖，再将火调至160℃，煮17分钟。

6 煮好米后离火，将核桃样大小的黄油块放入并搅拌，这样做米粒不会粘连在一起。

煮意式炖饭

Réaliser un risotto

难度：👔👔
分量：4人份
准备时间：10分钟
烹调时间：20分钟

原料：
切碎的红葱头或小洋葱 2
　　颗或1颗
橄榄油 3大匙
阿尔博里奥米 200克
白葡萄酒 100毫升
高汤 1升（根据食谱决定
　　高汤的种类）

黄油 50克（或马斯卡彭奶
　　酪 2大匙、或全脂液体
　　鲜奶油 100毫升）
帕玛森奶酪 50克
盐 适量
现磨胡椒 适量

用具：
带盖平底炒锅

做法：

1 将红葱头或小洋葱入锅以橄榄油炒几分钟，炒至出汁即可，不用上色。

2 将米入锅，充分地炒至米粒呈透明色即可，也不用上色。

3 将白葡萄酒倒入锅内，炒至酒精挥发。

4 再将两大勺高汤倒入锅内，以小火煮至米能够充分吸收高汤。

建议：一定要用意大利米做意式炖饭，如阿尔博里奥米。
若想让意式炖饭乳脂更丰富，用卡纳罗利米更好。

5 将步骤4的做法重复多次至米饭呈乳脂状，这时米饭已熟。

6 将黄油（或马斯卡彭奶酪、或鲜奶油）入锅。

7 将刨碎的帕玛森奶酪（若制作鱼或海鲜味儿的炖饭则不放）入锅，以盐和现磨胡椒调味。

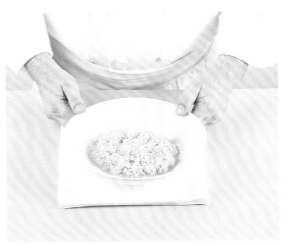

8 最后再盖锅盖焖5分钟即可上桌。

煮亚洲米饭

Cuire du riz à l'asiatique

难度：👔👔

原料：
印度香米或茉莉香米 1份
或多份（4人份为250毫
升，即200克左右）

米与水的比例为1：1.5
（寿司米与水的比例为
1：1.25）
盐 适量

用具：
滤锅
厚底平底深锅

建议：要选购亚洲食品超市中的高级印度香米，因为煮这种长而细的米才能保证其品质。

做法：

1 将米放于沙拉碗内以冷水清洗。淘米时要不时用手翻动米，且多换几次淘米水，将米粒上过多的淀粉淘洗至水不再混浊。

2 将水倒入装有米的锅内，并撒盐。

3 将水以大火煮沸。

4 煮沸后立刻调至最小火，给锅盖上锅盖。按需可将锅盖用布缠好。

5 这时要盖锅盖煮20分钟。其间，尽量不要翻动锅内的米，米会在蒸汽作用下出现一个像火山口那样的凹陷。

6 带锅盖离火，静置5分钟。最后将煮好的米饭轻轻地以盛饭匙翻动即可。

煮斯佩耳特小麦炖饭

Réaliser un risotto d'épeautre

难度：👨‍🍳👨‍🍳
分量：4人份
准备时间：10分钟
烹调时间：15分钟或40分钟

原料：
切碎的洋葱 1颗
橄榄油 3大匙
斯佩耳特小麦 200克
蔬菜高汤 1升（见第69页）

黄油 30克
盐 适量
现磨胡椒 适量

用具：
带盖平底炒锅

做法：

1 将洋葱入锅以橄榄油炒3分钟，炒至出汁。

2 将斯佩耳特小麦入锅，不停翻炒至油脂将小麦包裹。

3 将2大匙蔬菜高汤入锅，接着将火调小，并不停翻动食材至小麦将高汤充分吸收。

4 重复以上步骤并不停翻动食材，要按小麦的包装指示来煮： 提前煮过的小麦需煮15分钟，未煮过的需煮40分钟。

5 将锅内食材不停地翻动至汤汁变得适度浓稠。

6 以黄油、盐和现磨胡椒调味，最后再盖锅盖焖5分钟即可上桌。

煮干燥白腰豆

Cuire des haricots blancs secs

难度： 🍳

用具：
大型带盖汤锅

※小粒菜豆、红腰豆和鹰嘴豆也可用此法来煮，煮扁豆时可忽略步骤1。

建议：若使用热得快的锅可将烹调时间减半。

做法：

1 将豆子放入装满冷水的沙拉碗内浸泡一晚。

2 第二天将豆子沥干并放入装满冷水的汤锅内，不必加盐。水沸腾后将表面的浮沫与渣子捞出。

3 将1捆调味香草捆、1颗洋葱和1根切成4块的胡萝卜入锅。

4 用中火带盖煮35~40分钟，烹调时间至2/3时加盐。应根据豆子的种类和鲜度来决定烹调时间。

5 品尝豆子：豆子变软而不细碎则说明已煮好，这时可将豆子捞出沥干。

6 将香草捆取出，豆子还可用肉汁调味。

亚洲扁豆沙拉

Lentilles en salade asiatique

难度：👨‍🍳👨‍🍳
分量：6人份
准备时间：15分钟
烹调时间：20分钟

原料：
扁豆 200克
花生米 50克
切成方块状的肥肝 200克
油醋酱：切碎的姜 1小匙

葡萄子油 1大匙
芝麻油 1小匙
苹果醋 1小匙
切碎的细香葱 2大匙

用具：
平底炒锅
平底锅

做法：

1 在装满冷水的锅内放入扁豆
煮20分钟，煮至扁豆不软烂
（见第340页）、但已熟即可。

2 将花生米入平底锅并炒至呈金
黄色。

3 将肥肝入锅稍微加热即可。

4 将步骤1的扁豆沥干，并放入
花生米和肥肝。

5 将做油醋酱的食材在沙拉碗内
混合。

6 以油醋酱为步骤4的扁豆混合
物调味即可。

蔬菜

Les

LÉGUMES

目 录
Sommaire

对蔬菜狂热的程度可分为
一般、非常与超级

Les légumes un peu, beaucoup, passionnément : des légumes à la folie

在法国，至少有2000种大众熟悉的、能够在市场买到的蔬菜刊登在法国《政府公告报》（*Journal Officiel*）官方的物种及种类目录中，仅番茄就有多达400种。也就是说，就算我们每天吃3种不同蔬菜，也至少需要2年才能将这些蔬菜都吃遍。

实际生活中就没有这么多样了。就法国而言，仅马铃薯、番茄和胡萝卜这三种蔬菜基本就占每人每年食用蔬菜总量的2/3以上。

很遗憾人们对蔬菜有如此浅薄的认识，这一切都有根深蒂固的历史渊源。19世纪时，对于那些贫穷的人来说，除了马铃薯以外，其他蔬菜既

数千克

法国国家统计及经济研究所（INSEE）的最新统计数据表明，每个家庭平均每年会食用30千克马铃薯、14千克番茄及9千克胡萝卜，紧随其后的蔬菜食用量即降至3千克。

非诱人的食物，也不能为人体提供太多能量，富人们也因当年的作物收成不好及战争的影响而处境类似。不过，如今大家终于意识到蔬菜的价值了，即深远的营养价值、口感和菜色，这些使蔬菜不再屈居"配角"的位置。

健康与活力并存

蔬菜除了品种众多以外，还有使人享受美食乐趣、并使人保持身体健康的完美优点。

有滋有味的缤纷美味

对抗人体自由基是重中之重，它能保证人体细胞的年轻与健康，在受污染的环境中和有压力的情况下，自由基会更多。实际上，过早的老化、某些与癌症及心血管疾病有关的疾病很多都是因自由基而起的。那么，最有效的方式就是限制自由基的扩散使吸收抗氧化剂的能力增强，并提高身体的免疫能力，而抗氧化剂就存在于很多蔬果中。

植物色素中的类胡萝卜素可作为众多抗氧化剂的代表，能让人胃口大开的总是那些含有类胡萝卜素的蔬菜。有一种既简单又快乐的保证营养摄入的方式，就是尽量食用各种颜色的蔬菜，如从鲜亮的黄色到与黑色相近的紫色。

使番茄变红的茄红素属于脂溶性抗氧化剂，还有一些抗氧化剂也属于脂溶性抗氧化剂。在烹调这

类蔬果时，要想使营养吸收得更好，需搭配某些油来做。例如，地中海料理为何比较健康？是因为他们会用橄榄油炒蔬果。

七大类的规定

关于蔬菜的分类法众多，而在烹饪中，一般将蔬菜分成七大类。

类别名称	描述	举例
带叶菜	一般食用这类蔬菜的绿叶部分	生菜、卷心菜、菠菜及酸模
茎菜	一般食用带有少量粗纤维的蔬菜的茎	芦笋、韭葱及西芹
蔬果菜	从植物学角度，大多数被我们称为"果实"的这类可作为蔬菜食用	茄子、番茄、牛油果及芸豆
根菜与块根菜	一般食用这类蔬菜深埋地下的部分	马铃薯、胡萝卜、樱桃萝卜及芜菁
菌类	成长于野生环境下的它们形成了完全不同的另一大类，它们既没有叶绿素，也没有根茎等部分	巴黎蘑菇、羊肚菌及牛肝菌
球茎菜与香草类	取自香草类的草叶或球茎，可作为调味料	大蒜、洋葱、细香葱及香芹
豆类与豆科植物	可长期保存，与谷物的性质相似	扁豆、豌豆及鹰嘴豆

不稳定的维生素

维生素的存在能促进人体良好的循环，但因自身无法产生维生素，我们需通过食物来摄取。所以说，我们摄取维生素A和维生素C的最佳来源就是蔬菜。

保护人体的皮肤、视力及脑细胞主要由维生素A完成，促进身体生长发育、提高免疫力、更好地吸收铁及胶原蛋白则由维生素C来实现。

存于蔬菜中的维生素极其渺小纤细，会自行流失，所以选择合适的烹调方式显得很重要。因维生素属于水溶性物质，所以洗菜时不要将蔬菜在水中浸泡太久，这样会流失大量维生素在水中。

蔬菜的外皮上含有大量维生素和矿物质，去皮时一定要注意。像新鲜稚嫩的胡萝卜和小芜菁这类蔬菜，最好不要去皮，它们带皮吃也特别美味。

膳食纤维和水

蔬菜中的膳食纤维会因水变得特别大，而酵素既不会腐蚀可溶性膳食纤维，也不会腐蚀不可溶性膳食纤维。膳食纤维既能帮助我们有效清除身体有害物质，还能保持肠道健康舒适。

能够减缓碳水化合物的消化与吸收的是可溶性膳食纤维，所以在控制血糖及生糖指数方面很有效。膳食纤维还能降低患冠状动脉病的风险，因其特性与能抑制不良胆固醇的低密度脂蛋白相似。

蔬菜也较易令人产生饱腹感，能提供丰富营养与较低热量。所以，蔬菜在平衡享受美食的乐趣与营养方面是必不可少的食物。

但是，烹调方式才是影响蔬菜能否为我们提供有益物质的因素，首选方式即煮菜。

神奇的小锅

煮不仅能使食物的化学成分得到改变，还能改变其味道、口感和颜色等，可以说煮是一种很神奇

过水焯（blanchir）

过水焯蔬菜后再进行烹调：将蔬菜放入沸水中焯一下，再立刻捞出放入冷水中浸泡，这样能保证蔬菜不会太熟、颜色好看，且口感也很棒。在烹调前进行这一步可使蔬菜的味道和营养得到保障，减缓其氧化程度，也使烹调时间变短。若想要更好地保存蔬菜，将其焯过水后再冷冻即可。

的烹调方式。

煮蔬菜这种做法至1970年为止，不管从时间上还是温度上都存在过度的问题。过度烹煮会使蔬菜的营养流失、颜色变暗、味道变差，还会使所有蔬菜的口感变成一致的绵软。

现今，我们会根据各种蔬菜的不同特点以五种方式来烹调它们，还可加上第六种，即生食，如蔬菜叶沙拉。

煮并非真的是煮

只要不提前将蔬菜切好或用流水洗好，将生的蔬菜制成沙拉、切丝或小棍状后再食用也很有营养。但是，生食蔬菜因未煮过的膳食纤维而不易消化，所以对于追求健康而言，这并非最佳方式。

有些蔬菜用来做沙拉时可省去煮的过程，直接以带有酸味的柑橘类水果的果汁或油醋酱腌渍即可，这些蔬菜有红甜菜、球茎茴香、蘑菇、樱桃萝卜和黑萝卜等。若蔬菜的品质很好，就算这些蔬菜被切成丝或薄片后流失了很多营养，仍旧有益于健康。

未煮全熟的蔬菜，颜色既美、营养也更高。

求简之以热水煮

最大众的烹调蔬菜的方式即在大量的加盐沸水中焯蔬菜。想要保证地道的口感，需将蔬菜稍微焯

水后立刻放入冷水中浸泡即可。

可长时间煮的蔬菜即马铃薯这样根部为粉状的根菜，煮时最好慢慢进行，将其放进冷水中煮，这样才能煮得更均匀。

氧化较快的一般为白色蔬菜，如地中海蓟、菜蓟心及叶用甜菜等。想减缓氧化过程，可将这些蔬菜涂上柠檬汁，或煮菜时将少量面粉放入水中，这样就能防止颜色"变白"。

以蒸汽法温和地烹调

有一种既简单又有益的烹调法，既能锁住蔬菜的营养，又能将其香味、颜色和口感完整地保留下来，即来源于水煮法的蒸汽法。除了那些易变色的、水煮后变白的蔬菜，以及含水量大的西葫芦、番茄和茄子等之外，几乎所有蔬菜都适用于蒸汽法。

蒸蔬菜时，会将金属材质的或木质的蒸笼置于装有水的锅上，可在水中放入能为蔬菜提味的香草。为避免蒸笼内的食物泡在水中，锅内只装少量水。将蒸笼密封，这样可锁住蒸汽。超市就有售蒸笼这种便利的烹调用具。

高压锅直到1980年还很流行，其烹调方式是一种利用高温与压力作用的水煮法。大家还给高压锅起了一个别称，即"快锅"，这说明此锅煮蔬菜很迅速。

大家总会一边用微波炉一边抱怨它，我们将蔬菜与少量水放入其内，就可将蔬菜以另一种方式煮熟。蔬菜不可接触到滚烫的水、其最大火力为

生食主义

20世纪初，产生了一种将科学研究、心理及健康的生活方式相结合的模式，即生食主义。生食主义者只食用生食，有时也吃素。除了要使用替代品及新技术之外，"烹调生食"（不煮食物，仅调味）同样极具创造性。

1000瓦、使用时间不得超过2分钟，只要遵守以上三个准则就可降低微波炉带来的坏处，虽然我们无法完全避免它。

使用燃气灶可将味道锁住

将用油调味的蔬菜放于烤盘上，或放入装有香料和油的容器内密封即可，这种方式叫"焖炖"，即在燃气灶上以小火慢炖的方式使蔬菜更有营养。小火慢炖有益于将糖分等味道锁住，还能将番茄、红葱头及茄子的香甜充分展现出来。

焖炖还有一种方式即使用烹调纸来煮，一般我们会在对折的烤盘纸上放要煮的食材。这时，可用作为调味料的香草或香料等配料，焖炖过程中也会煮熟这些配料。

煎炒使味道得以平衡

以大火将切成很小块的或小薄片的蔬菜入油（量较少）锅快速煎炒，这样不仅会将蔬菜的原味及颜色保留，还会使其不变质，并可将新鲜蔬菜的全部精华保留下来。此法非常适合用来烹调黄瓜、被误以为是"黄豆芽"的绿豆芽等一般用来生食的蔬菜，其灵感就源于亚洲。

油炸使人们爱上食用蔬菜

在一锅无异味的热油中放入切成规则块状的、或为了制成薯片切成薄片的蔬菜，过油一两回，此法主要是通过热油来改变蔬菜的口感，使其更加美味。

油增强了蔬菜的味道，使其更加外酥里嫩。此法改变了那些不爱吃蔬菜的人们的饮食习惯，所以相当成功。

烹调"炼金术"

为何我们在决定上桌的菜肴时总是习惯重复那些一成不变的食谱，如胡萝卜就该切成丝、馅料就该填入番茄内、浓汤一定要做成韭葱马铃薯浓汤等，原因很多，可能因为我们熟悉那道菜该如何做，或者我们喜欢吃这些，抑或这么做很简单等。虽然这些菜肴的确非常经典，品质上乘，但我们为何因其就放弃享用其他美食呢？

做家常菜时，我们能更好地烹调那些备好的蔬菜，并在遵循做菜大方向的基础上添加其他食谱，

何为烹调"炼金术"？

意为将最佳烹调方式结合食谱，做出兼具美味和健康的特别菜肴。

这样使得我们的食谱更加多样化。我们千万不要小看使健康及营养保持均衡的烹调炼金术。

若因烹调方式的原因破坏了生长于优质环境下的新鲜蔬菜的营养，这真是相当遗憾。

一个玻璃杯分量的蔬菜

最新鲜的蔬菜如充满大量水分的黄瓜或甜椒等最好生吃，或将蔬菜以果汁机或调理机打碎（即刻就好），加些香草制成果汁、沙拉等。这些蔬菜往往非常清爽，吃起来还很有营养。

像柑橘类或红色浆果的果汁很适合搭配上面的蔬菜，将它们用碎冰打成，酒可加可不加。这样会显得开胃鸡尾酒极其别致或具古典范，以番茄汁及伏特加制成的血腥玛丽就是如此。

榨汁机或蔬果榨汁机对于做蔬菜汁来说不是必须的，蔬菜汁也可用简易的加有水的果汁机来做，还能放入一些柑橘类水果的果汁为其提味。将浓稠的蔬菜汁做好过滤即可，但在此过程中会流失一些营养。

将汤改变的方法

要做羹汤或浓汤，一定要先根据情况将蔬菜进行水煮或蒸煮，这是因为蔬菜本身含有的水量决定的，上文已提到。

接着，将蔬菜以机器搅碎。既可将多种蔬菜混合制成味道平和的蔬菜汁，也可只用一种蔬菜将其制得独具风味。若要做成受到孩子欢迎的强烈味道，可放入一些胡萝卜。

可在搅拌蔬菜和其他食材时放入能使浓汤变稠的鲜奶油、软干酪及化奶酪（即将不同奶酪加热融

化后的成品）等。若想使温热的汤变得更美味，可放入一点油脂（如黄油、鲜奶油或香草植物油等）。并非只放入鲜奶油才会使汤变得更加爽滑，还可放入使汤变稠的捣碎的马铃薯。

所有蔬菜都能用来做汤，但像四季豆、豌豆和胡萝卜这种较硬的蔬菜一般只用来做意大利蔬菜汤或将蔬菜及肉切成小块的亚洲汤，抑或以面食制成的汤。这主要是因为较硬的蔬菜不易被高汤煮软，所以得用大火才能煮烂。或者说，以大火用中式炒锅或平底锅快速地煮。

一般会给病人或老年人喝汤，因为汤里含有很多煮蔬菜时蔬菜所流失的营养成分，如今却不同了，我们需在煮好后尽快喝完。有些我们喜欢的汤，如带有香草味的不管是热汤或冷汤的高汤，都能为我们提供能量。当我们想要限制糖分摄入时，将果汁以高汤来代替不失为一个好选择。

鞑靼蔬菜或将蔬菜切薄片的沙拉：蔬菜沙拉

众所周知，将蔬菜以酸酱汁腌渍或直接生食特别健康。与蔬菜汁一样，为了健康一定要选择新鲜且质佳的蔬菜来生食。

传统饮食中一个重要环节就是绿色沙拉，即由鱼类、淀粉类食材、奶酪及豆类所制成，有时我们会把它当成一道完整的菜，其他可生食的食物在它面前也显得特别暗淡。

如磨碎的混合物、将蔬菜切成薄片的沙拉及鞑靼蔬菜等可生食的蔬菜有非常广的范围。腌渍切成

捣菜泥器对阵食物调理机

以食物调理机制成的马铃薯泥会延展其中的淀粉，使马铃薯泥口感更软嫩甚至黏稠。这也能解释为何我们会用手拿捣菜泥器或叉子将马铃薯泥捣碎。

熟练掌握油炸法三项规则

规则一：在锅内的油流动不畅或油内含有杂质的情况下，需将油换掉。

规则二：只能用花生油或菜籽油这两种加热至180℃却不冒烟的油。

规则三：将炸好的蔬菜从锅内取出后需马上放于厨房纸上将油沥干。

小丁的较硬的蔬菜，如球茎茴香和橘子腌汁的完美组合，即可制成鞑靼蔬菜。而不可生食的蔬菜如未煮熟的四季豆、马铃薯及茄子，这些不经过烹调无法食用。

有时，生食蔬菜的味道会让人感到腻味，这时调味料就显得很重要了。其中有三种调味料能变化很多类型：第一种即软干酪与香料；第二种即蛋黄酱和鳀鱼酱那种围绕在油脂物质四周的乳状物；第三种即类似牛油果酱的混合蔬果制成的酱料。

蔬菜泥：即碾碎、搅拌与混合

要想制作质地均匀、仅有特别小块蔬菜的蔬菜泥，不管是以调理机来搅拌还是以叉子碾碎，那些天生较软的蔬菜是最适合制成蔬菜泥的食材。"鱼子酱"以带有香辛味道的茄子搭配最合适不过；而冬季搭配酱肉的最佳食材则是西葫芦、南瓜等800余种根茎类及葫芦科蔬果。

将马铃薯放入具有明显味道的蔬菜中可削弱其味道，这样人人都会喜欢这类蔬菜。

与我们所想的不同，做蔬菜泥并不容易：首先，将蔬菜全部煮好，蔬菜心也要煮透。接着，将煮汤水定量好，这样才能做好浓稠适中的蔬菜泥。因此，只要将茄子对半切开而不加水就能用烤箱烤熟，而西葫芦和小南瓜必须洗好再沥干才行。所选购的马铃薯可以决定蔬菜泥的成败。这里再列举几

种特别适合制成蔬菜泥的食材，如胡萝卜、甜心马铃薯及哈特马铃薯等较硬的蔬菜。

游牧与嬉戏

众所周知，薯条、薯片及炸蔬菜是以油炸法制成的。

薯条有很多种，有时呈一般的细条状（即细薯条），有时则是较短的粗条状（即粗薯条）。因可将较硬的蔬菜切成条状或薄片状制成薯条或薯片，人们受到这种启发将其他较硬的蔬菜变换出各种花样。

在一锅无异味的热油中放入切成均匀块状的马铃薯，再撒上大量的盐。法国北部地区的人们一般会用黄油来炸薯条。

180℃左右即为油的沸点，这也是在油锅中投入一小块面包后即产生大量小气泡的温度。为了保持油温，不要一次炸太多蔬菜，此法会用大量的油。在家做炸蔬菜时，为了吃得健康并预防一些隐患，需遵循油炸法的规则。

为何炸蔬菜总会显得很别致，原因是此法总会用到高级食材如西葫芦等，或在充满异域风情的印度料理及日本料理中得到运用。

炸蔬菜与炸薯条或薯片极其类似，不同的是炸蔬菜会将蔬菜裹一层薄薄的面糊后再放入油锅内炸。这时，面糊会被炸成一层酥脆的外皮，而包裹的蔬菜则更软嫩可口。

我们不仅可以在桌上，也可以在街上、旅途中及野餐中吃到炸薯条、炸薯片及炸蔬菜。这些拿在手上即可享用的炸物称为打包餐。

另一种像炸蔬菜那样可打包带走的是派或挞，用极具延展性的千层派或薄酥皮将蔬菜制成传统而精致的挞派。还有一种以焦香的面皮盖着蔬菜的翻转挞，将烤盘直接接触富含油脂的食材（如奶酪或肥肉丁）即可。

油炸法可将苦苣这种无人问津的蔬菜制成一种特别的味道，其苦味会因焦香味而大大削弱。

填馅：内盛物与容器

从18世纪起，在法国，更准确的是在凡尔赛，会在蔬菜的外皮或外壳内填入肉馅或蔬果泥。当时由于人们还没发现番茄，所以没有为其填馅。18世纪的人们会在南瓜这种短粗的蔬菜内填馅，这样使得餐桌上的菜肴更加丰盛。那时，人们更看重菜园内的蔬菜及其自然的外皮。

现在，将蔬菜填馅是为了更好地展现其成熟的味道，在烹调过程中将味道深入蔬菜的外皮中。馅料的味道及汁液会被外皮锁住，一般会用肉泥填馅。

如番茄、茄子及洋葱等味道平或带甜味的蔬菜适合填馅后再烹调。

也可为挖空的蔬菜填入各种混合食材，如谷物、奶酪或其他蔬菜。

若我们要为樱桃番茄或去蒂蘑菇等体积较小的蔬菜填馅，则可得到健康又美味的开胃小菜的变化版。

焗烤：将香味进行到底

将蔬菜做得既美味又丰盛，即焗烤或焗烤的南法版"烤蔬菜薄饼"。在烤箱内放入切成只有几毫米厚的蔬菜薄片慢烤，若要焗烤则水平放于厚重的盘内；若要烤蔬菜薄片则垂直放于盘内。还可铺一层如鲜奶油、牛奶、奶酪或蛋液等你所喜欢的食材。有一道特别有名的焗烤料理总会出现在各地和不同家庭的餐桌上，在瑞士一般会将格鲁耶尔奶酪撒上，在法国洞布则将鲜奶油倒上，这道菜即以马铃薯为食材的"奶香焗烤马铃薯"（gratin dauphinois）。

我们可将一层面包粉或奶酪放于焗烤料理上，这样经过烘烤会得到极其酥脆的口感，且这层食材还会将香味及热度锁住。

一般来说，会用两三种而非一种蔬菜做美味的焗烤料理，我们可按需并选择应季蔬菜。

人们一般会认为烤蔬菜薄片用的是另外一种烹调方式，实际上，烤蔬菜薄片用的番茄、茄子和西葫芦等是法国普罗旺斯料理中最常用的蔬果。将这些食材切成薄片后互相紧贴着码放于盘内，这样才能保证在烹调后还保持原样。在享用前，一般会将几片新鲜的大蒜悄悄放在撒有普罗旺斯香草与橄榄油的蔬菜之间。

焗烤料理因其使用的食材及人们想到的搭配被视为冬季美食，而夏季的美味则是烤蔬菜薄片。

从前菜到甜点

能够推动烹饪技巧与甜点相交集的往往是一个新的烹调理念，受其他烹调传统的影响也会变得更丰富。这些理念想通过一种新的做法将蔬菜做成甜点。

另一方面，我们通过蔬菜展示甜点做法，这样就能在用餐时吃到蔬菜。在夏季，使人眼前一亮的前菜有以蔬菜制成的意式冰沙与冰糕（sorbet）。将洋葱等冬季时蔬腌渍成泥，这样可将炖煮红酒或肥肝酱的甜味增强。现今能被大众接受的开胃甜点有蔬菜奶酪夹心马卡龙和法式甜咸蔬菜丁烤布蕾。最后，已成为法国最人气甜点之一的则是胡萝卜蛋糕。

准确地选购蔬菜

不管我们打算制作哪一道菜，最重要的就是选好蔬菜。卖菜的地方太多，这让买菜变得没有那么简单。

最重要的即根据常识选择时令蔬菜，这样才能保证所选购的蔬菜其营养及味道最好。

还有很重要的一点即选购当地蔬菜，这样就不用在其还未成熟前就被收获，并跨越半个地球运送至我们的厨房。放于冷库内的蔬菜没有享受到通过太阳光照变成熟的好处。

去市场买菜

每种蔬菜都具有复杂而难以定义的特征，这也是帮助我们辨别蔬菜最好品质的保证。不过，仍有一些共通之处：首先，蔬菜的外皮不干枯且发亮，看起来不像被加工过；接着，用手轻按蔬菜的外皮会感到它们像其可食用部分一样硬实；形状一样、无瑕疵的蔬菜最好不买；也不建议买那些已切开的、变形的或有破损的蔬菜。如今，不合标准尺寸的不太好的蔬菜也和其他蔬菜一样有价值。因为这并不能说明它们不好保存，也不能说明它们被区别对待过。

曾经很长一段时期我们会去市场买菜。就算是那些经常出入南法、乡村或旅游区独特市场的人，也觉得去市场买菜很有趣。如今，市场的某些卖菜摊位会进批发商的蔬菜，这些批发商也供货给大超市，所以我们再也无法完全信任市场的品质了。

超市通过与地方生产者签署协议的方式满足消费者想了解产品来源的迫切诉求。大型购物中心的一个优势即快递，这使得新鲜产品可快速运进仓库，再卖给广大消费者。与地方的小型超市相反，放于货架上的蔬菜因这种货物循环方式而缩短了运送时间。

供应新鲜蔬菜的最佳方式即市场提前上市蔬菜，虽然这样蔬菜的售价会较高。市场也在探索那些被遗忘蔬菜（即未经插枝、嫁接等加工的，从父辈开始就食用的蔬菜）的最好去处，超市为了收益往往不会大量采购这类蔬菜。

营养与味道最吸引人的就是市场及有机商店所卖的产品。在过去的几年中，这些商家得到了充分发展，它们为了与大型购物中心的产品抗衡，会将价格压低。

生产者直销能帮我们缩短买卖路线，通过法国国际发展农业研究中心（AMAP）的系统，我们可以方便地联系生产者。

在菜园种菜

最适合获得蔬菜的一个地方就是菜园了。自己种菜不仅能得到最新鲜的食材，而且种菜就像有一个好厨艺那样是一种技能。

在菜园种上在商店和市场上很难买到的如碟瓜、酸模及马齿苋等蔬菜，并看着它们生长起来也会很神奇。

不过很遗憾，这种菜园只有一小部分人能接触

幸运的结合

柔软且醇厚的牛油果最适合搭配黑巧克力。

制作果酱及法式水果软糖的最佳食材为带有甜味的橘黄色果肉的南瓜。

制作熔岩巧克力蛋糕的最佳食材为红甜菜根。

到，因为不是人人都有这种菜园以及种菜的时间。

一个种满蔬菜、经营得很好的菜园一定会丰收，这也促进了赠予与交换的经济的发展。菜园的蔬菜也可冷冻保存。

发人深省的优质蔬菜

如今，蔬菜在我们的饮食构成中占有重要地位，要想提升蔬菜的威望，需要有个标志性的事件，就像1970年，受到米歇尔·盖哈（Michel Guérard）及乔尔·侯布匈（Joël Robuchon）等大厨们支持的新式烹调（Nouvelle Cuisine）引发的厨艺革命那样。

蔬菜只有真正被大众了解、认可其味道并灵活使用后才会名正言顺地成为餐盘内的一份子。如今，对健康及营养均衡的担忧，还有能否瘦得健康的担忧不断涌现。

蔬菜并非被所有人喜欢并接受，特别是蔬菜那股强烈的味道，孩子会特别抗拒，因为对食物最挑剔、最不会屈服的就数孩子了。所以，孩子会讨厌甘蓝、菠菜及苦苣等蔬菜。但是，孩子们却又非常

法国国际发展农业研究中心（AMAP）

法国国际发展农业研究中心简称为"AMAP"，全称为"Association pour le maintien d'une agriculture paysanne"。

此中心在过去几年中得到很大发展。大家可以很方便地通过企业委员会或地区协会加入该组织，这让农民可以实现完全的自给自足，体现了农民可主张自身的经济权利。

恰当冷冻蔬菜

将焯过水的蔬菜分装成几个小份装进密封包装内，再将其放入−10℃的冰柜内保存。

熟悉那些颜色鲜艳的、吸引眼球的蔬菜，如番茄和胡萝卜（不包括马铃薯）等。

我们可在孩子刚满四五个月时，将一些无特殊味道的、也无较多纤维的蔬菜加进他们的食谱中，这样可以让他们逐渐熟悉蔬菜的味道，鼓励他们吃蔬菜。

蔬菜与肉类完全不同，虽说它们也如肉类那样可与其他食材混合。在烹调蔬菜时，会呈现出女性特质的一面。我们的食谱因蔬菜的加入而变得多姿多彩，而组成它的就是那些最现代的选择和最有效的方式。

最后，因蔬菜不会阻碍宗教信仰与哲学思想的发展，所以基本没有饮食上的限制。也就是说，不管如何烹调蔬菜，谁也无法禁食它们，即便是最严格的宗教戒律也不可以。

也许蔬菜就是我们的最佳食物，因其多样化、多变的烹调方式、有益于健康的方面，以及尊重大众的口味并给我们带来味觉享受。如何证明自己的品味，只要我们展示出厨艺即可。

蔬菜的应季及保存建议

以下表格为法国主要城市的时蔬及保存蔬菜建议表。因为有来自全球各地的蔬菜以及受现今的生活方式的影响，不管是哪个季节，我们都能买到几乎所有蔬菜。

想要买到质优价廉、美味且营养丰富的蔬菜，就要注意蔬菜的季节。最好的永远是时令菜。

蔬菜名称	保存建议	1月	2月	3月	4月	5月	6月	7月	8月	9月	10月	11月	12月
大蒜	冰箱内的新鲜大蒜只能保存几天，在干燥凉爽的环境中，避光可保存干燥大蒜几个月。				X	X	X	X	X				
菜蓟	放入冰箱可保存三四天，且在烹调当天食用。					X	X	X	X	X	X		
芦笋	在湿布上放绑成一捆的娇嫩的新鲜芦笋，再放入冰箱内可保存一两天，注意芦笋尖要朝上保存。				X	X	X						
茄子	只要环境没有那么冷和干燥，可放于冰箱蔬果室内保存五六天。						X	X	X	X	X		
牛油果	由于生牛油果易变得太熟，可将其在室温下放于水果篮中保存。	X	X	X	X	X						X	X
红甜菜根	将新鲜红甜菜根放于冰箱蔬果室可保存一星期左右。						X	X	X	X	X		
西蓝花	将完整的西蓝花放进密封盒或裹上保鲜膜后，放于冰箱蔬果室可保存四五天。							X	X	X	X	X	

蔬菜名称	保存建议	1月	2月	3月	4月	5月	6月	7月	8月	9月	10月	11月	12月
胡萝卜	将完整的胡萝卜放于冰箱蔬果室可保存两星期左右。	X	X	X	X						X	X	X
西芹	与大多数茎菜类似，可将其放于湿布上保存。也可将放在湿布上的西芹放入冰箱保存四五天。	X	X	X							X	X	X
根芹菜	将未去皮且完整的根芹菜放于冰箱蔬果室可保存两星期左右。						X	X	X	X	X	X	
蘑菇	将蘑菇放入密封盒后，可放于冰箱保存一两天。	X	X	X	X	X	X	X	X	X	X	X	X
甘蓝（白甘蓝、绿甘蓝或紫甘蓝）	将完整的甘蓝放于冰箱蔬果室可保存四五天。	X	X	X	X						X	X	X
菜花	可将完整或分朵的菜花放于冰箱蔬果室保存三四天。	X	X	X	X					X	X	X	X
黄瓜	因黄瓜不耐冷，若冰箱温度太低，可放于室温保存两三天。			X	X	X	X	X	X	X			
南瓜	于干燥凉爽的环境下，完整的南瓜可保存整个冬季。将南瓜切片并裹上保鲜膜放于冰箱内可保存四五天。	X									X	X	X

续表

蔬菜名称	保存建议	1月	2月	3月	4月	5月	6月	7月	8月	9月	10月	11月	12月
西葫芦	将完整的西葫芦放于冰箱蔬果室可保存三四天。					X	X	X	X	X			
苦苣	最好避光保存，否则易变绿且变苦。将苦苣放于冰箱蔬果室可保存一星期左右。	X	X	X	X						X	X	X
菠菜	易坏的菠菜在放入冰箱前最好先放在湿布上，这样可保存两天左右。	X	X	X	X	X	X	X			X	X	X
球茎茴香	放于冰箱蔬果室可保存七天左右。	X	X	X	X								X
四季豆	将细嫩的四季豆放在湿布上，再放于冰箱可保存两三天。							X	X	X			
哈密瓜	于室温下，哈密瓜可保存一两天，放于冰箱蔬果室则可保存三四天。						X	X	X	X			
芜菁	放于冰箱蔬果室可保存七天左右。	X	X	X	X	X					X	X	X
洋葱	于室温下，洋葱可保存一个月左右。切薄片密封后放入冰箱可保存三四天。	X	X	X	X						X	X	X
韭葱	放于冰箱蔬果室可保存四五天。切薄片密封后放入冰箱可保存两三天。	X	X	X	X						X	X	X

蔬菜名称	保存建议	1月	2月	3月	4月	5月	6月	7月	8月	9月	10月	11月	12月
甜椒	将完整的甜椒放于冰箱可保存七天左右。将甜椒切开并裹上保鲜膜，放于冰箱可保存三四天。												
马铃薯	马铃薯只要不受潮受冻就可保存数月。与马铃薯生的芽成熟后变绿不同，芽本身没有坏处。	X	X			X	X	X	X	X	X	X	
樱桃萝卜	樱桃萝卜易坏，将带叶的樱桃萝卜放于冰箱可保存一两天。			X	X	X	X						
沙拉菜	将沙拉菜放于冰箱蔬果室或放在冰箱内湿布上可保存四五天。	X	X		X	X	X	X	X	X	X	X	
番茄	未放入冰箱且不去蒂的番茄于室温下可保存三四天。					X	X	X	X	X			

根茎类
Les légumes racines

马铃薯
POMMES DE TERRE

菊芋
TOPINAMBOURS

胡萝卜
CAROTTES

防风根
PANAIS

婆罗门参
SALSIFIS

甜菜
BETTERAVES

小红萝卜
RADIS ROUGES

樱桃萝卜
RADIS ROSES

黑萝卜
RADIS NOIR

芜菁
NAVETS

根芹菜
CÉLERIS-RAVES

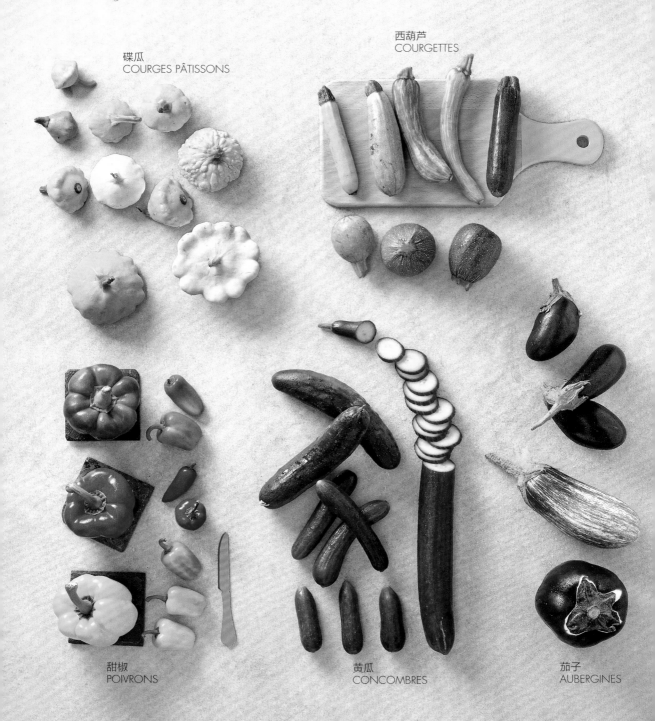

蔬果菜
Les légumes fruits

碟瓜
COURGES PÂTISSONS

西葫芦
COURGETTES

甜椒
POIVRONS

黄瓜
CONCOMBRES

茄子
AUBERGINES

醋渍小黄瓜
CORNICHONS

哈密瓜
MELON

番茄
TOMATES
樱桃番茄
CERISE ROUGE

牛油果
AVOCATS

克里米亚黑番茄
NOIRE DE CRIMÉE

迷你圣马尔扎诺番茄
MINI SAN MARZANO

青辣椒
VERT

辣椒
PIMENTS
鸟嘴辣椒
BEC D'OISEAU

牛心番茄
CŒUR-DE-BŒUF

安第斯角番茄
CORNUE DES ANDES

巴厘岛番茄
BALI

菠萝番茄
ANANAS

带叶菜
Les légumes feuilles

绿甘蓝
CHOU VERT

西蓝花
BROCOLI

莙荙菜
BLETTES

大白菜
CHOU CHINOIS

球茎茴香
FENOUIL

罗马菜花
CHOU ROMANESCO

菜花
CHOUX-FLEURS

紫甘蓝
CHOU ROUGE

苦苣
ENDIVES

混合生菜
MESCLUN

菠菜
ÉPINARDS

水芹
CRESSON

芝麻菜
ROQUETTE

大黄
RHUBARBE

芹菜叶
CÉLERI FEUILLE

野苣
MÂCHE

冰雪皇后莴苣
REINE DES GLACES

多种沙拉菜：莴苣、绿卷须生菜及阔叶苦苣
SALADES: BATAVIA, FRISÉE, SCAROLE

马铃薯

Les pommes de terre

罗斯瓦红皮马铃薯
ROSEVAL

夏洛特马铃薯
CHARLOTTE

冯特内美女马铃薯
BELLE DE FONTENAY

维特洛马铃薯
VITELOTTE

蒙娜丽莎马铃薯
MONALISA

努瓦尔穆捷邦诺特马铃薯
BONNOTE DE NOIRMOUTIER

宾什土豆
BINTJE

阿尔图瓦蓝马铃薯
BLEUE D'ARTOIS

阿曼丁马铃薯
AMANDINE

哈特马铃薯
RATTE

阿加莎马铃薯
AGATHA

法兰席琳马铃薯
FRANCELINE

将胡萝卜切成圆片或斜切

Tailler des carottes en rondelles ou en sifflet

难度：🍳

用具：
砧板
菜刀

做法：

1 可将胡萝卜切成薄薄的圆片。

2 亦可将其斜着切成片。

将胡萝卜切成三角形小丁

Tailler des carottes à la paysanne

难度：🍳

用具：
砧板
菜刀

做法：

1 沿着纵向先对半切开去皮胡萝卜，再沿着每半根胡萝卜的纵向切成4条细长的扇形。

2 在砧板上横放扇形胡萝卜条，将其切成三角形小丁。

将蔬菜切成骰子块

Tailler des légumes en mirepoix

难度：🍳

用具：
砧板　　　　　　　　　菜刀

做法：

1 对半切开去皮洋葱，再切下洋葱的底部。

2 将每半洋葱再切成4块。

3 之后将切成块的洋葱横放，切时每一刀需保持适当的距离。

4 切胡萝卜：将去皮胡萝卜对半切开，再将每半根胡萝卜切成4个长条。最后，将横放于砧板上的胡萝卜长条切成适当的块状即可。

将蔬菜切成丁

Tailler des légume en macédoine

难度：👕👕

用具：
切菜器　　　　　　　　菜刀
砧板

做法：

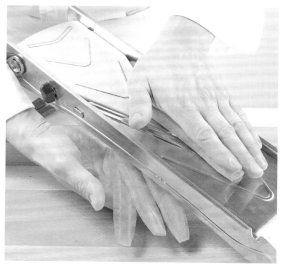

1 将去皮胡萝卜放进调成6厘米厚的切菜器内切成长薄片。

2 接着，将长薄片切成长方形。

3 再将长方形薄片切成小条。

4 最后，将小条切成丁即可。

将蔬菜切成丝

Tailler des légumes en julienne

难度：👔👔

用具：
切菜器
砧板
菜刀

做法：

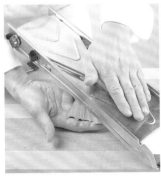

1 将去皮胡萝卜放进调成1
厘米厚的切菜器内切成长
薄片。

2 将长薄片码放好，切成细
丝即可。

将蔬菜切成小细丁

Tailler des légumes en brunoise

难度：👔👔

用具：
切菜器
砧板
菜刀

做法：

1 将蔬菜放进调成3厘米厚
的切菜器内切成薄片。

2 将薄片切成细条并码放
好，最后切成小细丁即可。

将球茎茴香切成细丝

Émincer du fenouil

难度：🧑‍🍳

用具：
砧板
菜刀

做法：

1 将靠近球茎的部分切下，再将球茎茴香对半切开。

2 按照食谱要求，在砧板上平放球茎茴香并切成适当的细丝。

将西葫芦雕花并切成片

Canneler et couper une courgette

难度：🧑‍🍳

用具：
食物雕刻刀
砧板
西式菜刀

做法：

1 将西葫芦的上下两端切下，沿着两端以食物雕刻刀削下西葫芦的皮。

2 将西葫芦纵向对半切开，按照食谱要求，将西葫芦切成适当厚度的片状。

将黄瓜切成片

Émincer un concombre

难度：👨‍🍳

用具：
砧板
菜刀

做法：

1 沿着纵向将去皮黄瓜对半切开，将黄瓜的瓤及种子以汤匙去除。

2 按照食谱要求，在砧板上平放黄瓜并切成适当厚度的片状。

将黄瓜雕花并切成片

Canneler et couper un concombre

难度：👨‍🍳

用具：
食物雕刻刀
挖球勺

做法：

1 沿着洗净的黄瓜的上下两端用食物雕刻刀削下黄瓜皮。

2 除了可将黄瓜切成薄片，还可切成4~6厘米的黄瓜段，并用挖球勺挖空黄瓜段的心，底部保留约1厘米的厚度即可。

准备韭葱

Préparer des poireaux

难度：👨‍🍳　　用具：　　　　　　　　　　　　　　　建议：注意不要切到手指。
　　　　　　　　砧板　　　　　　菜刀

做法：

1 将韭葱的根部及深绿色部分切下（这两部分可用来煮高汤）。接着将洗净的韭葱切成薄薄的圆片。

2 斜着下刀，将韭葱切成斜片。

3 将韭葱沿着纵向对半切开，再将每半韭葱沿着纵向一切为三，注意不要将根部切穿。最后再将韭葱横切成小丁。

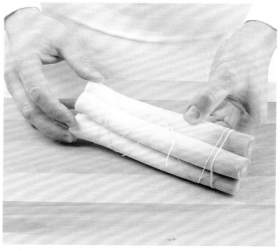

4 将韭葱用细绳绑成捆，这样可用来水煮或做蔬菜炖肉锅。

准备西芹

Préparer du céleri

难度：🍳

用具：
砧板　　　　　　削皮刀
菜刀

※此法也可用来准备君达菜及地中海蓟。

做法：

1 将西芹的梗削去，将西芹叶去除。

2 接着，用削皮刀将西芹茎去丝。

3 西芹切成小段后，再用刀切成薄片。

4 或将西芹切成大段，再切成小薄片。最后将其切成细丝即可。

准备芦笋并去皮

Préparer et peler des asperges

难度：👔👔

用具：
砧板　　　　　　　　　　　　　手拿简易削皮刀
削皮刀

做法：

1 将除芦笋尖之外的侧芽及干枯的侧芽部分切下。

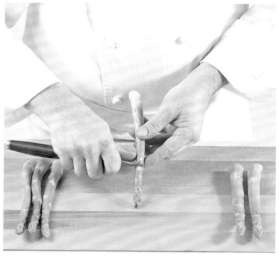

2 从芦笋底部至中间一半处将凸起部分削下。

3 用手拿简易削皮刀小心地将芦笋根部的皮削下。

4 最后，将芦笋码放好并切整齐即可。

准备菜花或西蓝花

Préparer du chou-fleur ou du brocoli

难度：🧑‍🍳

用具：
砧板
削皮刀

做法：

1 将菜花或西蓝花切下一朵，去叶分离其与花球。

2 用削皮刀将菜花或西蓝花的花球一朵一朵切下即可。

准备菠菜

Préparer des épinards

难度：🧑‍🍳

用具：
砧板
削皮刀
※此法也可用来准备酸模。

做法：

1 将择好的菠菜用水洗净，按需可多重复几次，之后沥干。接着，再用手将菠菜梗去除。

2 根据食谱要求，将菠菜在砧板上切成细丝即可。

切出菜蓟心

Tourner des fonds d'artichauts

难度： 👨‍🍳👨‍🍳

用具：

砧板　　　　　　　　　削皮刀
菜刀　　　　　　　　　平底深锅

建议：为使菜蓟心保持湿润，使用前先放于煮锅的水中。

做法：

1 将菜蓟去梗，再将菜蓟心上方的叶子用刀一并切下。

2 用削皮刀将包着菜蓟心的叶子切下。

3 将削好的菜蓟心入锅，再将加盐冷水倒入锅内，后加入1颗柠檬的柠檬皮及柠檬汁（也可用白醋代替）。

4 将煮好的菜蓟心取出并沥干，再将菜蓟心内的绒毛用汤匙刮下即可。

切出紫菜蓟心

Tourner des petits artichauts poivrade ou violets

难度：👕👕

用具：
砧板
菜刀
削皮刀

做法：

1 将紫菜蓟去梗，再将紫菜蓟最外侧的三排叶子向后折起并择下。

2 用削皮刀将包着紫菜蓟心的叶子切下。

3 将蓟心的梗进行修剪。

4 将蓟心上方残留的叶子切下。

5 仔细地将蓟心不可食用的部分全部切下。

6 将蓟心内的绒毛刮出，最后放入装有柠檬水的沙拉碗内即可。

切蘑菇

Tailler des champignons de paris

难度： 🍳

用具：
砧板 　　　　　　　削皮刀
菜刀 　　　　　　　※先将蘑菇以醋水洗净，并用
　　　　　　　　　厨房纸擦干后再切。

做法：

1 将蘑菇切成4块，或斜切成4块。

2 将切成薄片的蘑菇码放好几片后，切成细丝。

3 将蘑菇丝切碎即可用来制成酱。

4 手拿削皮刀的刀背，将整个蘑菇围绕蘑菇蒂旋转，这时就会将蘑菇伞削成如花朵般的形状。

准备蘑菇

Préparer des gros champignons

难度：👨‍🍳

用具：
砧板
削皮刀

做法：

1 用削皮刀将蘑菇去皮。

2 将蘑菇去蒂，可用去掉的蘑菇蒂切碎做蘑菇酱（见第376页）。

将莴苣切成细丝

Préparer une chiffonnade de laitue

难度：👨‍🍳

用具：
砧板
菜刀

做法：

1 将洗净的莴苣沥干并将莴苣梗切下。

2 将莴苣在砧板上切成适合做沙拉的细丝。

将番茄去皮并切成块

Monder et couper des tomates

难度：👨‍🍳
烹调时间：1分钟

用具：
砧板
菜刀

削皮刀
平底深锅

建议：将红葱头切成细丝后用橄榄油炒至出水，再混合番茄丁一起煮，调味后即得到番茄酱。

做法：

1 将番茄去蒂，在其表面划出十字形切口。

2 将番茄放入装有沸水的锅内过水焯，之后取出放入冷水内冷却。

3 将番茄的皮用削皮刀削去。

4 最后，将番茄对半切开并去子。按照食谱要求，切成番茄块或番茄丁即可。

将洋葱切碎

Ciseler un oignon

难度：👨‍🍳👨‍🍳　　用具：　　　　　　建议：注意不要切到手指。
　　　　　　　砧板
　　　　　　　菜刀

做法：

1 将洋葱去皮后对半切开。

2 沿着纵向切七八刀，注意不要切穿。

3 横着将洋葱切分成3份，也不要切穿。

4 最后，垂直下刀将洋葱切碎即可。

切洋葱圈

Couper un oignon en bracelets

难度: 🍳🍳

用具:
砧板
菜刀

做法:

1 将洋葱去皮后切成片。

2 再仔细地将切成片的洋葱一圈一圈分离即可。

制作蔬菜球

Réaliser des billes de légumes

难度: 🍳

用具:
多尺寸的双头挖球勺

做法:

1 手拿马铃薯挖出马铃薯大球。

2 将胡萝卜、西葫芦或其他蔬菜挖出小球，并可用来作为多彩的配菜。

将红葱头切碎

Ciseler une échalote

难度：👨‍🍳👨‍🍳　　　　　建议：注意不要切到手指。

用具：
砧板
菜刀

做法：

1 将红葱头去皮，沿着纵向对半切开。

2 沿着水平方向切分成2份或3份，注意不要切穿底部。

3 接着，沿着纵向整齐地切分四五次，也不要切穿底部。

4 最后，垂直下刀将红葱头切碎即可。

将大蒜切碎

Hacher de l'ail

难度：👨‍🍳

用具：
砧板
菜刀

做法：

1 将大蒜去皮后对半切开，
继续切成薄片，再切成
细条。

2 将细条大蒜码放好切碎即
可。

将香芹切碎

Hacher du persil

难度：👨‍🍳

用具：
砧板
菜刀

做法：

1 将香芹洗净并用厨房纸擦
干，将叶子择去。

2 切香芹时注意用一只手按
着刀背使刀尖处于一个点
上并保持平衡，再一边移刀
一边将香芹切碎即可。

将细香葱切碎

Ciseler de la ciboulette

难度：🍴

用具：
砧板
菜刀

建议：注意不要切到手指。

做法：

1 不要散开成捆的细香葱，将其直接洗净并用厨房纸擦干。

2 用刀将细香葱切碎即可。

将香草蔬菜切碎

Ciseler des herbes

难度：🍴

用具：
砧板
菜刀

做法：

1 将香草蔬菜（这里是罗勒、细叶芹及龙蒿）洗净并用厨房纸擦干，将叶子择去。

2 用刀将香草蔬菜切碎即可。

以盐水焯蔬菜

Cuire des légumes à l'anglaise

难度：🍳

用具：
平底深锅

做法：

1 煮沸锅内加盐的水后，将蔬菜入锅。可按照个人喜好将蔬菜煮至柔软或爽脆的口感。

2 将蔬菜捞出并沥干，之后放入装有冷水和冰块的碗内冷却，最后再将蔬菜沥干即可。

以面粉水焯蔬菜

Cuire des légumes dans un blanc

难度：🍳

原料：
面粉 2大匙
挤汁的柠檬 1颗
盐 适量

用具：
平底深锅
手动小型打蛋器

建议：此法特别适合菜蓟心、苦苣、君达菜及地中海蓟等易氧化的蔬菜。

做法：

1 将面粉和150毫升水（配方外）放入一个大碗内拌匀，再将其倒入装有加了柠檬汁的2升水（配方外）的锅内，并用打蛋器搅拌，之后加盐。

2 将整锅面粉水煮沸后再煮蔬菜，可按照个人喜好将蔬菜煮至柔软或爽脆的口感，这样可使蔬菜保持原色。

为胡萝卜上光

Glacer des carottes

难度：👨‍🍳
准备时间：5分钟
烹调时间：10分钟

原料：
修整成柱状的胡萝卜 500克
水或白色鸡高汤 100毫升
黄油 50克
砂糖 1大匙

用具：
平底深锅

做法：

1 将胡萝卜、黄油和砂糖入锅，并用100毫升水或白色鸡高汤（见第60页）将原料浸没。

2 将锅内的原料以一张与锅内径相同的圆形烤盘纸覆盖（将烤盘纸中心剪开一个小洞）。

3 小火慢煮10分钟，煮至锅内的汤汁蒸干。

4 煮时注意不要将胡萝卜煮至上色，只要表面发着亮光，就像涂了一层透明漆一样即可。

为珍珠洋葱上光

Glacer des oignons grelot

难度：🍳

准备时间：5分钟
烹调时间：10分钟

原料：
去皮的珍珠洋葱 500克
黄油 50克

砂糖 1大匙
水或白色鸡高汤 100毫升

用具：
平底深锅

做法：

1 将胡萝卜、黄油和砂糖入锅，并用100毫升水或白色鸡高汤（见第60页）将原料浸没。

2 将锅内的原料以一张与锅内径相同的中心带小洞的圆形烤盘纸覆盖，慢煮约10分钟。

3 煮时注意不要将洋葱煮至上色，只要表面发着亮光，就像涂了一层透明漆一样即可。

4 若延长烹调时间可将洋葱煮至焦糖化，即"褐色"。

博古斯学院法式西餐烹饪宝典

烩菜

Braiser des légumes

难度：👨‍🍳👨‍🍳

准备时间：5分钟
烹调时间：20分钟

原料：
切成4块的蔬菜（球茎茴香
　　及芹菜心）500克
黄油 50克
砂糖 1大匙
水或白色鸡高汤 50毫升

用具：
平底深锅

做法：

1 将切成块的蔬菜摆成花瓣状入锅，再依次放入黄油、砂糖及50毫升水或白色鸡高汤（见第60页）。

2 接着，慢煮至水或高汤收干，糖变焦化。不同的蔬菜需煮10~20分钟不等，煮至一半时将半熟的蔬菜翻面即可。

焖豌豆

Cuire des petits pois à l'étuvée

难度：👨‍🍳

烹调时间：5~10分钟

原料：
去豆荚的新鲜豌豆 500克
黄油 50克
盐 适量

用具：
平底锅

做法：

1 将豌豆、黄油及150毫升水（配方外）倒入锅内，后撒盐。

2 将锅内的原料以一张与锅内径相同的中心带小洞的圆形烤盘纸覆盖，根据豌豆的尺寸及新鲜程度慢煮5~10分钟不等（煮至汤汁变浓稠，豌豆呈绿色，并具有爽脆的口感即可）。

修整马铃薯

Tourner des pommes de terre

难度：👔👔

用具：
砧板   削皮刀

做法：

1 切下去皮的、短粗型马铃薯的左右两端，按需还可将马铃薯对半切开或切成4块。

2 一边用手转动马铃薯，一边以削皮刀将其厚重的外层一片一片削下，削至梭子形即可。

3 根据马铃薯的大小将其切成具有6个面或8个面的梭子形。

4 根据不同尺寸，可将圆柱状马铃薯从左至右分成蒸汽类型、古堡类型及宝贝类型。

用切菜器切马铃薯

Tailler des pommes de terre à la mandoline

难度: 👨‍🍳 👨‍🍳

用具:
切菜器

做法:

薯片: 将带有刀片的切菜器厚度调为1厘米, 再将去皮马铃薯切成薄片。

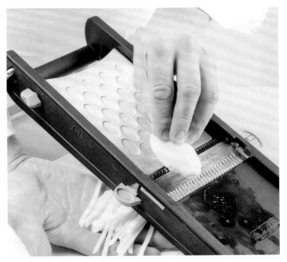

薯条: 将马铃薯以细棒状刀片切成细条状。

马铃薯薄饼: 以波浪形刀片切马铃薯。

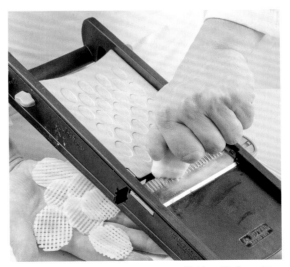

小蜂窝薄饼: 每切一次就抬高手腕旋转马铃薯1/4圈。

切薯条

Couper des pommes de terre à la main

难度：🍳

用具：

砧板　　　　　　　　菜刀

做法：

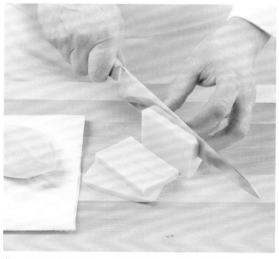

将去皮马铃薯的左右两端切下，再切成厚片，即可得到长方形薯片。

普通薯条：将薯片切成宽约8毫米的条状。

粗薯条：将薯片切成宽约15毫米的条状。

火柴薯条：将薯片切成宽约4毫米的细长条状。

油煎马铃薯片

Sauter des pommes de terre à cru

难度：👨‍🍳

准备时间：5分钟
烹调时间：10分钟

原料：
切成薄圆片并焯过的马铃薯
　500克
黄油 40克
葵花子油 2大匙

用具：
平底锅

做法：

1 将黄油及葵花子油入锅加热，再将马铃薯放入。

2 一边轻轻晃动锅一边将马铃薯炸至金黄色，煎约10分钟即可。

蒜香马铃薯片

Pommes de terre à la sarladaise

难度：👨‍🍳👨‍🍳

准备时间：5分钟
烹调时间：12分钟

原料：
切成薄圆片并焯过水的马铃
　薯 500克
鸭油 70克
切碎的大蒜 2瓣
切碎的香芹 2大匙

用具：
平底锅

做法：

1 取代黄油及葵花子油，用鸭油来炸马铃薯片，并放入大蒜和香芹。

2 保持马铃薯片在锅内多炸2分钟即可。

将马铃薯煎至金黄色

Faire rissoler des pommes de terre

难度：👨‍🍳

准备时间：10分钟

烹调时间：15~20分钟

原料：

梭子形马铃薯 500克（见第388页）

黄油 40克

葵花子油 2大匙

盐 适量

用具：

平底锅

平底深锅

做法：

1 将马铃薯放入装有加盐沸水的深锅内焯5分钟，后放入冷水中冷却。

2 将马铃薯捞出并沥干，放至干燥。

3 依次将马铃薯、黄油及葵花子油入平底锅以中火煎。

4 一边以手腕的力量轻晃锅体，一边根据马铃薯的尺寸煎15~20分钟。将马铃薯煎软，呈金黄色且具有酥脆的口感即可。

马铃薯薄片煎饼

Pommes de terre anna

难度：🍳🍳

准备时间：10分钟
烹调时间：7分钟

原料：
内径为五六厘米的梭子形
马铃薯 2个
澄清黄油 30克（见第50页）
盐 适量

用具：
切菜器
俄式煎薄饼专用小平底锅

做法：

1 以切菜器将马铃薯切成极薄的薄片。

2 将澄清黄油抹在小平底锅内壁上，再摆上呈花瓣状的马铃薯片，撒盐调味。

3 接着，将澄清黄油刷在薯片上。

4 将锅放入预热至180℃的烤箱内，烤至马铃薯片表面呈金黄色即可。

烤马铃薯片

Pommes boulangères

难度：🍴🍴
分量：4人份
准备时间：15分钟
烹调时间：20分钟

原料：
用切菜器切成薄片的马铃薯 8个
黄油 50克
切成薄片的洋葱 2颗
调味香草捆 1捆
牛肉或肉类高汤 500毫升
盐 适量
现磨胡椒 适量

用具：
平底深锅
烤盘

做法：

1 将洋葱入锅以黄油炒至出汁，撒盐及现磨胡椒。

2 将马铃薯片和洋葱片一片一片交错着放入烤盘，最上面再铺一层马铃薯片。

3 将香草捆放入烤盘，倒入高汤至原料3/4的高度。

4 最后，将烤盘放入预热至170℃的烤箱内烤20分钟，之后即可食用。

制作马铃薯泥

Réaliser une purée de pommes de terre

难度：👨‍🍳👨‍🍳
分量：4人份
准备时间：15分钟
烹调时间：20分钟

原料：
马铃薯 8个
黄油 适量

煮沸的牛奶（或一半牛奶
一半液体鲜奶油）适量

用具：
平底深锅 2口
蔬菜研磨器或研杵

做法：

1 将马铃薯焯水后沥干。

2 将马铃薯以蔬菜研磨器或研杵磨成泥。

3 根据个人喜好将黄油放入马铃薯泥中。

4 最后，倒入牛奶（或一半牛奶一半液体鲜奶油）搅拌。根据个人喜好搅拌至马铃薯泥达到合适的黏稠度即可。

分两次油炸薯条

Cuire des frites en 2 étapes

难度：👨‍🍳👨‍🍳
准备时间：10分钟
烹调时间：10分钟

用具：
油炸锅

做法：

1 将马铃薯切成普通薯条或粗薯条并洗净，再用布仔细擦干。

2 将薯条放入已预热至160℃的油炸锅内炸四五分钟，注意不要炸至薯条上色。

3 将薯条沥干油后备用（可提前进行此预炸步骤），再将锅内油温调高至180℃。

4 最后，再将薯条入锅复炸至金黄色，接着捞出并用多张厨房纸吸油，撒盐后即可食用。

油炸马铃薯片

Faire frire des chips

难度：👨‍🍳👨‍🍳
准备时间：5分钟
烹调时间：三四分钟

用具：
油炸锅

做法：

1 将马铃薯切成薄片并洗净，再用布仔细擦干。接着，将其放入已预热至170℃的油炸锅内。

2 将马铃薯片炸至金黄色。

3 接着，将炸好的薯片用厨房纸吸油，再撒适量盐。

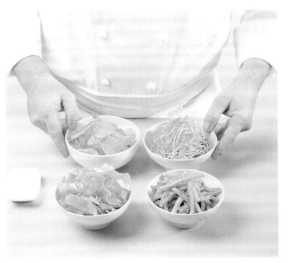

4 细薯条、马铃薯薄饼及火柴薯条也可用此法来炸。

马铃薯泥挞

Pommes duchesse

难度：👨‍🍳👨‍🍳
分量：4人份
准备时间：10分钟
烹调时间：8分钟

原料：
鸡蛋 1颗
黄油 50克

用食物研磨器制成的、较干口感的原味马铃薯泥500克（见第395页）

用具：
带裱花袋的大星形裱花嘴

做法：

1 将黄油及鸡蛋混入温热的马铃薯泥中。

2 将步骤1的混合物装入裱花袋内。

3 在烤盘纸上裱花，后放入已预热至170℃的烤箱内烤至上色。

4 最后，将烤好的马铃薯泥挞取出，即可食用。

油炸马铃薯泥球

Croquettes de pommes de terre

难度： 👨‍🍳👨‍🍳
分量： 4人份
准备时间： 15分钟
烹调时间： 5分钟

原料：
鸡蛋 3颗
黄油 50克
用食物研磨器制成的、较
　干口感的原味马铃薯泥

500克（见第395页）
面粉 100克
细面包粉 150克
油炸用油 1锅

用具：
油炸锅

做法：

1 将黄油及1颗鸡蛋混入温热的马铃薯泥中，接着将马铃薯泥用沾满面粉的手搓成小球，再放入面粉中回来滚动一会。

2 再将薯泥球放入2颗鸡蛋打成的蛋液中，之后放入细面包粉内。

3 接着，将薯泥球入油炸锅。

4 最后，将薯泥球炸至金黄色，用厨房纸吸油并沥干即可。

法式薯泥球

Pommes dauphine

难度：👨‍🍳👨‍🍳👨‍🍳
分量：8人份
准备时间：25分钟
烹调时间：5分钟

原料：
牛奶 100毫升
黄油 65克
盐 1小匙
肉豆蔻 1小撮
过筛的面粉 100克

鸡蛋 3颗
口感较干的原味马铃薯泥
（不放牛奶、黄油及鲜奶
油）500克
油炸用油 1锅

用具：
平底炒锅
油炸锅

做法：

1 依次将100毫升水（配方外）、牛奶、黄油、盐及肉豆蔻放入平底炒锅内。待其煮沸后，一边放入全部面粉一边搅拌。

2 要一边搅拌一边以小火将汁收干，至面糊能完全与锅底分离即可。

3 将锅离火冷却一会，接着一边打入1颗鸡蛋一边以锅铲拌匀。

4 再分两次将2颗鸡蛋分别打入面糊内，同时不停搅拌至面糊变光滑，下垂的状态就像饰带即可。

建议：炸出的薯泥球若口感较干即为成功。最好不去皮煮
马铃薯，且在沥干马铃薯后再去皮并捣碎。

5 将马铃薯泥以抹刀混入面糊内。

6 将锅内的混合物仔细混合。

7 接着，将混合物用2把小汤匙挖出薯球，并放入油炸锅内。

8 将薯球以旋转的方式炸约5分钟，至金黄色后用厨房纸吸油并沥干，即可食用。

切分及上菜

La DÉCOUPE *et le* SERVICE

目 录
Sommaire

切分烤鸭

Découper un canard rôti

建议：鸭腿熟的比较慢，需要多煮一会，只要第二次上
菜时将其端上桌即可。

做法：

1 在稍后端上桌的盘内放上烤鸭，并备好一把锋
利的菜刀。

2 用叉子及大汤匙使烤鸭保持垂直，这样烤后的
汤汁会流出。

3 在沿着有凹槽的砧板边缘放上烤鸭，鸭腹朝向
自己，鸭头朝向右侧，开始切分。

4 在烤鸭的上腿骨及腿部肥肉之间插入叉子，使
叉子有弧度的那面朝下。

5 将鸭腿周围的鸭皮用刀切开。

6 将刀顺着鸭翅下侧切入，将烤鸭撑起。同时，将叉子作为支点，将鸭腿与身体分离。

7 将分离下来的鸭腿朝向自己放于砧板上，这样方便切下关节部分，食用起来也更容易。

8 将烤鸭在砧板上放好，鸭腹朝下。为了支撑烤鸭，需在与烤鸭肋骨平行处插入叉子。再用刀将烤鸭背部及两侧的鸭皮切开。

9 用叉子将烤鸭撑稳，用刀沿着鸭胸骨、鸭翅部分至烤鸭整体将鸭肉一片一片切下，厚度约为2厘米。

10 最后，在预先进行保温的上菜盘内放上切分下来的鸭肉片即可。

切分香料带骨羊排

Découper un carré d'agneau en croûte d'herbes fines

做法：

1 备好汤匙、叉子及带凹槽砧板各1个。汤匙及叉子可作为钳子将羊排夹到砧板上，注意不要将它们插入羊肉内。在砧板上放羊排时保持肉较多的那面朝向客人。

2 备好一把切片刀，在从左数第二根肋骨处垂直插入叉子。

3 从羊排最右侧下第一刀，通过切面展示羊排的熟度。

4 继续移刀向前切，注意一定要紧靠下一块羊排的骨头下刀，这样才能保证每块端上桌的羊排厚度相近，且都带一根骨头。

5 用汤匙及叉子将两块羊排放在每个餐盘内，注意过程中不要将汤匙或叉子插入肉内。

6 最后，为了便于品尝，将羊排的骨头以套筒来装饰。

切分羊腿

Découper un gigot d'agneau

建议：若没有羊腿专用钳，在切分羊腿时可用干净的餐巾支撑骨头。

做法：

1 将羊腿放于上菜盘内，备好一把快刀和叉子，将羊腿的骨头以羊腿专用钳固定。

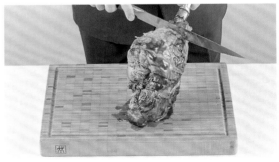

2 在切分用的砧板上放好羊腿，将羊腿骨以一只手紧握，同时保持后腿肉（即羊腿凸起部分）朝上，接着在羊腿肉上下刀。

3 按照从上至下的顺序，保持刀与腿骨平行的状态将上后腿肉切成薄片，再将其放入上菜盘内。

4 待切分至骨头时，要将羊腿旋转后再将后腿肉切下，并将其放入上菜盘内。

5 切下骨腿周围的腿肉，再将其切成肉条。

6 最后，在每个餐盘内都放一片上后腿肉、一片后腿肉及一份肉条。

切分牛肋排

Découper une côte de bœuf

做法：

1 在砧板上放牛肋排，将带骨部分朝向自己，肉多的部分朝向客人。

2 将肋排以叉子背固定，注意不要将叉子插入肉内。沿着肋排肉多的部分用切片刀将多余的肥肉切下。

3 将肋排沿着骨头切开，分离肋排的肉与骨头。

4 为使肋排中心与边缘的肉分配均匀，需从原来肋排肉附在骨头上的垂直位置下刀，切成厚1.5~2厘米的肉片。

切分烟熏鲑鱼

Découper un saumon fumé

做法：

1 在鲑鱼专用盘内放烟熏鲑鱼，鱼头朝右。同时，备好一把削皮刀及一把快刀。

2 在鱼尾末端用左手插入叉子，凭借刀来回片肉的手法，从鱼头至鱼尾切下厚约一二厘米的鱼肉。

3 在鱼肉下侧塞入叉子的一个齿，之后灵活地旋转叉子使其缠上鱼肉。

4 最后，将鱼肉放入餐盘内，并将鱼肉巧妙地在盘内展开即可。

切分搭配修隆酱的酥皮狼鲈

Découper un loup en croûte sauce choron

建议：上桌前，为使客人能趁热品尝美食，需将餐盘放
入烤箱保温。

做法：

1 在鱼类专用上菜盘内放酥皮狼鲈，鱼头朝左。
再将修隆酱倒入酱汁专用容器内。

2 顺着鱼的外形将酥皮以削皮刀以开，并将其用
一把吃鱼餐叉小心地抬高。

3 将取下的酥皮放入餐盘备用，之后马上就会用
到。

4 从鱼鳃处用叉子将鱼固定。将刀尖抵着鱼中心
的脊骨，从鱼头至鱼尾将鱼背及侧面切开。

5 沿着鱼侧面的边缘将鱼背及鱼腹的鱼排分离，并将其分别放入两个餐盘内。

6 将叉子插入脊骨靠近鱼头的位置。同时，为使脊骨能顺利脱离鱼肉，可用刀顺着脊骨划一下，这样就能松动并将脊骨取出。

7 用刀将完整的脊骨挑出，并将其与鱼头相连的部分折断。之后再将鱼尾及剩余的鱼刺取下。

8 用汤匙将鱼排内侧的鱼肉制成丸子。

9 将1小匙修隆酱细心地淋在鱼排及丸子上。

10 最后，再以一块酥皮作为搭配完成装盘。

切分粉炸比目鱼

Fileter une sole meunière

建议：粉炸比目鱼的黄油以小火保存至切分鱼步骤结束，
最后再淋上黄油即可。

做法：

1 在菜盘内放鱼排，鱼头朝左，鱼腹朝向自己。
用叉子背将鱼头压住，再沿着鱼的中心脊骨用
刀将鳃裂后侧切开，切至鱼尾。

2 顺着鱼的外形将鱼肉与鱼鳍打开处之间切一个
开口，再将鱼背作为起点将刚才的切口切开。

3 将鱼尾折断：在鱼排底部的鱼尾附近将叉子插
入，将汤匙塞入鱼尾下侧并将其抬高至折断。

4 接着，顺着鱼的中心脊骨处将插入的汤匙从鱼
头至鱼尾轻轻划过，这样可将鱼肉分离，并得
到鱼排。

5 再以同样的手法处理鱼腹，并将鱼腹的鱼排放入餐盘。

6 在鱼脊骨与脊肉之间划入汤匙以取出脊骨。为使鱼肉保持完整，一定要一直用汤匙背来操作，过程中再以叉子背固定鱼身。

7 待汤匙划至鱼头处时，将叉子插入脊骨，这样既能使其倾斜又不会折断。接着，将鱼头用汤匙切下，并将其与脊骨一并放入剩菜盘内。

8 将汤匙从鱼头划至鱼尾，将鱼软骨与鱼肉分离，再以反方向将软骨取出。之后以同样的手法处理鱼腹的软骨。

9 将两块鱼排以汤匙分离。

10 将两块鱼排交错放入餐盘：其中一块鱼排背部朝上、腹部朝下放置；另一块与其相反即可。

切分大菱鲆

Fileter un turbot

建议：先将一条白色餐巾铺在上菜盘内，再放上黑皮大
菱鲆。切分鱼时，鱼皮会粘在餐巾上。

做法：

1 在上菜盘内放大菱鲆，鱼头朝右，鱼尾朝左。
接着，备好一把汤匙及由刀、叉子和鱼铲组成
的吃鱼三件套。沿着鱼软骨将鱼皮切开。

2 规律地旋转叉子以将鱼皮卷起，并从鱼头至鱼
尾去皮。

3 将汤匙插入脊肉与中心脊骨之间，从鱼头处将
其划至鱼尾，切分出右侧上方的鱼排。

4 凭借鱼铲及汤匙，将左侧上方的脊肉抬起。

5 再用刀和汤匙轻轻地将软骨分离。

6 沿着脊骨，从鱼头至鱼尾来回移动汤匙以疏松脊骨，并方便取出。之后将脊骨小心抬起，放入剩菜盘内即可。

7 将剩下的鱼排以汤匙进行分离，这时黑皮会粘在餐巾上。

8 最后，用汤匙将鱼颊肉取出即可。

白兰地火焰牛肉搭配法式黑胡椒酱

Filet de bœuf flambé au cognac sauce au poivre

原料：

黄油	白葡萄酒	粗磨胡椒
切碎的红葱头	牛肉汤底	研磨的盐粒（所有原料的
干邑白兰地	鲜奶油	分量按个人要求来使用）

做法：

1 将便携式瓦斯炉放于客人面前烹调火焰牛排，并备好所用的原料。

2 将榛子大小的黄油块放入平底锅内，待牛肉熟的差不多时即可关火。

3 将红葱头入锅并煮至出汁，之后撒胡椒。

4 将锅离火，倒入干邑白兰地并煮沸，这时一边将锅倾斜一边将酒精燃尽。

5 将牛肉取出，加热锅内的白葡萄酒并收汁成酱汁。再倒入牛肉汤底并收汁。

6 将鲜奶油倒入并搅拌，煮至酱汁变顺滑即可。

7 尝一下酱汁的味道，再按需放入调味料。

8 最后，将牛肉放回锅内，这样可为牛肉裹上一层酱汁后再装盘。

火焰茴香鲷鱼

Flamber une dorade à l'anis

建议：美味的鲷鱼以茴香酒来调味，再配以用小火炖煮
的球茎茴香，以上为最佳搭配。

做法：

1 将便携式瓦斯炉放于客人面前烹调，备好一口
平底锅及一杯茴香酒。将鲷鱼入锅，开火并倾
斜至即将垂直的角度拿锅。

2 将锅离火，小心地将杯内的茴香酒从鱼头淋至鱼
尾。

3 将倾斜的锅扶正放于火上，使酒精燃尽。

4 待酒精燃尽后，将锅放于瓦斯炉上并关火。接下
来即可切分鱼。

鞑靼牛肉

Tartare de bœuf

原料：

剁碎的牛肉泥 250~300克	切成薄片的红葱头 1颗	盐 适量	香芹芽 适量
蛋黄 1个	切碎的香芹 2小匙	胡椒 适量	帕玛森奶酪 适量
橄榄油 80毫升	切碎的酸豆 1小匙	塔巴斯哥辣酱® 适量	酸豆 适量
芥末 1小匙	切碎的醋渍小黄瓜 1小匙	伍斯特郡酱（Worcestershire）	
番茄酱 1小匙	切碎的细香葱 1小匙	适量	

做法：

1 备好所有原料、一个汤盘、一把汤匙及一把叉子。

2 在汤盘中心倒入蛋黄及芥末，并以叉子拌匀。搅拌时再倒入一点橄榄油，拌至酱料变得顺滑油亮。

3 接着放入红葱头、香芹、酸豆、醋渍小黄瓜及细香葱。之后在中心放上番茄酱、伍斯特郡酱及塔巴斯哥辣酱®，可按个人喜好撒盐和胡椒进行调味。

4 用汤匙朝里搅拌并将盘内原料压碎，这样能使所有味道更加融合。

5 用汤匙将酱料放入牛肉泥内，再以叉子将所有原料拌匀。

6 摆盘前先试吃，可按需调味。最后，摆盘时再以香芹芽、帕玛森奶酪碎及酸豆等进行装饰即可。

切分焖鸡

Découper une volaille en vessie

建议：为使气囊保持膨胀状态，在上桌前，可将烹调时
用的高汤淋在装在深底盘内的这道菜上。

做法：

1 在保温炉上放上菜盘，将气囊内的焖鸡保持与
平面平行放置。

2 刀尖朝上插入气囊，将其从左至右完整切开。

3 将焖鸡以汤匙及叉子垂直夹起，将汤汁沥干。
之后鸡头朝右放在切分砧板上。

4 在颈部插入刀，将叉子插入鸡屁股附近，再将焖
鸡旋转1/4圈，注意此时应将其侧放在砧板上。

5 横着在鸡翅下侧将刀切入，以叉子作为支点将鸡腿关节折断，同时将鸡腿取下。

6 将鸡腿朝向自己放于砧板上，将鸡爪及关节切下，便于食用。

7 在砧板对角线处放焖鸡，在鸡胸肉下侧插入叉子，并在鸡腹部的两块鸡胸肉之间切开一个切口。

8 沿着骨头将两块鸡胸肉切下，将刀紧靠砧板，并分离鸡翅的关节。

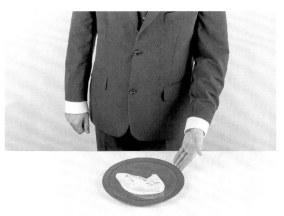

9 用汤匙将鸡皮取下，接着取出"不吃的是傻瓜"的部分，并将鸡骨头放入剩菜盘内。

10 最后，可将鸡肉分装成鸡棒骨、鸡胸肉及两盘鸡腿上侧附近的鸡肉和鸡胸肉。

主厨食谱

Les

RECETTES

des

CHEFS

目 录
Sommaire

香料与罂粟子烧鲔鱼搭配草莓及巴萨米克醋

Tataki de thon aux herbes et pavot, fraises et balsamique

难度：👨‍🍳👨‍🍳 分量：8人份

原料：

烧鲔鱼：
鲔鱼排 500克
澄清黄油（见第50页）20克
盐之花 适量
现磨胡椒 适量

配菜：
迷你紫洋葱 1颗
球茎茴香 150克
巴萨米克醋 150毫升
野草莓泥 50毫升
姜末 10克
香菜叶 适量

渍菜：
迷你胡萝卜 32个（腌料：
白米醋 100毫升 青柠皮 1
颗 百里香 1根）
菜花花球 24朵（腌料： 香
草荚 1根 橄榄油 100毫升
糖浆 1小匙）
草莓 8颗（腌料： 橄榄油
100毫升 罗勒叶 适量 新鲜
柳橙汁 几滴）

压缩西瓜：
西瓜 1000克
白米醋 100毫升
蜂蜜 1大匙

芒果醋：
芒果 1/4颗
白米醋 50毫升
蜂蜜 1大匙

鲔鱼外裹香料：
罂粟子 50克
切碎的香草（香菜与罗勒）1/2捆

准备时间：1小时　腌渍时间：6小时　烹调时间：10分钟

烧鲔鱼： 将烤箱预热至140℃。将鲔鱼排切成8条2厘米×6厘米的长条，涂上澄清黄油，再撒盐之花及现磨胡椒。之后以锡纸包裹入烤箱烤2分钟，并放架子上冷却。

配菜： 将紫洋葱及球茎茴香去皮后切成片，再将巴萨米克醋、野草莓泥、姜末及香菜叶放入其中腌渍。

渍菜： 将胡萝卜削成类似铅笔粗细的棒状，放入腌料内腌渍6小时。将菜花的花球剪下， 也放入腌料内腌渍6小时。将草莓切成4块，还是放入腌料内腌渍30分钟。

压缩西瓜： 将去皮并切块的西瓜与白米醋及蜂蜜一起放入真空袋内，反复压缩5次后，将西瓜用圆形模具切成直径为2.5厘米、厚约5毫米的圆饼。

芒果醋： 将去皮并切丁的芒果与白米醋及蜂蜜混合，并以电动搅拌器将其拌匀。

包裹鲔鱼： 将鲔鱼条放入罂粟子及切碎的香草中并沾满香草碎，之后切成2厘米×2厘米的小块。

摆盘： 在餐盘内将3块西瓜饼摆成一条直线，在其上放烧鲔鱼，之后将腌渍的紫洋葱及球茎茴香放在鲔鱼上。最后，在盘内合适的位置摆上渍菜，再滴几滴芒果醋即可。

菠菜烟熏鲑鱼卷搭配
莳萝奶油霜

Rouleaux de saumon fumé, épinards, crème d'aneth

难度：♣♣♣　分量：10人份

准备时间：1小时　烟熏时间：20分钟　烹调时间：12分钟

原料：

菠菜烟熏鲑鱼卷：
苏格兰鲑鱼排 1000克
菠菜叶 10大片

莳萝奶油霜：
莳萝 1/4捆
红葱头 1颗
液体鲜奶油 250毫升
吉利丁片 2片
挤汁的柠檬 1颗

摆盘：
薄酥皮 6张
清澈黄油 100克
糖粉 适量
樱桃萝卜 1/4把
橄榄油 适量
黄芥末 适量
盐之花 适量

将去皮、去刺的鲑鱼排烟熏20分钟，之后切成10个重60克的长条，备用。

将菠菜叶洗净、去梗，快速过水焯一会并沥干，再以干净的布擦干。

将莳萝洗净、去叶，备好几小撮用来摆盘，剩余的切碎。将红葱头去皮并切碎。加热鲜奶油，依次放入事先泡水软化并挤干水分的吉利丁片、莳萝、红葱头及柠檬汁并拌匀。将锡纸铺在30厘米×10厘米的方形模具内，倒入拌匀的混合物，之后放入冰箱冷冻成形。

同时，将烤箱预热至180℃。将薄酥皮分离并在砧板上放一片，涂上清澈黄油并撒糖粉（图1及图2）。再放上一片薄酥皮并重复以上步骤，直至做出三层薄酥皮。接着重复以上步骤，做出2份三层薄酥皮。之后将薄酥皮切成50个长方形，并用圆形模具将长方形酥皮挖空，得到各种形状（图3及图4）。取一个包有锡纸的圆柱，将挖空的酥皮放在上面，入烤箱烤8分钟（图5及图6），之后冷却备用。

下面处理鲑鱼，将保鲜膜铺在工作台上，放上一片菠菜及一条鲑鱼，将其紧紧地卷成圆柱状（图7及图8）。再用烤盘纸或不沾烤布将其卷起，以70℃的蒸汽蒸4分钟后，放入冰箱冷藏。

将樱桃萝卜洗净，切成特别薄的圆片，再放入冰水中备用。

在烤盘纸上为莳萝奶油霜脱模，将其切成50个小圆饼。将菠菜鲑鱼卷的烤盘纸取下，将每块鲑鱼卷切成均匀的5块，再刷上橄榄油保持油亮状态。

每个盘内分别放上5个莳萝奶油霜小圆饼及5块鲑鱼卷，再以造型用薄酥皮、几片樱桃萝卜、提前备好的几小撮莳萝及黄芥末进行装饰。最后，撒上盐之花即可。

1

2

3

4

5　　　　6　　　　7　　　　8

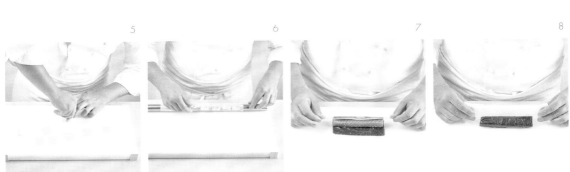

温泉蛋搭配山葵芝麻叶酱及帕玛森奶酪脆饼

O'Euf parfait, sauce roquette et wasabi, sablé au parmesan

难度：♟♟♟　分量：10人份

准备时间：1小时　烹调时间：1小时30分钟

原料：

温泉蛋：
极鲜蛋 10颗

帕玛森奶酪脆饼：
帕玛森奶酪 120克
面粉 250克
黄油 200克
墨鱼的墨囊 3个

山葵芝麻叶酱：
芝麻叶 300克
牛奶 200毫升
液体鲜奶油 1升
山葵 40克
盐 适量
胡椒 适量

摆盘：
带蒂圣女果 200克
番茄酱 300克
柠檬皮屑 1颗

将浸入式加热器调至63.2℃，将鸡蛋水煮1小时30分钟制成温泉蛋。

脆饼： 将烤箱预热至140℃。混合除墨囊之外的制作脆饼的原料，并用手捏成面团。将面团分成2等份，其中一份放入墨鱼汁，将其揉匀。将烤盘纸分别铺在两个面团上下侧（图1及图3），将其擀成厚约0.3厘米的面皮，再切成长约0.5厘米的长条（图2及图4）。再取一张烤盘纸，将两种长条面皮交错摆放（图5），之后铺上烤盘纸并回来擀，帮助其粘在一起（图6）。将条纹状面皮切开并放在硅胶烤垫上（图7及图8），入烤箱烤20分钟。

山葵芝麻叶酱： 除了摆盘用芝麻叶之外，剩余的全部切碎并放入牛奶中以电动搅拌器拌匀。接着将鲜奶油放入并继续搅拌至颜色及质地变均匀。最后以漏斗过滤器过滤酱汁，并放入山葵、盐及胡椒。

煮圣女果去皮，之后切成30块圣女果小瓣。

将番茄酱及温泉蛋装入马天尼杯内。将山葵芝麻叶酱快速搅拌至乳化，之后倒入杯内。最后，在脆饼上装饰圣女果小瓣、摆盘用芝麻叶及柠檬皮屑即可。

| 1 | 2 | 3 | 4 |

鲻鱼薄脆搭配
香草茴香沙拉

Tarte fine de rouget, saladette de fenouil mariné aux herbes

难度：🍳 分量：8人份

准备时间：40分钟　腌渍时间：20分钟　烹调时间：1小时30分钟

原料：

茄子泥：
茄子 1000克
橄榄油 4大匙
黄洋葱 1颗
盖朗德盐之花 适量
现磨胡椒 适量

茴香沙拉：
迷你茴香 8个
挤汁的柠檬 1颗
橄榄油 适量
盐及胡椒 适量

鲻鱼薄脆：
千层面皮 1张（见第84页）
150克的鲻鱼排 8块

摆盘：
混合生菜 适量
圣女果 8颗
细香葱 1把
龙蒿 1把
樱桃萝卜 1/2把
柠檬皮碎 适量
盐之花 适量
埃斯普莱特辣椒粉 适量
巴萨米克醋 适量

茄子泥： 将烤箱预热至170℃。将茄子沿着纵向切成长条，之后以刀尖多划几刀。淋上橄榄油，撒上盐之花及现磨胡椒，烤30~40分钟。取出后以汤匙挖下茄子肉，将切碎的洋葱炒至不上色即可，之后放入茄子同炒，放置20~30分钟待其冷却，可按需调味。

茴香沙拉： 将迷你茴香切成细末，撒盐及胡椒，挤上柠檬汁，淋几滴橄榄油。之后放入冰箱腌渍20分钟。

鲻鱼薄脆： 同时，将擀平的千层面皮切成长方形，在其上下各铺一层烤盘纸，夹在两个烤盘之间烤20分钟，得到薄脆。之后用不粘锅煎鲻鱼排，先煎带皮的那面，每面各煎2分钟。

摆盘： 将茄子泥满满地抹在薄酥上，之后放上煎鲻鱼及茴香沙拉。接着，摆上对半切开的圣女果、少量混合生菜、少量细香葱及龙蒿、柠檬皮碎。在旁边再摆上少量混合生菜、细香葱及龙蒿、切成薄片的樱桃萝卜。最后，撒上盐之花、辣椒粉，在盘面再点缀些巴萨米克醋即可。

冷鲑鱼搭配西洋梨
甜椒蛋黄酱

Saumon froid, poire et poivron jaune, mayonnaise

难度：♣ 分量：8人份

准备时间：1小时 腌渍时间：20分钟 冷藏时间：1小时
烹调时间：10分钟

原料：

鲑鱼：
鲑鱼排 1400克
10%的盐水 2升
澄清黄油 1000克（见第50页）
盐 适量
胡椒 适量

蛋黄酱：
芥末 60克
蛋黄 1个
酒醋 1小匙
盐 3克
胡椒 1克
菜籽油 250毫升

三色蛋黄酱：
甜菜根 15克
罗勒 适量
液体鲜奶油 50毫升
藏红花粉 1小撮

西洋梨甜椒丁：
西洋梨 200克
黄椒 200克
柠檬 1颗
罗勒 1/4把

摆盘：
新鲜香草（如香菜、莳萝等）
适量
冰松叶菊叶 35克
西瓜小块 24块
法国面包 1小条

鲑鱼： 将鲑鱼排去皮去骨，沿着其长边切成两条鲑鱼条，之后放入盐水内浸泡20分钟。取出沥干，撒盐及胡椒。为方便塑形，将鲑鱼紧紧地以保鲜膜卷起，并放入冰箱冷藏1小时。将澄清黄油加热至70℃，在其中浸入鲑鱼卷10分钟。取出切成段后，将保鲜膜取下。

蛋黄酱： 依次将芥末、蛋黄、酒醋、盐及胡椒混匀，之后一边用打蛋器快速搅拌，一边将菜籽油倒入，并拌匀。

甜菜蛋黄酱： 用料理机将甜菜根打成泥，将打出的汁液与⅓的蛋黄酱拌匀，之后装入滴管备用。

罗勒蛋黄酱： 用料理机将罗勒打成泥，将打出的汁液与⅓的蛋黄酱拌匀，之后装入滴管备用。

藏红花蛋黄酱： 用打蛋器将鲜奶油及藏红花快速拌匀，再将剩余的蛋黄酱混匀，之后也装入滴管备用。

西洋梨甜椒丁： 将西洋梨和黄椒分别去皮去子，之后切成小细丁，再放入柠檬挤成的汁并混匀。最后放入罗勒，再放入冰箱冷藏备用。

面包脆片： 用火腿切片器将法国面包切成特别薄的片，为使其干燥，需放入预热至90℃的烤箱烤25分钟。

摆盘： 在盘内正中心放上鲑鱼条，再将西洋梨甜椒丁放在鲑鱼条上。在鲑鱼四周的盘内装点三色蛋黄酱，再放上新鲜香草、冰松叶菊叶及西瓜小块作为装饰。最后，将面包脆片放在最上面即可。

巡游的北极红点鲑搭配南法蔬菜酱

Omble chevalier cuit à la nage, sauce barigoule

难度：👨‍🍳 分量：8人份

准备时间：45分钟　腌渍时间：20分钟

原料：

北极红点鲑：

带皮北极红点鲑鱼排 8块
天然粗灰盐 适量
龙蒿 适量
煮鱼调味汁 1升（见第74页）

南法蔬菜酱：

红椒 100克
球茎茴香 80克
胡萝卜 80克
洋葱 80克
大蒜 1瓣
初榨橄榄油 100毫升
八角 1/2粒
香菜子 10颗
盐 适量
埃斯普莱特辣椒粉 1撮
市售浓缩番茄酱 15克
巴萨米克白醋 50毫升
白葡萄酒 100毫升

摆盘：

樱桃萝卜 2个
春季嫩白洋葱 2个
迷你球茎茴香 1个
生菜 适量
新鲜香草 适量
橄榄油 适量
挤汁的柠檬 1颗

北极红点鲑： 将红点鲑鱼排留皮去骨，撒上天然粗灰盐，静置20分钟后以冷水洗净。在保鲜膜上依次放上红点鲑及龙蒿，将其卷成圆柱状并以细绳将首尾绑好，再用针将其戳几个小孔，这样可防止在烫鱼时鱼皮变形。按照以上方法再做两个红点鲑鱼卷。之后将剩余的红点鲑鱼肉去皮并切成长方形，将煮沸的煮鱼调味汁浸没红点鲑，之后冷却备用。再将煮鱼调味汁的温度降至75℃，以相同的方法烫红点鲑鱼卷，之后放入冰箱冷藏备用。

南法蔬菜酱： 将全部蔬菜洗净，去皮去子并切成块，以一半橄榄油将其炒软。之后放入八角及香菜子（为便于取出，可放入滤包内）。煮出香味时，撒盐和辣椒粉。之后依次放入番茄酱、巴萨米克白醋、白葡萄酒和适量水（配方外），继续煮20分钟后将滤包取出即可。将剩余的橄榄油倒入，并以电动搅拌器拌匀，待其冷却备用。

摆盘： 用切菜器将樱桃萝卜、洋葱及迷你球茎茴香切成薄片，再将每个红点鲑鱼卷切成4个厚约2.5厘米的圆柱状。接着，在盘内淋上一圈南法蔬菜酱及橄榄油，再摆上1个红点鲑鱼卷及2块红点鲑鱼肉。最后，将刚才切好的蔬菜薄片、新鲜香草及生菜放上，滴上柠檬汁即可。

雪白餐盘

Assiette blanche

难度：🍳 分量：8人份

准备时间：1小时 腌渍时间：45分钟

原料：
圣雅克扇贝 1000克

腌汁：
挤汁的柠檬 5颗
椰奶 400毫升
盐之花 20克
姜末 20克

配菜：
菜花花球 100克
樱桃萝卜 1把
黑皮萝卜 200克
韭葱 100克
绿豆芽 200克

椰奶酱：
椰奶 400毫升

指橙酱：
指橙 1颗
液体鲜奶油 200毫升
盐之花 10克
白胡椒 适量

摆盘：
刨碎的帕玛森奶酪 300克
椰丝 150克
熊葱花 24朵
白胡椒 2克

腌汁： 将柠檬汁、椰奶、盐之花及姜末混匀。将圣雅克扇贝的贝柱切成细丝，放入腌汁内腌渍45分钟，使其入味。

配菜： 将每朵菜花小心剪下，去樱桃萝卜的首尾，并切成细条。将黑皮萝卜切成三角形小丁，将韭葱切成细丝。将洗净的绿豆芽掐头去尾。之后将所有蔬菜放入装有冷水的沙拉碗内备用。

椰奶酱： 在搅拌盆内倒入椰奶，并以打蛋器快速搅拌至泡沫状。

指橙酱： 将指橙对半切开，将果肉取出。除了摆盘用果肉之外，其余果肉全部和液体鲜奶油、盐之花及白胡椒混匀即可。

摆盘： 将刨碎的帕玛森奶酪铺在盘中心，并堆成10厘米×3厘米的小长方形，再将腌入味并沥干的贝柱、椰丝及配菜放上。再用几滴指橙酱、指橙果肉及熊葱花点缀。最后，放上几匙椰奶酱、撒上白胡椒即可。

意式油渍贝柱搭配香草菠菜沙拉

Carpaccio de saint-jacques à l'huile d'olive, saladette d'épinards et herbes fraîches

难度：🍳 分量：8人份

准备时间：20分钟

原料：
圣雅克扇贝贝柱 1000克

酱汁：
柠檬 2颗
莳萝 4根
香芹 4根
细叶芹 4根
百里香 2根
月桂叶 2片
橄榄油 100毫升

摆盘：
嫩菠菜叶 40克
盐之花 适量
埃斯普莱特辣椒粉 1小撮
带梗小酸豆 16个
切成瓣的圣女果 24个
液体鲜奶油 8大匙

酱汁： 将一个完整的柠檬去皮，将皮切成细丝并过水焯。同时，将这颗柠檬的果肉切成丁。除了摆盘用香草之外，其余香草全部切碎。再将另一颗柠檬挤汁，依次混合橄榄油、柠檬皮细丝、柠檬果肉丁及香草碎，制成油渍酱汁。

摆盘： 将贝柱与嫩菠菜叶交错摆成圆环状，将油渍酱汁淋在上面，再撒上盐之花、辣椒粉及摆盘用香草。

最后，将对半切开的带梗小酸豆、圣女果瓣放于圆环中心，再滴几滴液体鲜奶油即可。

牡蛎猕猴桃搭配
朗姆可可酱

Huîtres, kiwi, rhum cacao

难度：👨‍🍳 分量：10人份

原料：
猕猴桃 10个
吉拉多（Gillardeau）最好的
牡蛎3号 30个

朗姆可可酱：
不甜的可可粉 25克
萨卡帕（Zacapa）朗姆酒
100毫升

草莓姜泥：
草莓 4颗
刨碎的姜 10克
切碎的香菜叶 适量

洋葱：
紫洋葱 1颗
白米醋 100毫升

芝麻叶青酱：
芝麻叶 100克
松子 50克
橄榄油 200毫升
盐 适量

微酸鲜奶油：
鲜奶油 10克
挤汁的柠檬 1颗
箭叶橙皮碎 1颗
盐 适量

摆盘：
柠檬薄荷 10片
紫苏叶 1把
可食用花 24朵

准备时间：30分钟　腌渍时间：15分钟

猕猴桃： 将猕猴桃去皮，切成厚约0.5厘米的3片圆片，再将其修整成直径约2.5厘米的圆片，之后放入冰箱冷藏备用。

朗姆可可酱： 将放入平底锅内的可可粉以小火干炒，避免炒煳需边炒边翻面。再用朗姆酒刮锅，并搅拌至呈细末状。

草莓姜泥： 混合草莓、姜末及香菜碎，腌渍15分钟，后用电动搅拌器打成泥。

洋葱： 将紫洋葱去皮并切成片，再与白米醋及草莓姜泥混合，腌渍15分钟。

芝麻叶青酱： 将芝麻叶洗净，再将其与松子、橄榄油及盐用料理机拌匀，之后装入滴管备用。

微酸鲜奶油： 用打蛋器将鲜奶油打发后，将柠檬汁、箭叶橙皮碎及盐放入其中。

将牡蛎壳打开，沥干汁液并修整牡蛎。

摆盘： 用针管将朗姆可可酱喷洒在盘上，放上3片猕猴桃圆片，每片都放上1个牡蛎、1条紫洋葱细丝及1片柠檬薄荷。最后挤上微酸鲜奶油，以芝麻叶青酱、紫苏叶、可食用花及几滴草莓姜泥作为装饰即可。

芦笋奶油泥搭配伊比利亚火腿与帕玛森奶酪

Panna cotta d'asperges croquantes, copeaux de pata negra et parmesan

难度：🍳 分量：8人份

准备时间：50分钟　烹调时间：20分钟

原料：

芦笋奶油泥：
绿芦笋 700克
液体鲜奶油 1升
吉利丁片 6片
盐及胡椒 适量

配菜：
伊比利亚火腿 300克
帕玛森奶酪 200克

罗勒味橄榄油：
罗勒 1把
橄榄油 200毫升

摆盘：
巴萨米克酱 适量
细香葱 1把
细叶芹 1把
芝麻叶嫩芽 20克
盐 适量
胡椒 适量

芦笋奶油泥：将芦笋的粗纤维去除，再切下约5厘米长的笋尖。挑出24个摆盘用的最大、最饱满的完整笋尖，将其中几个笋尖切成薄片。

一起蒸笋尖和梗10分钟，先取出笋尖。

将梗再蒸10分钟，之后与鲜奶油一同放入料理机内打成泥，再以盐及胡椒调味。

将吉利丁片泡水软化，取出沥干后放入芦笋奶油泥中拌匀。之后以漏斗过滤器过滤至盘内，并放入冰箱冷藏。

同时，将烤箱预热至170℃。将伊比利亚火腿刨成薄片，放入冰箱冷藏备用。取出2片火腿薄片，上下都铺烤盘纸，将其夹在两个烤盘之间烤15分钟，使其变脆。再将火腿脆片切成三角形备用。

将帕玛森奶酪刨成薄片。

罗勒味橄榄油：用电动搅拌器将罗勒与橄榄油拌匀。

将装有芦笋奶油泥的盘子从冰箱内取出，将摆盘用笋尖、三角形火腿脆片及帕玛森奶酪片摆好。最后，滴几滴巴萨米克酱和罗勒味橄榄油，再撒上细香葱、细叶芹、芝麻叶嫩芽、盐及胡椒即可。

花团锦簇

Composition florale

难度：🍳 分量：10人份

准备时间：1小时　腌渍时间：20分钟　烹调时间：25分钟

原料：

花团锦簇：
西蓝花 250克
菜花 250克
彩色菜花 250克
红叶苦苣 1把
绿芦笋 1/2把
碟瓜 250克
迷你芜菁 250克
迷你球茎茴香 250克
迷你胡萝卜 250克
西葫芦花 5朵
樱桃萝卜 1把
迷你甜菜 150克
紫洋葱 150克
迷你韭葱 150克
黄油 40克
抱子甘蓝 100克
法国面包 1小条
蘑菇 150克
榨汁的柠檬 1颗
圣女果 125克
橄榄油 适量
柳橙 3颗
松露 50克
帕玛森奶酪 150克
榛子油 100毫升
榛子 100克
可食用花（金莲花、小玛格丽特等）20朵
切成末的莳萝、细叶芹及细香葱 适量
盐 适量
胡椒 适量

墨鱼奶酥：
黄油 200克

蔬菜： 将西蓝花、菜花及彩色菜花的花球切下，将红叶苦苣修剪成像小羽毛那样。之后将芦笋、碟瓜、迷你芜菁、迷你球茎茴香、迷你胡萝卜、西葫芦花、樱桃萝卜、迷你甜菜及紫洋葱切成细丝，放入装有冷水的沙拉碗内冰镇备用。将迷你韭葱斜切，再以盐水焯一会，之后与20克黄油混合并拌匀。抱子甘蓝也用盐水焯一会，待冷却后备用。

面包脆片： 将烤箱预热至90℃，用火腿切片器将面包切成特别薄的片，再烤25分钟。

将20克黄油、适量水（配方外）及柠檬汁入锅炒蘑菇，并炒至变油亮即可。将圣女果放入橄榄油、盐及胡椒的腌汁内腌渍20分钟。

将柳橙的果肉取出。

将松露与帕玛森奶酪刨成粉末状，将榛子敲碎，并一同浸入榛子油内腌渍几分钟。

墨鱼奶酥： 将烤箱预热至160℃。搅拌黄油，将面粉放入后继续搅拌至面糊成为光滑的面团。再倒入墨鱼汁，将面团揉匀。之后将面团擀成厚约5毫米的面皮，入烤箱烤15分钟，取出冷却后即可压碎备用。

胡萝卜冻： 将胡萝卜打成汁，将其煮沸后放入琼胶，再以小茴香粉及盐之花调味。在铺保鲜膜的容器内倒入胡萝卜汁至达到3毫米的厚度，之后将容器放入冰箱冷藏至其凝固。最后，用直径为8厘米的模具将胡萝卜冻切成圆形即可。

在每个盘内都放一块胡萝卜冻，在其上铺一层3毫米厚的墨鱼奶酥，再将步骤1中的各种蔬菜、炒过的蘑菇、腌渍过的圣女果及柳橙果肉像插花一样摆上，并点缀上可食用花。最后，再将面包脆片放上，淋上用榛子油腌渍的松露、帕玛森奶酪及碎榛子的混合物，撒上切成末的莳萝、细叶芹及细香葱即可。

面粉 300克
墨鱼汁 20克

胡萝卜冻:
胡萝卜 500克
琼胶 12克
小茴香粉 1撮
盐之花 适量

蜗牛卵搭配
鞑靼蜗牛脆饼

Caviar d'escargots comme un tartare d'escargots en gaufrette

难度：🍳🍳　分量：8人份

准备时间：50分钟　烹调时间：15分钟

原料：
蜗牛卵 100克

鞑靼蜗牛：
蜗牛 20个
切成末的大蒜 1瓣
黄油 20克
带梗香芹 适量
茴香酒 适量
杏仁粉 20克
液体鲜奶油 80毫升
盐 适量
胡椒 适量

脆饼：
薄酥皮 150克
澄清黄油 15克（见第50页）

爆米花：
植物油 适量
生玉米粒 100克

蒜香黄油：
澄清黄油 20克
加盐黄油 100克
带梗香芹 适量
茴香酒 适量
大蒜 1瓣

装饰：
室温回软的黄油 100克
盐之花 10克
埃斯普莱特辣椒粉 4克
烤过并敲碎的松子 30克

鞑靼蜗牛： 稍微将蜗牛肉切碎，加热黄油后放入蒜末及香芹炒出香味，再将蜗牛肉入锅一起炒。快速翻炒后，将少量茴香酒倒入并点燃酒精。之后依次放入杏仁粉及鲜奶油，将汁收干后撒盐和胡椒调味，出锅备用。

脆饼： 将烤箱预热至180℃。将薄酥皮切成5厘米×3厘米的长方形，涂上澄清黄油后将烤盘纸上下各铺一张，夹入两个烤盘之间烤4分钟，之后取出备用。

爆米花： 将植物油及生玉米粒入锅盖上锅盖，加热至其膨胀爆裂成爆米花即可。

蒜香黄油： 混合制作蒜香黄油的原料，之后将其裹在爆米花表面备用。

面包脆片： 用切片器将法国面包切成24片薄片，之后放入预热至90℃的烤箱烤25分钟。

将室温回软的黄油在盘内划出一道痕迹，周围以盐之花、辣椒粉及松子碎点缀。接着将盛有蜗牛卵及裹着蒜香黄油的爆米花的3片面包脆片摆在盘周围，再撒上几个爆米花。在盘内用装有鲜奶油蒜泥的针管滴出几个螺旋状的点，之后将夹着鞑靼蜗牛的脆饼摆上盘中心。最后，摆上香草及可食用花即可。

摆盘:
法国面包 1条
鲜奶油蒜泥 1大匙
新鲜香草 适量
彩色可食用花 24朵

主厨食谱 —
449

上等鸭肉酱盅

Rillettes de canard maison

难度：👨‍🍳👨‍🍳　**分量：**8人份

原料：
肥鸭腿 4只
盐 适量
高脂鲜奶油 1大匙
松子 80克

芳香的配菜：
切成骰子块的蔬菜（洋葱、
胡萝卜及西芹）300克
大蒜 10瓣
不甜的白葡萄酒 100毫升
盐 适量
胡椒 适量
白色鸡高汤（见第60页）
500毫升
百里香、月桂叶、迷迭香及
香芹 1捆
姜粉 1撮
八角 1粒

摆盘：
乡村面包薄片 8片
腌渍小黄瓜 200克
醋渍小洋葱 200克
香芹叶及细叶芹 适量
榛子油 适量
巴萨米克老陈醋 适量
盐之花 适量
粗粒胡椒 适量

准备时间：42分钟　**冷藏时间：**至少12小时
腌渍时间：根据个人口味腌渍18~20小时　**烹调时间：**8小时

　　烹调前一天将鸭腿的皮与脂肪仔细切下，并将脂肪切成小丁，之后将其入平底锅煎至上色，制成鸭油脆丁。将其表面的油脂以厨房纸吸干，再撒盐调味。

　　将烤箱预热至125℃。用炖锅将步骤1中的鸭油及切成骰子块的蔬菜搭配大蒜炒至上色，放入鸭腿，将白葡萄酒入锅使锅底焦香溢出，之后撒盐及胡椒调味。将汤汁稍微收干后，将白色鸡高汤倒入并浸没锅内食材。接着将百里香等香草捆、姜粉及八角入锅，盖锅盖，放入烤箱烤8小时。

　　从烤箱内取出炖锅，拿出鸭腿备用。将锅内汤汁以漏斗过滤器过滤并将鸭油捞去（保留此部分鸭油备用），之后将汤汁收干一些。

　　将鸭腿去油脂、去骨，并将肉撕碎。之后放入收干的汤汁、备用的油脂、高脂鲜奶油、鸭油脆丁及松子（保留适量松子摆盘用），一边煮一边调味。

　　在盅内放入煮好的鸭肉酱，装满后，再铺一层提前备用的厚约3毫米的鸭油，放入冰箱冷藏至少12小时。

　　第二天，将乡村面包薄片涂上备用的鸭油，入烤箱烤至金黄色，取出放上餐盘。将小黄瓜及小洋葱切成片后装入小碗内，以香芹叶及细叶芹点缀，之后也放于餐盘的一角。

　　将装有鸭肉酱的盅放于餐盘另一角，在其附近斜着放上一条鸭油脆丁和松子，下边装饰榛子油和巴萨米克老陈醋。最后，将盐之花和粗粒胡椒撒上即可。

红酒香料鹅肝

Foie gras, cuit entier au vin rouge et aux épices

难度：👔👔　分量：8人份

准备时间：30分钟　泡红酒上色时间：四五天　烹调时间：40分钟

原料：
500~600克的特等完整鹅肝
1份
肉桂棒 1/2根
新鲜无花果 2颗
无花果干 100克
去苗的大蒜 1瓣
砂糖 50克
香菜子 10克
丁香 1个
葡萄干 100克
柳橙皮屑 3颗
盐 7克
现磨胡椒 1克
红酒 2升

于室温下放置鹅肝30分钟，这样可使其弹性得到复原，更易入味。

同时，在大型带盖汤锅内放入除鹅肝之外的所有原料，将红酒收汁至原来的3/4，煮出香料及水果的香味。

用盐和胡椒为鹅肝调味。

将红酒加热至85℃，将鹅肝入锅煮10~15分钟。之后取出并放入盒内，慢慢地倒入红酒至将鹅肝全部浸入。待其冷却后，放入冰箱冷藏，冷藏时为使鹅肝不会浮在红酒上，需给其压上重物。至少要将鹅肝浸入红酒上色四五天。

最后，将整块鹅肝放于木板上，即可上桌享用。

烤鲔鱼搭配牛油果泥及橙醋沙拉

Thon rouge « brûlé », crémeux d'avocat, vinaigrette aux agrumes

难度：👨‍🍳👨‍🍳　分量：10人份

准备时间：40分钟　腌渍时间：2小时　烹调时间：5分钟

原料：
鲔鱼 1200克

腌汁：
米醋 100毫升
酱油 100毫升
香菜子 20颗
新鲜香菜 1/4把
香油 100毫升
盐之花 适量
现磨胡椒 适量

牛油果泥：
牛油果 6颗
牛奶 500毫升
液体鲜奶油 500毫升
榨汁的柠檬 1颗或2颗
埃斯普莱特辣椒粉 1小撮
精盐水 适量

柑橘类香醋：
葡萄柚 1/2颗
青柠 1/2颗
柠檬 1/2颗
柳橙 1/2颗
芒果 1/2颗
香菜子 7颗
切碎的迷迭香 1段
罗勒 1段
特级初榨橄榄油 200毫升

摆盘：
牛油果 2颗
红叶苦苣 2朵
甜菜 1颗
樱桃萝卜 4个
迷你胡萝卜 2根

处理鲔鱼： 将鱼皮及味道不好的黑色部分切除，再将鱼肉切成8块大小相同的鱼块，之后串成肉串，用喷枪将其烤至变色，再放入装有冷水的盆内冰镇。

腌渍鲔鱼： 将米醋和酱油加热，离火后放入香菜子、香菜、香油、盐之花及胡椒制成腌汁。待其冷却后进行过滤，放入鲔鱼腌渍2小时，过程中记得多次为鱼身翻面。

牛油果泥： 将牛油果对半切开并去子，将果肉以汤匙挖出。接着将果肉切成大块，为使牛油果不流失过多叶绿素而保持嫩绿和爽滑细腻的口感，可将其放入以牛奶、鲜奶油及精盐水调成的汁内煮一会。接着，将沥干的牛油果混合少量煮汁，用电动搅拌器打成泥状。最后趁热将其以保鲜膜覆盖，待其冷却备用。

柑橘类香醋： 将柑橘类水果的果肉切成小细丁，保存切时留出的汁液备用。将其中一半芒果切成小细丁，另外一半切成大块，混合香菜子、迷迭香碎、罗勒及保存的汁液，用料理机打匀。接着，一边少量地倒入橄榄油，一边有规律地搅拌至均匀再倒入下一次的橄榄油，之后将杂质过滤干净。最后，将所有的水果小细丁放入并调味。

摆盘： 将备用的牛油果泥以柠檬汁和辣椒粉调味。将2颗牛油果切成小细丁，再将红叶苦苣、甜菜、樱桃萝卜、迷你胡萝卜切成薄片，放入冰水中备用。沿着鲔鱼的长边切成4条鱼肉，切下两端，再以香油、盐之花及胡椒调味。最后，在盘内摆好鲔鱼条、牛油果泥及蔬菜薄片，以几滴柑橘类香醋和混合香草嫩芽调味即可。

混合香草嫩芽 适量
香油 适量
盐之花 适量
现磨胡椒 适量

柑橘类香醋海螯虾生菜沙拉

Salade de langoustines aux jeunes légumes croquants marinés aux agrumes

难度：👕👕　分量：8人份

原料：
8~10厘米的海螯虾 24个
室温回软的黄油 30克
面粉 30克
橄榄油 1大匙
盐之花 适量
埃斯普莱特辣椒粉 适量

柑橘类香醋：
葡萄柚汁 1大匙
青柠汁 1大匙
柳橙汁 1大匙
橄榄油 100~120毫升
埃斯普莱特辣椒粉 1小撮
盐 适量
黑胡椒 适量

异国香醋：
芒果泥 40毫升
百香果 8颗
橄榄油 100毫升
榨汁的柠檬 1颗

生菜沙拉：
白芦笋 8根
绿芦笋 8根
加了维生素C的冰水 适量
迷你带叶胡萝卜 16根
迷你球茎茴香 8个
芹菜茎和叶 4根
长樱桃萝卜 16个
南法菜蓟 4个
葱 8根
带蒂圣女果 适量
去皮并焯过水的蚕豆 8颗

水果沙拉：
粉红葡萄柚 2颗

准备时间：45分钟　静置时间：1小时　腌渍时间：5分钟
烹调时间：5分钟

　　柑橘类香醋：将青柠汁、葡萄柚汁、柳橙汁及橄榄油混匀后，以辣椒粉、盐及黑胡椒调味。

　　异国香醋：将百香果挤汁并取出子，再将百香果汁、百香果子、芒果泥、橄榄油及柠檬汁混匀。

　　生菜沙拉：去除白芦笋和绿芦笋的粗纤维，斜着切笋尖，放入一碗加了维生素C的冰水中静置1小时。之后取出沥干，用盐水煮至芦笋能容易地被刀尖刺穿即可。接着过冷水，沥干后备用。

　　同时，将迷你胡萝卜、迷你球茎茴香及芹菜茎去皮。对半切开胡萝卜、球茎茴香及樱桃萝卜，将其中一半切成扇形。将菜蓟心切成薄片，斜着切葱。之后在另一碗加了维生素C的冰水中放入上述蔬菜，静置1小时。之后取出，沥干并擦干。

　　24颗完整的圣女果用来摆盘。其余去皮去子，将果肉切成4瓣，稍后摆盘用。

　　水果沙拉：将柑橘类水果削皮，将果肉一瓣一瓣地取出。为芒果去皮去子，将其中一半芒果肉切成柑橘类水果瓣的形状。除了摆盘用的水果瓣之外，将剩余的果肉以电动搅拌器打碎，备用。

　　上桌前5分钟，将以上步骤中的全部蔬菜擦干，以柑橘类香醋稍微腌渍一会儿。之后，将生菜沙拉及红叶生菜放于盘中心处，淋上橄榄油，撒上辣椒粉、盐之花及黑胡椒调味。将每一种水果瓣沿着四周各摆3份，撒上香菜子、香菜叶及罗勒叶。

　　海螯虾：保留海螯虾的虾尾并去壳，为使虾身不会蜷缩，以牙签固定。为虾身刷室温回软的黄油，再裹一层面粉，临上桌前用橄榄油煎鱼身的其中一面，也可放入烤箱内烤。做好后撒上盐之花及辣椒粉，并将牙签摘除。

柠檬 4颗
青柠 4颗
柳橙 2颗
芒果 1/2颗

摆盘：
红叶生菜 1把
橄榄油 适量
埃斯普莱特辣椒粉 1小撮
香菜子及香菜叶 适量
罗勒的底端嫩叶 16朵
橙皮油或柠檬油 适量
甜菜苗 40克
琉璃苣和金莲花 24朵
干燥西葫芦花 8朵
盐之花 适量
现磨黑胡椒 适量

将海螯虾呈拱桥状摆在红叶生菜上，再以圣女果果肉瓣点缀。将柑橘类香醋及异国香醋淋上，并以柠檬油或橙皮油增加香味。

最后，在整个盘内点缀甜菜苗、琉璃苣、金莲花、西葫芦花及圣女果瓣即可。

迷你紫菜蓟搭配
蓝螯虾片

Petits artichauts violets et médaillons de homard bleu

难度：👨‍🍳👨‍🍳 分量：8人份

准备时间：30分钟 烹调时间：24分钟

原料：
煮鱼调味汁（见第74页）1升
600克的蓝螯虾 4只

迷你紫菜蓟：
番茄 4颗
迷你紫菜蓟 16颗
榨汁的柠檬 2颗
橄榄油 8大匙
切成薄片的红葱头 50克
百里香 1把
压碎的大蒜 4瓣
黑胡椒粒 20颗
香菜子 20颗
白葡萄酒 6大匙
白色鸡高汤（见第60页）200
毫升
盐 适量
胡椒 适量

炸罗勒叶及罗勒香油：
罗勒 1/2把
橄榄油 6大匙
植物油 适量

摆盘：
巴萨米克醋 适量
细叶芹 4根
柠檬草 1盆

处理蓝螯虾： 将每只蓝螯虾放入煮鱼调味汁内各煮6分钟，之后去壳。将虾钳及虾头保留，去除虾脑髓。沿着虾关节将虾壳切成块，将虾肉切成段，之后放入冰箱冷藏备用。

用沸水将番茄皮烫去，切成边长为5毫米的方块。

修整菜蓟心并保留一段梗，其余可切除。将心内绒毛挖去，垂直切成4份。之后给菜蓟心涂上少量避免氧化的柠檬汁。将橄榄油入锅加热，红葱头入锅炒软，再依次放入菜蓟心、百里香、大蒜、黑胡椒粒及香菜子。接着，倒入白葡萄酒及白色鸡高汤，盖锅盖煮5分钟，煮至菜蓟心变软即可。再放入番茄块煮5分钟。

取出菜蓟心并沥干，继续收汁，并依次放入虾壳、盐、胡椒及剩余的柠檬汁，这样可增加一些酸味，最后制成虾味菜蓟心酱。

罗勒香油： 用电动搅拌器搅匀罗勒叶与橄榄油，取出备用。

将植物油入锅加热，稍微炸一下完整的罗勒叶。

最后，将煮好的菜蓟心、蓝螯虾肉及1根螯放于盘内，淋上虾味菜蓟心酱，再依次以巴萨米克醋、罗勒香油、炸罗勒叶、虾头、细叶芹及柠檬草作为点缀即可。

蔬果大拼盘

Crudités comme une salade de fruits, eau aromatisée

难度：👨‍🍳👨‍🍳　分量：8人份

准备时间：1小时　浸泡时间：1小时35分钟　烹调时间：35分钟

原料：
细叶芹 1/4把
莳萝 适量
龙蒿 1/4把
酸模 1把
冰松叶菊 8片
红叶苦苣 1把
碟瓜 200克
樱桃萝卜 150克
迷你球茎茴香 250克
带叶胡萝卜 300克
迷你西葫芦 250克
迷你螺纹甜菜 100克
紫洋葱 50克
迷你芜菁 100克
蘑菇 50克

香料水：
矿泉水 500毫升
帕玛森奶酪 100克
盐之花 7克
姜末 15克
球茎茴香 50克
白胡椒 适量

杜巴利伯爵夫人的明珠：
韭葱白 100克
洋葱 80克
黄油 25克
面粉 50克
菜花 500克
白色鸡高汤 1升
液体鲜奶油 100毫升
海藻酸 10克（可兑收汁浓汤 1升）
钙盐 20克（可兑水 1升）

处理蔬菜： 将所有香草及蔬菜择好并洗净，将其中的红叶苦苣切成小片，将碟瓜、樱桃萝卜及迷你球茎茴香也切成片，之后放入冰水冰镇。接着，将胡萝卜修整成橄榄形，将迷你西葫芦切成小段，再将紫洋葱切成条，最后将蘑菇洗净备用。

香料水： 在温矿泉水中依次放入帕玛森奶酪、盐之花、姜末、切成片的球茎茴香及白胡椒浸泡1小时30分钟。之后将其过滤，再覆上保鲜膜放入冰箱冷藏备用。

杜巴利伯爵夫人的明珠： 用黄油将切成片的韭葱白及洋葱炒至出汁，撒些面粉继续翻炒。之后放入菜花，并倒入浸没食材的白色鸡高汤，以小火煮30分钟。接着，倒入鲜奶油并收汁，放入海藻酸的同时以电动搅拌器打匀。之后过滤至半球形硅胶模具内，再放入冰箱冷冻。最后，将其脱模，并放入加了钙盐的水中浸泡5分钟，取出后以清水多清洗几次，备用。

将烤箱预热至90℃，将法国面包烤成脆片。

摆盘： 在每一个盘内都均匀地装入所有种类的蔬菜、香草、彩色可食用花及牡蛎叶，再摆上杜巴利伯爵夫人的明珠及面包脆片。在小容器内装入香料水，就像为美丽的花园浇水一样。最后，放上干冰，为菜盘营造一种烟雾缭绕的感觉即可。

摆盘：
彩色可食用花（金莲花及小
玛格丽特等）30朵
牡蛎叶 8片
法国面包 1小条
干冰 8块

香料水果红酒冻鸭肝

Foie gras de canard laqué à la gelée de sangria et épices

难度：♣♣♣　分量：6~10人份

准备时间：1小时45分钟　准备鸭肝：5~7天
烹调时间：15分钟+烹调鸭肝的时间

原料：

鸭肝：
牛奶 500毫升
水 500毫升
600~650克的新鲜鸭肝 1份

调料（每千克）：
盐 14克
现磨白胡椒 2克
白砂糖 1克
四香粉（不是必需）1克
粗粒混合香料（粉红胡椒、大茴香、
花椒及粗粒黑胡椒）各1小匙

水果红酒冻：
高单宁的红酒 1升
红波尔图酒 300毫升
切成圆片的柳橙 1颗
切成圆片的柠檬 1颗
香草荚 2根
肉桂棒 1根
八角 1粒
长胡椒粒 三四根
杜松子 二三颗
红糖 150~200克
柳橙汁 150毫升
吉利丁片 4片

马铃薯片：
质地稍硬的马铃薯 1000克
盐及胡椒 适量
鸭肝油脂 200克
压碎的大蒜 5瓣
香草（百里香、 月桂叶及迷迭香）
适量
盐之花 适量
小豆蔻粉 适量

鸭肝： 提前一天将鸭肝放入煮至40℃的牛奶及水中浸泡去腥味，之后将其去筋，以盐、白胡椒、白砂糖及四香粉调味，之后装入真空袋压缩，并放入冰箱冷藏一晚。第二天，将烤箱预热至85℃，放入鸭肝烤18分钟，之后放入冰箱冷藏5~7天使其变熟。

水果红酒冻： 将红酒及红波尔图酒收汁至3/4，使其呈釉亮状。接着，依次放入圆片柳橙及柠檬、去子的香草荚、肉桂棒、八角、长胡椒粒、杜松子及红糖。将酱汁收汁至一半时，倒入柳橙汁，放入提前泡水变软的吉利丁片，拌匀后以漏斗过滤器过滤，由此制成水果红酒冻。

从冰箱内取出鸭肝，将水果红酒冻淋在上面，至鸭肝表面的水果红酒冻厚二三毫米，接着撒上粗粒混合香料，并放入冰箱冷藏备用。

马铃薯片： 将用盐及胡椒调味的马铃薯混合鸭肝油脂、大蒜碎及香草，并放入真空袋压缩，之后放入预热至100℃的烤箱烤几分钟，烤后放入冰水中冷却。上桌前，将马铃薯斜切成厚约1厘米的薄片，以鸭油煎至表面上色，再撒盐之花、小豆蔻粉及粗粒黑胡椒调味后即可摆盘。

油醋沙拉： 将制作沙拉的所有食材混合并调味。

烤面包： 用烤面包机将两面均涂有鸭油的乡村面包烤几分钟。

最后，在每个盘内都放入一块香料水果红酒冻鸭肝、一片烤面包、少量油醋沙拉及马铃薯片即可。

粗粒黑胡椒 适量

油醋沙拉:
混合生菜 100克
红叶生菜 1/4把
橄榄油 80毫升
雪莉醋 1大匙
柠檬汁 1大匙
盐及胡椒 适量

烤面包:
乡村面包 6~10片
鸭油 适量

香料樱桃鹅肝球搭配
榛子酥饼

Sphères de foie gras, chutney de griottes et sablé noisette

难度：👨‍🍳👨‍🍳👨‍🍳　分量：10人份

准备时间：1小时30分钟　准备鹅肝：1天　烹调时间：1小时

原料：

鹅肝球：
新鲜鹅肝 600克
吉利丁片 2片
白色鸡高汤 50毫升（见第60页）
白波尔图酒 20毫升
打发鲜奶油 100毫升

香料樱桃酱：
雪莉酒醋 50毫升
红酒 150毫升
蜂蜜 100克
冷冻樱桃 400克
黑胡椒 2克
姜末 20克
敲碎的榛子 30克
吉利丁片 3片
盐 适量

樱桃冻：
鹿角菜胶 9克
水 250毫升
樱桃泥 1升
白砂糖 100克

可用鹅肝来做肥肝酱（见第205页）。

香料樱桃酱： 将雪莉酒醋、红酒及蜂蜜入平底锅煮沸，接着依次放入樱桃、盐、和黑胡椒及姜末，再次煮沸，之后转小火煮35~40分钟，注意要一边煮一边搅拌。之后取出锅内的150克酱料以电动搅拌器打匀，装入滴管冷藏备用。将吉利丁片泡水10分钟至软，沥干后与榛子碎一同放入装有剩余酱料的平底锅内煮5~10分钟，一边煮一边搅拌至呈浓稠的果泥状即可，之后装入硅胶模具内冷冻凝固。

鹅肝球： 同时，将2片吉利丁片泡水10分钟至软，用另一口锅以小火煮白色鸡高汤及白波尔图酒，并放入吉利丁片拌匀。接着，将切成丁的鹅肝入锅，用电动搅拌器打匀，按需可打至质地爽滑。待锅内汤底冷却后，慢慢倒入打发鲜奶油并拌匀。之后将拌匀的鹅肝霜装入半球形硅胶模具内（图1），再放上脱模的冷冻香料樱桃酱（图2），最后将表面抹平（图3），并冷冻凝固。脱模后，每两个半球都用剩余的鹅肝霜粘成一个完整的鹅肝球，并用叉子固定。

樱桃冻： 用少量水溶解鹿角菜胶，之后混合樱桃泥、白砂糖及剩余的水拌匀，制成樱桃冻。再将每个鹅肝球都裹上一层樱桃冻（图4），并放入冰箱冷藏室解冻。

1　　2　　3　　4

榛子酥饼：
室温回软的黄油 150克
精盐 9克
糖粉 20克
榛子粉 40克
鸡蛋 1颗
面粉 250克

摆盘：
可食用金箔 1片
甜菜叶 适量
切成长条的鹅肝 150克
盐及胡椒 适量

榛子酥饼： 与此同时，将烤箱预热至140℃，将制作酥饼的所有原料放入竖直的搅拌机内搅拌5分钟。将拌匀的面团倒在烤盘纸上，其上再铺一张烤盘纸，接着擀成厚约3毫米的面皮。将其冷冻成形后，切成10片菱形面皮，放上硅胶烘焙垫烤15分钟。

最后，在每个盘内先放上一片菱形榛子酥饼，其上再摆一颗裹了樱桃冻的鹅肝球及少量可食用金箔。滴几滴装入滴管备用的香料樱桃酱，并放上甜菜叶和长条鹅肝，在甜菜叶附近再撒上方便蘸取的盐及胡椒即可。

烟熏鲑鳟鱼搭配
多彩甜菜

Truite saumonée et betteraves bigarrées

难度：♣♣♣　分量：10人份

准备时间：1小时　烟熏时间：6分钟　烹调时间：2小时

原料：
800克的鲑鳟鱼肉 3块
盐及胡椒 适量
樱桃木 适量

迷你甜菜：
迷你黄甜菜 3根
迷你甜菜 3根
迷你粉红甜菜 3根
榨汁的柠檬 3颗
橄榄油 100毫升
盐及现磨胡椒 适量

焦糖甜菜酱：
生甜菜 1颗
蜂蜜 1大匙
雪莉酒醋 1小匙
盐及胡椒 适量

甜菜冻卷：
熟甜菜 3颗
矿泉水 1升
琼脂 25克
雪莉酒醋 1小匙
盐及胡椒 适量

甜菜泥：
洋葱 2颗
黄油 适量
盐及胡椒 适量

摆盘：
橄榄油 适量
毛豆 800克
嫩甜菜苗 适量
芥末 适量
盐之花 适量

迷你甜菜：将3种甜菜洗净、去皮，混合柠檬汁、橄榄油、盐及胡椒后装入真空袋压缩。将烤箱预热至83℃烤1小时30分钟，待其冷却后根据大小切成2块或4块。

处理鲑鳟鱼：将鱼排切下，去除鱼骨（见第280页至283页）。之后撒盐及胡椒调味，再用樱桃木烟熏6分钟。接着用烤盘纸包住鱼排，放入预热至70℃的烤箱烤6分钟，待其冷却后备用。

焦糖甜菜酱：将洗净的生甜菜放入离心机内分离出甜菜汁，与蜂蜜一同入锅煮至焦糖状，再倒入雪莉酒醋刮锅，之后撒盐及胡椒调味。

甜菜冻卷：用电动搅拌器搅拌熟甜菜及矿泉水，保留甜菜渣，再用漏斗过滤器一边过滤时按压，一边沥干，制成甜菜泥。将过滤的甜菜汁内放入琼脂，以小火煮2分钟，之后依次放入雪莉酒醋、盐及胡椒。在底部铺有烤盘纸的长方形模具内倒入甜菜汁至模具边高1毫米处（图1），放入冰箱凝固成甜菜冻，同时可制作甜菜泥。

甜菜泥：用黄油炒软去皮并切碎的洋葱，放入甜菜渣，以小火煮几分钟，一边煮一边搅拌。接着，再用搅拌器以最高速搅拌2分钟，使其质地均匀致密。撒盐及胡椒调味后再装入裱花袋内冷藏备用。

摆盘：将甜菜冻切成6厘米×4厘米的20片甜菜冻，在其上挤甜菜泥后卷成小圆柱（图2及图3），之后冷藏凝固。将去皮的鲑鳟鱼切成小块，涂上橄榄油，撒上盐之花后放在盘内。最后，再放上2个甜菜冻卷、烫过的毛豆、彩色迷你甜菜块及嫩甜菜苗，滴几滴焦糖甜菜酱及芥末即可。

1　　　　　　2　　　　　　3

水滴形鲔鱼白巧克力

Goutte thon-chocolat

难度：🍴🍴🍴　分量：8人份

原料：
鲔鱼排 300克
香油 50毫升
盐之花 适量
埃斯普莱特辣椒粉 适量
山葵 1小条

白巧克力花瓣：
白巧克力 50克

装饰用水滴：
气球 8个
水 8升

迷你春卷：
薄荷 1/2把
细香葱 2把
越南春卷皮 6张
迷你西生菜 1把
榛子油 250毫升
盐之花 适量

摆盘：
碎冰 适量
蔬菜片（胡萝卜1根、小芜菁2个、迷你韭葱1根、小甜菜2个及芹菜茎1根）600克
可食用花（金莲花及小玛格丽特等）24朵
新鲜香草（细叶芹及甜菜叶）1把
干冰 250克

姜汤：
新鲜的姜 30克
金黄色鸡高汤 1升（见第65页）

准备时间：1小时 15分钟　腌渍时间：1小时　浸泡时间：15分钟
冷冻时间：5小时

处理鲔鱼： 将修整过的鲔鱼排切成边长为2厘米的方块，依次混入香油、盐之花及辣椒粉，放入鲔鱼块腌渍1小时。

白巧克力花瓣： 用小汤匙在硅胶模具上将隔水加热的白巧克力铺成薄片状，之后放入冰箱冷藏凝固。

装饰用水滴： 1个气球装入1升水，之后以绳子绑好并悬挂冷冻5小时。之后，将冷冻的气球切开，在其侧面刺入加热的细针，这样可使内部未结冰的水流出，之后再以喷火枪使洞口变大。待水滴做好后，摆盘前放于冰箱冷冻保存。

迷你春卷： 在冷冻水滴期间，将薄荷及细香葱摘好并洗净。将越南春卷皮以温水泡软，将多余的水分挤出，之后将放平的春卷皮每一张都切成4等份。在每张春卷皮上都放上1片迷你西生菜、细香葱及薄荷，卷起后冷藏备用。摆盘前将其两端切整齐，再倒些榛子油，并撒上盐之花。

在每块鲔鱼块上都放1片白巧克力花瓣及一点山葵。

姜汤： 在煮沸的金黄色鸡高汤内放入姜煮15分钟，使其入味，之后保温备用。

摆盘： 在盘底先铺一层可保持低温的碎冰，之后将冷冻水滴放上。接着，将蔬菜片、3个迷你春卷及3块鲔鱼块放入每个水滴内，并以可食用花及新鲜香草装饰。最后，将几块干冰摆于碎冰上，再倒入煮沸的姜汤，营造一种水汽与烟雾弥漫的氛围。

透明蟹肉饼

Tourteau en transparence

难度：🍔🍔🍔　分量：10人份

原料：

蟹肉馅：
熟螃蟹蟹肉 10份
蛋黄酱 250克（见第31页）
尼斯黑橄榄 5克
酸豆 5克
雪莉酒醋 1大匙
盐及胡椒 适量

牛油果泥：
牛油果 2颗
榨汁的柠檬 1/2颗
维生素C 1小撮
埃斯普莱特辣椒粉 1小撮
盐 适量
橄榄油 4大匙

番茄冻：
吉利丁片 3片
带蒂番茄 1000克
藏红花粉 1小撮

圆孔薄饼：
北非薄面皮 10张
澄清黄油 适量（见第50页）
糖粉 适量

普罗旺斯橄榄酱：
黑橄榄 100克
橄榄油 1大匙
鳀鱼条 4条

摆盘：
白奶酪 50克
盐及胡椒 适量
矮生罗勒叶 1把

准备时间：1小时 15分钟　冷藏时间：2小时20分钟
腌渍时间：1小时　烹调时间：6分钟

　　蟹肉馅：将熟螃蟹去螯并剥壳，将半透明软骨一并去除，保留蟹肉。再制作蛋黄酱。接着，将黑橄榄切成小细丁，并将酸豆沥干。之后一边搅拌，一边在蛋黄酱内依次放入蟹肉、橄榄及酸豆，并拌匀。撒盐及胡椒调味，再倒入雪莉酒醋。

　　牛油果泥：将牛油果切开取果肉，之后混合柠檬汁、维生素C、辣椒粉和盐，用电动搅拌器拌至质地细腻。再一边小心地倒入橄榄油，一边规律地搅拌至食材完全融合，之后再倒入下一次的橄榄油。将其分装在10个盘内（每盘约30克），之后放入冰箱冷藏20分钟。取出后放入50克蟹肉馅，再放回冰箱。

　　番茄冻：用冷水泡软吉利丁片。用漏斗过滤器过滤打成汁的番茄，在其内放入藏红花粉，制成藏红花番茄汁。接着，将吉利丁片放入一半加热的番茄汁内，之后再与剩余的番茄汁混匀。将其冷藏几分钟后，在装有牛油果泥的盘内放入高约5毫米的番茄冻，之后冷藏2小时。

　　圆孔薄饼：将烤箱预热至170℃。将切成两半的北非薄面皮涂上澄清黄油，再铺一层糖粉（图1及图2）。接下来重复以上步骤，之后用与盘子有相同直径的圆形模具将面皮切下（图3），再用小饼干模具切出小圆孔。接着，将两张烤盘纸铺于圆形面皮的上下，夹在两个烤盘之间烤6分钟。

　　普罗旺斯橄榄酱：用电动搅拌器将黑橄榄、橄榄油及鳀鱼条打成光滑的泥状，之后装入裱花袋内。

　　烟熏1小时白奶酪，并以盐及胡椒调味，之后装入裱花袋备用。上桌前，挤几滴橄榄酱及白奶酪在蟹肉馅上，再放上罗勒叶。最后，将圆孔薄饼盖上，再挤一些橄榄酱及白奶酪即可。

1　　　　2　　　　3

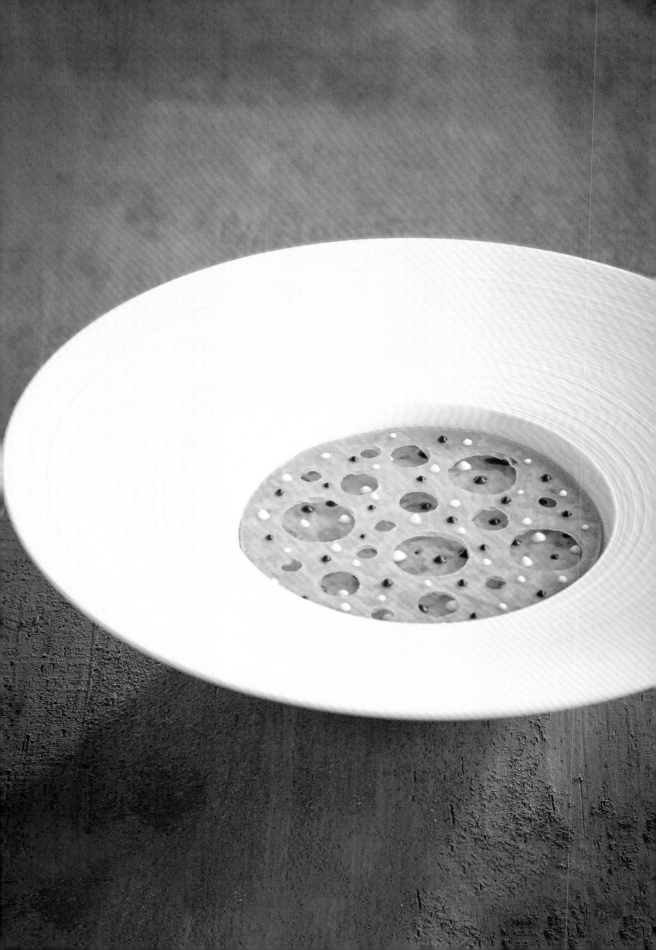

塞特风墨鱼

Comme une seiche à la sétoise

难度：👕👕👕　分量：10人份

准备时间：1小时 15分钟　烹调时间：20分钟

原料：

墨鱼饼皮：
墨鱼肉 500克
液体鲜奶油 250毫升
花生油 适量

塞特风墨鱼卷：
墨鱼肉 500克
红葱头 200克
芹菜茎 200克
干邑白兰地 50毫升
白葡萄酒 200毫升
番茄碎 1000克
卡宴辣椒粉 适量
雪莉酒醋 50毫升
吉利丁片 6片
盐及胡椒 适量

摆盘：
蒜蓉辣酱 100克
全麦面包 100克
墨鱼汁 适量
圣女果 100克
柳橙 1颗
龙蒿 适量
毛豆 100克
酸豆 适量

墨鱼饼皮： 将洗净的墨鱼肉与鲜奶油混合，用电动搅拌器拌至成泥状并过筛。将花生油涂于加厚保鲜膜上，在其上平铺墨鱼泥，再盖上一张涂有花生油的保鲜膜，之后将其擀成厚约2毫米（**图1**）的饼皮状。将其放入预热至90℃的烤箱烤4分钟，取出后冷藏备用。

摆盘配菜： 将蒜蓉辣酱装入滴管内。将烤箱预热至180℃，再将切成圆形薄片的、浸过墨鱼汁的全麦面包的上下各铺一张烤盘纸，夹在两个平行烤盘之间烤6分钟，待其冷却后备用。

烫煮圣女果去皮，之后切成均匀的4瓣并去子，冷藏备用。

将柳橙皮刨成碎，去皮后取出果肉，将每瓣果肉切成3块。择好龙蒿，煮毛豆并去豆荚，之后备用。

塞特风墨鱼卷： 将墨鱼肉切成细条。将红葱头及芹菜茎去梗、去两端，并切成小细丁。将其以大火炒软后放入墨鱼条。之后用干邑白兰地炝锅，倒入白葡萄酒使锅底的焦香溢出，接着放入番茄碎及辣椒粉煮5分钟，之后离火。取出锅内约100克的塞特风墨鱼以电动搅拌器打碎，之后倒入雪莉酒醋拌匀，将制成的塞特风墨鱼酱装入滴管备用。将吉利丁片泡水软化10分钟，之后沥干并放入剩余的塞特风墨鱼内，以盐及胡椒调味。接着，用保鲜膜卷成10条塞特风墨鱼卷（**图2**），将其冷冻凝固。

同时，将1条墨鱼卷放在切成长方形的墨鱼饼皮上，并紧紧卷起（**图3**）。

在每个盘内都放上1个墨鱼卷，在其上挤一圈又一圈环绕墨鱼卷的蒜蓉辣酱，并插入圆形烤面包片。之后以圣女果瓣、毛豆、酸豆、柳橙块及龙蒿装点整个餐盘。最后，在盘内各处滴几滴蒜蓉辣酱及塞特风墨鱼酱即可。

1　　2　　3

松露炒蛋搭配埃斯普莱特辣椒粉与孔泰奶酪口味千层酥条

OEuß brouillés aux truffes, feuilletés au piment d'espelette et comté

难度：🍳 分量：8人份

准备时间：35分钟 烹调时间：45分钟

原料：

洋葱泥：
洋葱 1颗
黄油 100克
液体鲜奶油 200毫升
盐及胡椒 适量

千层酥条：
千层面团 1份（见第84页）
埃斯普莱特辣椒粉 1小撮
孔泰奶酪 60克
打散的鸡蛋 1颗（涂抹千层
酥条用）

炒蛋：
鸡蛋 24颗
盐及胡椒 适量
新鲜松露 250克
花生油 20毫升
细叶芹 1把
盖朗德（Guérande）盐之花
适量
现磨胡椒 适量

　　将烤箱预热至160℃。取一口炖锅，将切成丝的洋葱以30克黄油炒软，倒入一半鲜奶油，以盐及胡椒调味制成洋葱泥。之后盖锅盖入烤箱烤30分钟，取出备用。

　　千层酥条：将烤箱温度升至180℃。将蛋液刷在千层面团上，使其表面变成金黄色。撒辣椒粉和刨成碎末的孔泰奶酪。之后将面团切成长条，稍微用手像拧麻花那样拧长条面团，刷上一层蛋液再放入烤箱烤8分钟。

　　将松露对半切开，一半切成长条，另一半切成小细丁。

　　在一个大碗内打入24颗鸡蛋，用叉子拌匀蛋液，撒盐及胡椒调味。再取一口炖锅，将蛋液倒入以小火加热的装有花生油的锅内，一边倒一边用打蛋器快速搅拌三四分钟，待其变得质地均匀即可。之后用沙拉盆盛炒蛋，这样可隔绝使炒蛋变得更熟的余温。接着，在炒蛋内放入剩余的70克黄油、100毫升鲜奶油及松露丁，并以盖朗德盐之花及现磨胡椒调味。

　　最后，在每个盘内都放上1大匙烤洋葱泥及松露炒蛋。以松露长条及细叶芹作为点缀，再将千层酥条放于餐盘边缘的一侧即可。

法式咸派搭配小牛胸腺及波尔图酒酱汁

Petits pâtés chauds de ris de veau, sauce au porto

难度：🍳 分量：8人份

准备时间：50分钟　去腥时间：12小时　烹调时间：1小时15分钟

原料：

内馅：
小牛胸腺 300克
盐之花 适量
红葱头 1颗
调味香草捆 1捆
鸡肉 250克
猪梅花肉 250克
肥肉 250克
鸡蛋 2颗
白葡萄酒 100毫升
干邑白兰地 30毫升
切碎的红葱头 1颗
黄油 50克
胡椒酸醋酱 100毫升（见第58页）

派皮：
千层面团 1000克（见第84页）
鸡蛋 1颗

波尔图酒酱汁：
波尔图酒 500毫升
切碎的红葱头 1颗
胡椒酸醋酱 100毫升
黄油 30克

摆盘：
小朵的羊肚菌 150克
细香葱 1把

提前一天将小牛胸腺泡入大量冷水中去血水。烹调当天，过水焯小牛胸腺以去除杂质。在一锅冷水中放入小牛胸腺，煮滚并去腥味。其间，需要不断地捞出浮沫，取出并沥干小牛胸腺，再以清水洗净。将其放入另一口锅内，用水全部浸没，撒盐之花。接着，将切成4瓣的红葱头及香草捆入锅，以小火煮至微滚的状态8分钟。

内馅： 将鸡肉、猪梅花肉及肥肉全部切碎，混合鸡蛋、白葡萄酒、干邑白兰地及切碎的红葱头。将小牛胸腺切成边长为1厘米的小丁，以黄油先煎炒一半，再放入上述的混合物拌匀。之后倒入胡椒酸醋酱，炖煮约120克重的内馅。

擀平千层面团，用直径为12厘米的派模将其切成8片底层的派皮，再用直径为15厘米的派模切成8片上层的派皮。将1颗鸡蛋打成蛋液，用一部分蛋液将底层的派皮刷满，将内馅填入使其变成圆顶状，再盖上上层的派皮。将派皮边缘捏紧，将蛋液再刷满上层的派皮，注意不要用完蛋液。之后在派的中心戳一个小孔，使烘烤时的热气可以流通。还可用刀叉将派的边缘做出花纹，这时可将做好的咸派放入冰箱冷藏15~20分钟，之后将烤箱预热至180℃。

波尔图酒酱汁： 将波尔图酒及切碎的红葱头入锅，煮至浓稠，再倒入胡椒酸醋酱。接着将切成小块的黄油入锅，轻晃锅体使其融化，为酱汁增稠。接着将酱汁以漏斗过滤器过滤，保温备用。

将咸派从冰箱内取出，刷上剩余的蛋液后放入烤箱烤25分钟。

同时，将剩余的另一半小牛胸腺小丁煎至上色，接着用黄油炒羊肚菌。

派烤好后，放于盘中央。接着，围绕咸派的四周交错滴上波特酒酱汁，摆上羊肚菌及煎小牛胸腺小丁，最后再以细香葱点缀即可。

迷你鱿鱼炖菜卷搭配油香西班牙香肠

Petits calamars farcis d'une mini-ratatouille et chorizo, jus à l'huile d'olive

难度：🎓 分量：8人份

准备时间：1小时15分钟 烹调时间：30~35分钟

原料：
长约12厘米的鱿鱼 16条

炖菜：
茄子 200克
西葫芦 200克
红椒及青椒 200克
洋葱 100克
橄榄油 50毫升
盐及胡椒 适量
番茄碎 150克
调味香草捆 1捆
蒜末 20克
西班牙香肠 100克
埃斯普莱特辣椒粉 适量

摆盘：
特级生火腿 2片
细叶芹 1/2把
罗勒 1/2把

处理鱿鱼： 保留鱿鱼触手备用，将鱿鱼鳍切成小细丁。

将所有蔬菜全部切成约3毫米的小细丁，再以一部分橄榄油炒软，撒盐及胡椒调味，将炖菜汁沥干。继续混合番茄碎、香草捆及蒜末煮20分钟，之后过筛并保留炖菜汁。

将西班牙香肠切成小细丁，干煎一会就放入炖菜内。再用一部分橄榄油将鱿鱼鳍小细丁快速煎炒一会，也放入炖菜内。

火腿脆片： 将烤箱预热至90℃，将两张烤盘纸铺在生火腿的上下，之后夹在两个平行烤盘之间烤10分钟，烤好后将其中一部分剪成多个小三角形的火腿脆片，剩余的部分切成火腿碎末。

将烤箱预热至140℃，将炖菜分成2份，一份用来摆盘，另一份塞入鱿鱼内制成鱿鱼卷，之后用一部分橄榄油以小火慢煎一会鱿鱼卷至其变硬，之后入烤箱烤8分钟。再用前面同一锅的橄榄油快速煎炒一会鱿鱼触手。

在前面备用的炖菜汁内撒辣椒粉，再一边倒入剩余的橄榄油，一边规律地搅拌至其完全融合并出现小泡沫，这时橄榄油炖菜汁就做好了。

在每个盘内都摆上鱿鱼卷、炖菜、鱿鱼触手及小三角形的火腿脆片，再撒上火腿碎末。

最后，滴几滴橄榄油炖菜汁，再点缀些细叶芹及罗勒即可。

水芹浓汤搭配水波蛋

Velouté de cresson et œuf poché, mouillettes aux dés de saumon

难度：🍳 分量：8人份

准备时间：45分钟 烹调时间：30分钟

原料：
水芹 3把
黄洋葱 1颗
黄油 100克
面粉 40克
白色鸡高汤 1升（见第60页）
液体鲜奶油 500毫升
白醋 1大匙
鸡蛋 8颗
白吐司 6片
烟熏鲑鱼丁 200克
帕玛森奶酪片 适量
现磨胡椒 适量
盖朗德盐之花 适量

将洗净的水芹去除粗纤维。用50克黄油将切成丁的黄洋葱炒三四分钟，再放入部分水芹炒5分钟。之后放入面粉，倒入白色鸡高汤并煮沸。再倒入鲜奶油，以小火煮10分钟。将其用电动搅拌器拌匀后，用漏斗过滤器过滤出浓汤。

水波蛋： 在一口锅内装满盐水（配方外）并煮沸，后倒入白醋，搅拌至水呈旋涡状时放入鸡蛋，一次放1颗。每颗鸡蛋煮3分钟即可捞出沥干，并立刻放入冷水中，这样可避免余温将鸡蛋变得更熟。

吐司条： 将去边的吐司切成条状，用剩余的黄油煎至轻微上色。

在每个深盘内倒入浓汤，撒盖朗德盐之花及现磨胡椒调味。之后在浓汤内放入提前加热的水波蛋、烟熏鲑鱼丁、帕玛森奶酪片及几片水芹。最后，将吐司条摆于深盘一侧的边缘即可。

法国洛林液态乡村咸派

Quiche lorraine liquide

难度：👨‍🍳👨‍🍳　分量：8人份

原料：

帕玛森奶酪酥饼：
室温回软的黄油 240克
刨碎的帕玛森奶酪 150克
面粉 300克

沙巴雍：
烟熏肥猪肉丁 100克
黄油 适量
白葡萄酒醋 适量
蛋黄 1个
水 20毫升
煮至温热的液体鲜奶油 300
毫升
刨碎的埃曼塔奶酪
（Emmental）100克

摆盘：
猪五花肉片 4片
三角形的埃曼塔奶酪片 适量
百里香叶 1把

准备时间：1小时　浸泡时间：30分钟　烹调时间：20分钟

帕玛森奶酪酥饼：将烤箱预热至140℃。将黄油及帕玛森奶酪混匀后，加面粉揉成面团。用两张烤盘纸夹住面团，擀成约2毫米的面皮，冷冻10分钟。用与汤盘直径相同的圆形模具切出8片圆形面皮，在其中心用小型模具挖出一个小孔。将8片面皮放于硅胶烘焙垫上退冰后，烤16分钟。

沙巴雍：在不粘锅内干煎烟熏肥猪肉丁，之后用厨房纸将油脂吸干。制作沙巴雍（见第37页荷兰酱的步骤1至步骤3），混合鲜奶油、肥猪肉丁及刨碎的埃曼塔奶酪。之后盖上保鲜膜，隔水加热30分钟使其入味，再过滤并隔水保温。

猪肉脆片：将4片五花肉切成40个小片，在其上下各铺一张烤盘纸，放入预热至90℃的两个平行烤盘之间烤10分钟。

在每个汤盘内都放入1块帕玛森奶酪酥饼。将猪肉脆片、5片三角形的埃曼塔奶酪片及百里香叶放在汤盘边缘。从酥饼中心的小孔倒入做好的沙巴雍。最后，敲碎酥饼，再将汤盘边缘的配菜混入汤内，即可食用。

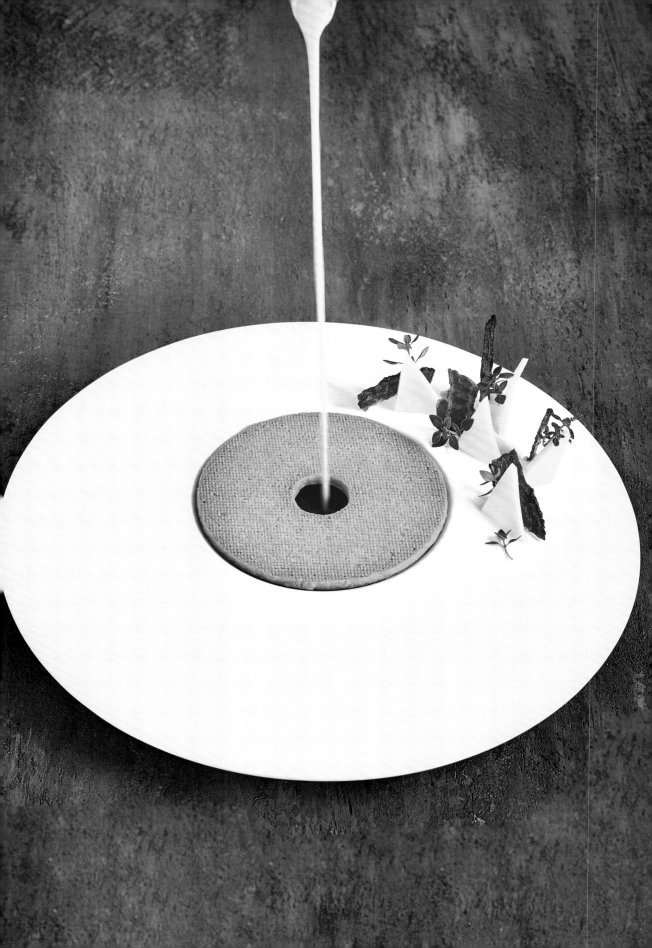

迷你鹅肝搭配菊芋丁

Pépites de foie gras et topinambour déstructuré

难度：👨‍🍳👨‍🍳　分量：8人份

准备时间：45分钟　烹调时间：3小时30分钟

原料：

菊芋泥：
菊芋 1000克
澄清黄油 50克（见第50页）
白色鸡高汤 100毫升（见第60页）
盐 7克
液体鲜奶油 100毫升
黄油 50克
盐及胡椒 适量

烤马铃薯泥：
宾什马铃薯（bintje）1000克
澄清黄油 150克
盐 7克
煮至温热的牛奶 200毫升

榛子奶酥：
烤榛子 70克
黄油 300克
面粉 200克
盐 适量

煎鹅肝块：
生鹅肝 400克
糖粉 50克
盐 适量

摆盘：
炒过的鸡油菌 100克
红甜菜叶、芝麻叶及嫩菠菜叶 适量

烤面粉：
面粉 50克

将蒸汽烤箱预热至90℃。将洗净的整颗菊芋与澄清黄油、白色鸡高汤和盐一同放入真空袋压缩，之后烤2小时30分钟。取出后，将菊芋对半切开，保留菊芋皮。将菊芋和加热的鲜奶油用电动搅拌器拌匀，再放入黄油拌匀，即可得到菊芋泥。

菊芋皮脆片： 将烤箱预热至90℃。在摊平的菊芋皮的上下都铺一张烤盘纸，夹在两个平行的烤盘之间烤1小时。取出再撒盐及胡椒调味。

烤马铃薯泥： 将去皮的马铃薯切成厚约1厘米的薄片，将马铃薯片的两面用烙饼烤盘烤出格纹，混合澄清黄油及盐一起放入真空袋内压缩，之后放入预热至90℃的蒸汽烤箱烤2小时30分钟。取出后静置10分钟再将真空袋打开，接着混合牛奶压成泥状，并搅拌至质地顺滑。

榛子奶酥： 将烤箱预热至180℃。捣碎烤榛子，混合黄油、面粉及盐揉成均匀的面团，擀成厚约1厘米的面皮，烤12分钟。

煎鹅肝块： 将鹅肝切成正方形的小块，裹糖粉后入油锅煎，再撒盐调味。煎时注意多翻面，这样可使鹅肝的油脂流出。

烤面粉： 将烤箱预热至180℃，将面粉平铺在覆有烤盘纸的烤盘上，烤20分钟至其变成金黄色。

摆盘： 在离餐盘边缘几厘米处摆上炒鸡油菌、菊芋脆片、榛子奶酥及煎鹅肝快，再挤上菊芋泥和马铃薯泥。最后，撒上烤面粉，点缀红甜菜叶、芝麻叶及嫩菠菜叶即可。

幻想蛋

Œuf et illusion

难度：👨‍🍳👨‍🍳👨‍🍳　分量：8人份

准备时间：1小时　浸泡时间：15分钟　烹调时间：20分钟

原料：

炸空心蛋：
蒜香黄油 600克
面粉 50克
打散的鸡蛋 2颗
面包粉 100克
植物油 适量

绿色帕玛森奶酪粉：
菠菜 100克
帕玛森奶酪 200克

蛋清加乃隆（意式肉馅卷）：
蛋清 8个
澄清黄油 20克（见第50页）
大蒜 1瓣
香芹 1把
盐及胡椒 适量

水波蛋黄：
蛋黄 8个
醋 150毫升
松露油 1小匙

水晶马铃薯：
夏洛特马铃薯 8颗
澄清黄油 20克
白色鸡高汤 150毫升（见第60页）

油焖鸡油菌：
鸡油菌 300克
蒜香黄油 100克

胡椒奶泡：
牛奶 250毫升
盐 适量

炸空心蛋：将冰凉的蒜香黄油塑形出8个重约70克的蛋形。接着按照第270页制作英式炸牙鳕的步骤，依次裹上一层面粉、蛋液及面包粉，放入油温为175℃的油锅炸至金黄，捞出后用厨房纸将多余的油脂吸干。在炸好的蛋上用小刀挖一个小洞，并将内部挖空，使炸空心蛋的厚度约为5毫米即可。

绿色帕玛森奶酪粉：待盐水（配方外）焯过的菠菜冷却后，将菠菜的水分挤干，以细筛过筛取得叶绿素。用Microplane刨刀将帕玛森奶酪刨碎，再用菠菜叶绿素为其上色。之后用保鲜膜将绿色帕玛森奶酪碎卷成圆筒状，放入冰箱冷冻凝固。上桌前，再将其取出并刨碎成奶酪粉。

蛋清加乃隆：用电动搅拌器将蛋清打匀，并以盐及胡椒调味。将切碎的大蒜和香芹入锅用澄清黄油炒，再倒入蛋清煎成蛋皮。之后卷起，并将两端切下。

水波蛋黄：将醋及松露油倒入煮沸的水中，再小心地将蛋黄入锅，以小火煮2分钟。

水晶马铃薯：将去皮的马铃薯削成椭圆形，再以澄清黄油翻炒一会，之后用白色鸡高汤浸没马铃薯，将其煮软。

油焖鸡油菌：用蒜香黄油将洗净的鸡油菌煮6~8分钟，至其颜色变金黄、口感变酥脆即可。

胡椒奶泡：加热牛奶至温热，再撒盐及白胡椒在牛奶中浸泡15分钟。上桌前，用手拿电动搅拌棒将其打至发泡。

在炸空心蛋内填入一部分油焖鸡油菌，并将其放在水晶马铃薯上。接着摆上蛋清加乃隆及水波蛋黄，再撒上绿色帕玛森奶酪粉。最后，以油焖鸡油菌、胡椒奶泡及可食用花点缀即可。

马拉巴尔白胡椒（Malabar）
2克

摆盘：
可食用花（小玛格丽特）8朵

蒜香香芹田鸡小丸子

Boules de grenouille en verdure, ail et persil

难度：👕👕👕　分量：8人份

准备时间：1小时30分钟　冷冻时间：2小时　烹调时间：2小时15分钟

原料：

田鸡小丸子：
去除前腿的田鸡 30只
室温回软的黄油 300克+2
个小球
大蒜 2瓣
去梗的香芹 45克
榨汁的柠檬 1颗
八角 1/2粒
白吐司 200克
扁叶香芹 1把
面粉 适量
花生油 3升
蛋液 3颗
面包粉 适量
盐 适量
胡椒 适量

配菜：
菠菜 300克
橄榄油 60毫升
盐 3克
黄油 50克
大蒜 1瓣

蔬菜小细丁：
胡萝卜 200克
芹菜球 200克
西葫芦 200克
八角 1粒
黄油 50克
盐 适量

田鸡小丸子： 分开田鸡的身体和腿部，并将小腿肉切下，再将腿末端切除（图1至图4），之后保存田鸡腿备用。将1个小球黄油及1瓣捣碎的大蒜入锅，放入田鸡腿翻炒，注意不要上色，之后冷藏备用。接着，将香芹洗净并沥干，与另一瓣大蒜一起切碎，之后和柠檬汁一同放入料理机内，一边搅拌一边缓慢倒入部分室温回软的黄油。打匀后，用盐、胡椒及八角调味（图5）。

在直径为3厘米的圆形硅胶模具内放入香芹黄油，接着放入田鸡腿，最后将香芹黄油放入并抹平（图6及图7），做出20个半球形的香芹黄油田鸡混合物，放入冰箱冷冻2小时以凝固。

将菠菜洗净并去梗，与橄榄油和盐一同装入真空袋内压缩，稍后摆盘用。

蔬菜小细丁： 去除胡萝卜及芹菜球的两端和外皮，将西葫芦洗净，接着全部切成小细丁，之后分别过水焯，并备用。

蔬菜泥： 将菠菜及香芹去梗，洗净后过水焯，倒入白色鸡高汤以电动搅拌器打匀。将切成小块的黄油放入，缓慢搅拌至化，这样可使其变黏稠，以盐和胡椒调味并备用。

蒜香奶油： 将去皮的大蒜过水焯3次，将牛奶和大蒜入平底锅小火煮20分钟，过滤后将鲜奶油放入，接着以电动搅拌器搅拌至爽滑，撒盐和胡椒调味并备用。

从冰箱内取出香芹黄油田鸡混合物并脱模，将每两个半球以剩余的软黄油粘好，制成10个田鸡小丸子（图8），再放回冰箱冷冻备用。

将烤箱预热至80℃，将去边的白吐司切成小丁，入烤箱烤2小时。接着用料理机搅拌烤吐司丁与洗净并择好的扁叶香芹，之后将其过筛，得到香芹面包粉。

1　　2　　3　　4

胡椒 适量

菠菜泥：
菠菜 100克
扁叶香芹 25克
白色鸡高汤 100毫升（见第60页）
黄油 50克
盐 适量
胡椒 适量

蒜香奶油：
大蒜球 2个
牛奶 200毫升
液体鲜奶油 100毫升
盐 适量
胡椒 适量

　　以英式炸鳕鱼（见第270页）法炸田鸡小丸子，先裹一层面粉，蘸上蛋液后再裹一层香芹面包粉。将田鸡腿也裹上面粉，用少量花生油煎至上色，接着放入一点增加香味的黄油（配方外），以盐和胡椒调味。

　　在锅内放入黄油及蔬菜小细丁，撒盐、胡椒及八角调味。另取一口平底锅放入1个黄油小球和1瓣捣碎的大蒜，快速翻炒前文真空袋内的菠菜。

　　将剩余的花生油入锅加热至170℃，将田鸡小丸子放入炸4分钟。

　　最后，在盘内将炒好的蔬菜小细丁摆成一条直线，在靠上的位置放炒好的菠菜，其上再放一个田鸡小丸子，接着交错再放五六根田鸡腿。以菠菜泥和蒜香奶油作为点缀即可。

5

6

7

8

牛尾与龙虾双拼意式饺子

Ravioles de queue de bœuf et de homard

难度：👨‍🍳👨‍🍳👨‍🍳　分量：10人份

准备时间：1小时　烹调时间：3小时15分钟

原料：

大螯龙虾意式饺子：
大螯龙虾 1000克
橄榄油 适量
甲壳类浓缩高汤 200毫升
液体鲜奶油 200毫升
吉利丁片 2片

牛尾意式饺子：
洋葱 200克
芹菜茎 200克
胡萝卜 200克
韭葱 300克
丁香 适量
香菜子 适量
八角 2粒
黑胡椒粒 适量
牛尾 1000克
盐及胡椒 适量
红葱头 150克
红酒 1升
牛肉釉汁 150毫升（见第61页）
黄油 300克
调味香草捆 1捆
粗灰盐 适量

清汤：
胡萝卜 100克
芹菜茎 100克
番茄 200克

为使龙虾保持比值的状态，需拉直绑好，之后放入沸水中煮1分钟。将捞出的龙虾的虾头（可用来做龙虾汤）和虾螯去除，再将虾螯入水煮4分钟，之后去壳备用。

将一部分龙虾肉及橄榄油装入真空袋内，之后放入温度为50℃的低温烹调机内烹调，待中心温度升至56℃时，需15分钟左右。再将真空袋放入冷水中冷却，并备用。

将未去皮的洋葱对半切开，放在铁板上烤至焦黄色。将芹菜茎、胡萝卜及韭葱去皮并洗净。

在香料滤包内装入丁香、香菜子、八角及黑胡椒粒。

将用盐及胡椒调味的牛尾煎至四面上色，放入装有冷水的大锅内并将其浸没。以大火煮沸并捞去浮沫，再依次放入洋葱、芹菜茎、胡萝卜、韭葱、香草捆及香料滤包煮一会，加粗灰盐调味。将其煮至微滚的状态保持3小时，至汤汁变成清澈的琥珀色。这时牛尾已煮软，可用刀尖剔下鲜嫩的牛肉。

用少量油（配方外）将去皮的红葱头薄片炒软，倒入红酒煮至浓稠且油亮。将其过滤后再倒入牛肉釉汁，煮至收汁。将切成小块的黄油分次放入，加入一次就轻晃锅体使其融化，再放入下一次的黄油，这样可为酱汁增稠，即制成红葱头酱。

捞出香草捆、各种蔬菜及牛尾，将牛尾的肉撕成细丝，与红葱头酱拌匀。之后倒入硅胶圆形模具内，再放入冰箱冷藏凝固。

混合液体鲜奶油及提前泡软的吉利丁片，之后放入甲壳类浓缩高汤内混匀，再装入裱花袋内冷藏备用。

保留去皮胡萝卜的叶子，将芦笋的粗硬纤维切下，去皮后绑成一小捆，与胡萝卜一起过水焯。

配菜：
带叶胡萝卜 15根
绿芦笋 15根
白芦笋 18根
帕玛森奶酪 100克
橄榄油 适量

摆盘：
面皮 500克（见第320页）
油渍圣女果 适量

将帕玛森奶酪切成三角形的小片

将圆形红葱头酱牛尾肉脱模放在面皮上，制成牛尾意式饺子（图1至图3）。将真空袋内的龙虾肉在面皮上挤出一个一个小球状，制成龙虾意式饺子（图4至图9）。之后备用。

用绞肉机将去皮并洗净的胡萝卜、芹菜茎及番茄搅碎。在前文的牛尾汤内放入蔬菜碎，煮至汤汁变成清澈而美味的牛肉精华高汤。

将剩余的龙虾肉、带叶胡萝卜及芦笋用橄榄油炒一会。最后，在每个盘内摆上煮熟的两种意式饺子、前面炒过的龙虾蔬菜及油渍圣女果。再将牛肉精华高汤装入酱汁壶内，随用随取。

5	6	7	8	9

    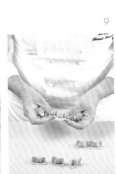

菲力牛排搭配
牛骨髓勃艮第红酒酱

Tournedos à la moelle sauce bourguignonne, écrasée aux fines herbes

难度：🍳　分量：8人份

准备时间：1小时　去腥时间：12小时　烹调时间：1小时40分钟

原料：

牛骨髓酱：
牛骨髓 500克
牛菲力 1200克
花生油 2大匙

勃艮第红酒酱：
胡萝卜 1根
芹菜茎 1把
黄洋葱 1颗
红葱头 1颗
肥猪肉丁 100克
大蒜 1瓣
上好的红酒 1升
棕色小牛高汤 500毫升（见
第62页）
调味香菜捆 1捆

马铃薯泥：
马铃薯 1400克
盐 适量
室温回软的黄油 300克
扁叶香芹 1/2把
细香葱 1把
盐之花 适量
现磨胡椒 适量
嫩香芹叶 适量（摆盘用）

提前一天用冷水泡牛骨髓去腥，过程中至少换水两三次。

勃艮第红酒酱：将切成骰子块的胡萝卜、芹菜茎、洋葱及红葱头入深锅，再放入肥猪肉丁和大蒜炒香，并倒入红酒刮出锅底的焦香。将汤汁收至¾时，倒入棕色小牛高汤及香草捆，再以小火煮至微滚保持30~45分钟。

马铃薯泥：将去皮的马铃薯洗净并切成小块，放入加盐的冷水中煮沸，过程中将浮沫捞去，煮25分钟。将马铃薯沥干后，用叉子压成泥状，一次放入少量黄油、切碎的扁叶香芹及细香葱，拌匀后盖盖保温备用。

将牛骨髓洗净并沥干，放入加盐的冷水中以小火煮至微滚，煮12分钟。取出后沥干，以厨房纸吸干水分，再切成厚约1厘米的片状。

牛菲力：修整牛菲力的形状，切成约150克重的8块菲力圆排。可用绳子绑好为其固定。

将牛菲力以花生油煎至两面上色。

将马铃薯泥摆成山丘状，再摆好牛菲力圆排及牛骨髓片，再淋上勃艮第红酒酱。最后，撒上盐之花及现磨胡椒，再以嫩香芹叶作为点缀即可。

小牛菲力搭配白酱羊肚菌

Médaillon de veau à la crème de morilles

难度：🍳 分量：8人份

准备时间：30分钟　泡发时间（非必须）：24小时
烹调时间：20分钟

原料：
小牛菲力 1600克
新鲜羊肚菌或干燥羊肚菌
800克或100克
红葱头 80克
白葡萄酒 100毫升
棕色小牛高汤 150毫升（见
第62页）
液体鲜奶油 300毫升
盐及胡椒 适量
植物油 20毫升
黄油 100克

摆盘：
细叶芹 1/2把
带蒂圣女果 24颗
盖朗德盐之花 适量
现磨胡椒 适量

　　修整小牛菲力的形状，切成约100克重的16块小牛菲力圆排，之后冷藏备用。

　　切下新鲜羊肚菌的梗部，再以大量清水冲洗两三次，之后沥干。

　　干燥羊肚菌则需以室温下的水浸泡一夜，并沥干。之后过水焯两三次去除杂质，再沥干后方可使用。

　　将切碎的红葱头炒软，炒至上色前放入羊肚菌后再炒四五分钟。倒入白葡萄酒使锅底的焦香溢出，为了不让做好的酱汁口感太酸需倒掉一半汤汁，接着倒入棕色小牛高汤。煮沸后，依次放入液体鲜奶油、盐及胡椒，再转小火煮至微滚的状态，得到均匀而油亮的酱汁。

　　将小牛菲力圆排以植物油和黄油煎一会，每面各煎4分钟，使每面都能均匀上色并将肉汁锁住，这样可保持肉质的鲜嫩。

　　在每个盘内放上2块小牛菲力圆排和少量炒羊肚菌，在圆排上再放上1块形状较好的炒羊肚菌。淋上炒羊肚菌的酱汁，再摆上几片细叶芹。最后，放上现烤的带蒂圣女果，再撒上盖朗德盐之花及现磨胡椒即可。

烩羊腿搭配时蔬

Souris d'agneau braisée façon navarin

难度：🍳 分量：8人份

准备时间：35分钟　烹调时间：2小时30分钟

原料：

烩羊腿：
羊腿 8个
盖朗德盐之花 适量
现磨胡椒 适量
面粉 80克
花生油 2大匙
红葱头 2颗
黄洋葱 1颗
胡萝卜 1根
调味香草捆 1捆
白葡萄酒 150毫升
棕色小牛高汤或棕色羊肉高
汤 1500毫升（见第62页）

糖炒时蔬：
带叶胡萝卜 1把
带叶洋葱 1把
带叶芜菁 1把
水 适量
黄油 80克
白砂糖 50克
盐 适量
蘑菇 250克

摆盘：
细叶芹 1/2把

烩羊腿： 将烤箱预热至160℃。在羊腿上均匀地涂上盖朗德盐之花、现磨胡椒及面粉。再用花生油将羊腿煎至每面都上色。

将红葱头、黄洋葱及胡萝卜切成骰子块并炒软，与羊腿及调味香草捆一同入炖锅，倒入白葡萄酒使锅底的焦香溢出。将汤汁收至一半时，将棕色高汤倒入并煮沸。离火后，将整个锅放入烤箱烤2小时或2小时30分钟。

待羊腿烤好后即可取出。先用漏斗过滤器过滤汤汁，再将羊腿放入汤汁以免其表皮变干。

糖炒时蔬： 将胡萝卜、洋葱及芜菁洗净后擦干，入锅后倒入适量水及黄油盖锅盖焖熟时蔬，再撒1撮白砂糖及盐。待水分蒸发后，时蔬变熟，再放入剩余的白砂糖及黄油，这样可为时蔬裹上一层糖色。将洗净的蘑菇擦干，入锅后同样为其上糖色。想要得到浓郁的羊肉酱汁，可将刚才过滤的汤汁再进行收汁，颜色呈油亮色即可。

在每个盘内放上1个羊腿及适量糖炒时蔬和蘑菇，再将羊肉酱汁淋在羊腿上。最后，以几片细叶芹作为点缀即可。

羊肉卷搭配中东肉丸

Canon d'agneau et kefta

难度：● ● ●　分量：8人份

准备时间：1小时15分钟　腌渍时间：12小时　烹调时间：40分钟

原料：

鹰嘴豆：
熟鹰嘴豆 100克
蜂蜜 50克
雪莉酒醋 250毫升
白色鸡高汤 250毫升（见第
60页）

羊肉：
1200克的羊脊肉 2块
香菜 1/4把
柠檬汁 20毫升
橄榄油 20毫升
青酱 适量
猪网膜 200克
黄油 100克
大蒜 3瓣

中东肉丸：
洋葱 100克
香菜 1/2把
从羊脊肉上取下的羊柳 适量
摩洛哥混合香料 1小撮
盐 适量
面粉 50克
鸡蛋 2颗
面包粉 100克
炸丸子用油 1锅

煮甜椒冻：
黄椒 3颗

　　鹰嘴豆： 提前一天准备鹰嘴豆，为其去皮并用蜂蜜炒至金黄，倒入雪莉酒醋及白色鸡高汤使锅底的焦香溢出，再浸泡一夜入味。

　　分离羊脊肉，并取下羊柳（图1）。用电动搅拌器将香菜、柠檬汁及橄榄油拌匀。为羊脊肉涂一层青酱，再以猪网膜包好并绑紧（图2），之后冷藏备用。

　　中东肉丸： 将去皮且切成小丁的洋葱炒软后放凉。将羊柳放入绞肉机绞成肉泥，依次放入洋葱小丁、切碎的香菜及摩洛哥混合香料并拌匀，再撒盐调味。将羊柳肉泥做成圆球状，之后冷藏备用。待其定形后，分别裹上面粉、打散的蛋液及面包粉，此步骤需重复2次（见第140页的做法）。

　　煮甜椒冻： 将黄椒、红椒及洋葱分别去皮、去梗。将少量橄榄油及盐混入甜椒，之后装入真空袋内压缩，再以85℃低温煮20分钟。接着，将其取出并切成边长为1厘米的正方形小丁，在长方形模具内铺一层交错排列的部分甜椒小丁（图3及图4）。将切成丁的洋葱、剩余的橄榄油、拍碎的大蒜、百里香、生火腿丁、剩余的甜椒小丁、番茄糊及烟熏辣椒粉入锅并混匀，再以小火煮至糊状。之后将其倒入之前的长方形模具内，用预热至80℃的蒸汽烤箱烤10分钟。

　　将羊骨汁加热后倒入酱汁壶内。

　　将100克黄油及3瓣拍碎的大蒜入平底炒锅内，再放入羊脊肉，每面各煎3分钟，至羊脊肉呈漂亮的粉红色即可。之后用一锅油将中东肉丸炸熟。

1　2　3　4

红椒 3颗
洋葱 1颗
橄榄油 适量
盐 适量
大蒜 2瓣
百里香 1把
特级生火腿丁 50克
番茄糊 200克
烟熏辣椒粉 适量

摆盘：
羊骨汁 500毫升
烟熏皮奇洛甜椒泥 200毫升
盐 适量

在盘内一侧摆上切成块的羊脊肉，其上放一个中东肉丸。再平行着摆上脱模的煮甜椒冻，其上放少量鹰嘴豆。最后，将皮奇洛甜椒泥装入裱花袋内，在羊脊肉与煮甜椒冻之间挤出两条竖直线，之后撒盐。羊骨汁则可随用随取。

咖喱羊肋排搭配茄子

Carré d'agneau au curry et aubergine

难度：♟♟♟　分量：10人份

准备时间：1小时　烹调时间：1小时20分钟

原料：

羊肋排：
每块带10根骨头的羊肋排 2块
起泡黄油 40克
盐及胡椒 适量

甜酥面包：
黄油 175克
白吐司 125克
浓缩柳橙汁 2颗
黄咖喱酱 60克

腌迷你茄子：
迷你茄子 10根
蜂蜜 300克
拍碎的大蒜 4瓣
切碎的姜 40克
小茴香子 40克
辣椒粉 1小撮
水 150毫升
雪莉酒醋 150毫升

茄子卷馅料：
茄子 2根
橄榄油 50毫升
大蒜 2瓣
百里香 适量
油渍圣女果 10颗
盐及胡椒 适量

修整羊肋排，将其煎至上色后，包住骨头以盐及胡椒调味。之后放入真空袋内压缩，以59℃的低温烹调至中心温度为57℃，取出后于室温下放凉，再放入冷水中冷却。

混匀黄油、白吐司、浓缩柳橙汁及黄咖喱酱，接着将面团铺平在烤盘纸上，其上再盖一张烤盘纸，冷冻备用。

腌迷你茄子： 将沿着长边对半切开的茄子放在烤架上烤，转¼圈后再烤出格纹。之后放入真空袋内压缩，用预热至90℃的蒸汽烤箱烤1小时。再将蜂蜜、大蒜碎、姜末、小茴香子及辣椒粉炒至金黄。倒入水和雪莉酒醋，使锅底的焦香溢出。离火后，放入烤茄子浸泡一会。

茄子卷馅料： 将烤箱预热至160℃。将茄子对半切开并划几刀，淋上少量橄榄油，撒部分盐及胡椒，再放上大蒜及百里香，之后用锡纸包起烤20分钟。烤好后以汤匙挖出茄肉，混合烤软的大蒜及油渍圣女果，用电动搅拌器拌匀，之后一边倒入剩余的橄榄油一边规律地搅拌，注意需完全融合再倒下一次橄榄油。将过筛的馅料以剩余的盐及胡椒调味，装入裱花袋内备用。

用切菜器将条纹茄子切成厚约2毫米的薄片（图1）。涂上柠檬汁及橄榄油后放入真空袋内压缩，之后放入预热至90℃的蒸汽烤箱烤20分钟。将冷水中的羊肋排取出，放入57℃的低温烹调机内加热，之后入平底锅内再用起泡的黄油稍微煎一会，接着切开羊肋排，每块带有1根骨头。将前文中冷冻备用的面团取出，放入烤箱烤一会，取出后切成甜酥面包长条。接

茄子卷：
条纹茄子 2根
橄榄油 100毫升
榨汁的柠檬 1颗

摆盘：
带皮油渍大蒜 10瓣
香芹油 适量
羊骨汁 250毫升

着，在茄子薄片上挤上裱花袋内的馅料，再小心地叠成茄子卷
（图2至图4）。

　　加热羊骨汁，倒入酱汁壶内。

　　在每个盘内放入2块羊肋排、2块腌迷你茄子、1份茄子
卷、1条甜酥面包长条及1颗带皮油渍大蒜。最后，滴几滴香
芹油作为点缀即可。

培根、猪肋排及猪耳搭配绿扁豆

Petit salé de jambonneau, travers et oreilles de porc aux lentilles du puy

难度：👨‍🍳👨‍🍳　分量：8人份

准备时间：45分钟　烹调时间：4小时

原料：
带骨、带皮的半盐猪肘子 2个
熟猪耳朵 2片
半盐腌猪肋排 1200克
黄油 30克
橄榄油 1大匙
扁叶香芹碎 4大匙

炖绿扁豆：
猪五花肉 100克
猪油 300克
切成丁的洋葱 150克
胡萝卜 3根
芹菜茎 1根
绿扁豆 480克
调味香草捆 1捆
木犀草（丁香和黑胡椒）1把
白色鸡高汤 1升（见第60页）

配菜：
嫩胡萝卜 12根
春季嫩白洋葱 8个
迷你芹菜茎 8把
白色鸡高汤 200毫升
黄油 30克
白砂糖 1小撮
盐及白胡椒 适量
榛子黄油 适量

摆盘：
扁叶香芹叶 适量
培根脆片 8片
胡萝卜叶 适量

　　将去皮的猪肘子按需切成段，将猪皮切成小丁，猪耳朵切成四五厘米的长条。

　　炖绿扁豆： 将烤箱预热至130℃。将猪五花肉用猪油炒至上色，吸掉多余的油脂，保存备用。再将猪皮小丁及洋葱入锅炒至金黄。接着，将切成棒状的胡萝卜及芹菜茎入锅炒软。将香草捆及木犀草放于香料包内，与绿扁豆一起入锅，再倒入白色鸡高汤，放入猪肘子及腌猪肋排，盖锅盖后放入烤箱烤3小时。

　　蔬菜： 用盐水（配方外）焯胡萝卜、白洋葱及芹菜茎，之后浸入冷水后再沥干。

　　上桌前，用白色鸡高汤、黄油及白砂糖将胡萝卜和芹菜茎炒至油亮，再撒少量盐及白胡椒调味。将洋葱对半切开，将切面用榛子黄油煎至金黄，之后再以剩余的盐及白胡椒调味。

　　趁绿扁豆刚刚熟且口感爽脆时，将洋葱、胡萝卜、芹菜茎及香料包取出。再将取出的猪肋排切成约1.5厘米厚，按需可再切成段。之后放入猪耳朵及炖绿扁豆的汤汁，再拌入切成小块的30克黄油以增稠。依个人喜好，可放入1大匙橄榄油及适量扁叶香芹碎。

　　在绿扁豆上放猪肘子及猪肋排，盖锅盖以小火炖煮。

　　待肉煮熟后，放入步骤4中的蔬菜。最后，撒上剩余的扁叶香芹碎，再点缀几片培根脆片、胡萝卜叶及扁叶香芹叶即可。

白酱炖布雷斯鸡搭配迷你蔬菜

Blanquette de poulet de bresse, cocotte de petits légumes

难度：👨‍🍳 分量：8人份

准备时间：30分钟　烹调时间：1小时20分钟~1小时40分钟

原料：

炖鸡：
布雷斯鸡 2只
胡萝卜 1根
韭葱 1根
黄洋葱 1颗
丁香 2个
调味香草捆 1捆
切成片的红葱头 1颗
粗盐 适量
粗粒胡椒 适量
牛奶 适量
黄油 35克
面粉 35克
蛋黄 2个
液体鲜奶油 200毫升
盐及胡椒 适量

蔬菜：
珍珠洋葱 250克
蘑菇 250克
带叶胡萝卜 2把
迷你韭葱 2盒
面粉 50克
黄油 100克
细叶芹 1把

炖鸡： 以火烧的方式为布雷斯鸡去毛，清理干净后切成8块（见第181页），将鸡腿及鸡胸肉挑出。切开鸡腿的关节处，将鸡胸肉切成两半。将胡萝卜及韭葱切成骰子块，将丁香插入对半切开的黄洋葱。依次将鸡肉、胡萝卜、韭葱、黄洋葱、香草捆、红葱头、粗盐及粗粒胡椒放入炖锅，倒入浸没食材的冷水，盖锅盖以小火煮至微滚，之后再煮1小时~1小时20分钟。

从锅内取出鸡肉并放于盘内，以漏斗过滤器过滤汤汁。再将鸡肉放入一半量的汤汁内以保持肉质的软嫩，另一半汤汁备用。接着，用配方中的原料制作白酱（见第35页），再与备用的一半汤汁混合并煮沸。在搅拌盆内用打蛋器快速打匀蛋黄及鲜奶油，之后倒入煮沸的酱汁内，接着以盐及胡椒调味，之后保温备用。

蔬菜： 为珍珠洋葱去皮，将蘑菇洗净并擦干，接着炒至表面上糖色。再将去皮的带叶胡萝卜及迷你韭葱炒至上光（见第385页）。

将鸡肉从汤汁内取出并沥干，用50克面粉及100克黄油制作白酱，并将鸡肉浸入白酱几分钟。

摆盘： 在每个盘内放上鸡腿及鸡胸肉，再摆上珍珠洋葱、蘑菇、胡萝卜及迷你韭葱，之后沿着盘的边缘滴几滴步骤2中的酱汁。最后，点缀几片细叶芹即可。

香料鸭菲力搭配烤桃

Filet de canette aux épices et pêches rôties

难度：👨‍🍳　分量：8人份

准备时间：40分钟　烹调时间：15分钟

原料：

浓缩香料：
粉红胡椒 10克
茴香子 10克
埃斯普莱特辣椒粉 适量
香菜子 10颗
花椒粒 5克
白胡椒粒 5克
白葡萄酒醋 100毫升
蜂蜜 100克
白葡萄酒 100毫升

烤桃：
白桃 8颗
黄油 20克
白砂糖 30克

酱汁：
切碎的红葱头 1根
白葡萄酒 50毫升
棕色鸭肉高汤 250毫升
黄油 10克

鸭菲力：
鸭菲力 8块
盐及胡椒 适量

摆盘：
烤圣女果 24颗
迷你芜菁 16颗
珍珠洋葱 24颗
白砂糖 适量

浓缩香料：将除辣椒粉之外的所有香料磨成粗粒，这样会更香。之后依次将白葡萄酒醋、蜂蜜、白葡萄酒、辣椒粉及磨成粗粒的香料入平底锅内，煮沸后再慢慢收汁。接着以漏斗过滤器过滤汤汁，并保温备用。

烤桃：以沸水焯白桃，再快速放入冷水中去皮。之后对半切开去核，再将果肉切成4瓣。将白桃放入不沾平底锅内，以黄油和白砂糖煎一会，之后取出备用。

酱汁：将切碎的红葱头炒软，倒入白葡萄酒使锅底的焦香溢出。之后倒入棕色鸭肉高汤及刚做好的1大匙浓缩香料，煮沸后以漏斗细孔过滤器过滤，再放入黄油快速搅拌。

鸭菲力：修整鸭胸肉，并将多余的油脂去除，用刀在鸭皮上划几下，这种便于烹调时鸭油的流出，之后再去除多余的鸭皮和筋，再撒盐及胡椒调味。将鸭胸肉的鸭皮朝下入平底锅，以中火煎4分钟，将锅内的油倒出。之后将鸭胸肉翻面，再煎2分钟。

摆盘：为煎好的鸭菲力刷上浓缩香料并切成片摆于盘内，之后淋酱汁。用白砂糖炒一会迷你芜菁及珍珠洋葱。最后，摆好烤桃、烤圣女果、糖炒芜菁及洋葱即可。

蜜汁鸭胸肉搭配
水果红酒酱

Magret rosé laqué au miel, sauce sangria

难度：👨‍🍳　分量：8人份

准备时间：1小时15分钟　腌渍时间：10小时
烹调时间：2小时30分钟

原料：

水果红酒酱：
法国罗讷河谷的红酒 1升
肉桂棒 1/2根
鸭骨 2000克
市售浓缩番茄酱 35克
棕色小牛高汤 500毫升（见第62页）
黄油 30克
粉红淑女苹果 100克
草莓 30克
覆盆子 30克
黑加仑 30克
黑莓 30克
蓝莓 30克
丁香 1颗
白砂糖 40克
玉米淀粉 适量（非必须）

鸭胸肉：
鸭胸肉 4块
盖朗德粗盐 1500克
黄油 40克

苹果姜泥：
粉红淑女苹果 500克
黄油 50克
粉红嫩姜 40克
香草荚 1根

配菜：
柳橙汁 400毫升
迷你苦苣 4颗
黄油 50克
白色鸡高汤 200毫升（见第60页）
蟠桃 4颗
淡色糖浆 1升
鸭油 适量

鸭胸肉： 提前一晚处理鸭胸肉，除了一小层鸭胸肉的油脂之外，其余全部切除，在表面划十字。再抹一层厚厚的盖朗德粗盐，腌渍10小时以去腥。这样可使鸭胸肉更入味，并将油脂中的水分去除。

水果红酒酱： 提前一晚煮沸红酒与肉桂棒，并将酒精点燃烧掉，再以小火将红酒收汁至⅔。用少量黄油将鸭骨煎至上色，将油脂去除后，倒入浓缩番茄酱、肉桂棒红酒汁和棕色小牛高汤，炖煮1小时。

用剩余的黄油将苹果炒至上色，再与其他水果、丁香及白砂糖一起入步骤2中的汤内，炖煮1小时30分钟，一边煮一边将浮沫捞去。之后将汤汁用漏斗过滤器过滤后放凉，再将表面的油脂捞去，接着入锅再次收汁。这时可按需放入适量能使汤汁变稠的玉米淀粉。

苹果姜泥： 将去皮的苹果用少量黄油炒软，再放入姜及香草荚，盖锅盖煮20分钟，煮至苹果变成果泥即可。再放入能使口感变得更加爽滑的剩余的黄油，以电动搅拌器拌至均匀而光滑的泥状。

配菜： 将柳橙汁倒入酱汁锅内收汁，再放入对半切开的苦苣、适量黄油及白色鸡高汤，盖上一张烤盘纸煮20分钟。

将过水焯过的蟠桃放入淡色糖浆煮15分钟，煮好后再去皮、去核，并用剩余的黄油煎一会，在蟠桃煎至变色前离火。

将沥干的苦苣切面朝下，用鸭油煎至上色。

将腌渍好的鸭胸肉表面的粗盐去除，以小火加热40克黄油，再以汤匙取化黄油淋在鸭胸肉上。

在每块鸭胸肉上刷一层蜂蜜，再撒上香菜子、黑胡椒、小豆蔻及橙皮碎，放入烤箱烤2分钟。在盘内点缀苹果姜泥，摆上对半切成长条的鸭胸肉，再淋上水果红酒酱，放上煎苦苣和煎蟠桃。最后，撒上少量香菜子、黑胡椒、小豆蔻及橙皮碎即可。

摆盘：
蜂蜜 适量
香菜子 适量
黑胡椒 适量
小豆蔻 适量
橙皮碎 1颗

海鲜布雷斯鸡搭配焗烤通心粉

Volaille de Bresse aux écrevisses, gratin de macaronis

难度：👕👕👕　分量：8人份

准备时间：1小时50分钟　烹调时间：1小时20分钟

原料：

布雷斯鸡：
重1800克的布雷斯鸡 2只
面粉 40克
黄油 40克
大蒜 5瓣

海鲜酱：
骰子块混合蔬菜（胡萝卜、洋葱、红葱头及西芹）300克
大蒜 2瓣
香草（百里香、月桂叶、迷迭香及香芹）适量
干邑白兰地 100毫升+适量
不甜的白葡萄酒 160毫升
甲壳类高汤 1升（见第76页）
高脂鲜奶油 400毫升
油糊适量（见第38页步骤1）
海鲜黄油 60克
龙蒿 1把
榨汁的柠檬 1颗
埃斯普莱特辣椒粉 1小撮
盐 适量
胡椒 适量

配菜（螯虾及迷你西生菜）：
螯虾 48只
煮鱼调味汁 1升（见第74页）
盐及胡椒 适量
海鲜黄油 40克
迷你西生菜叶 16片
榛子黄油 20克（见第57页）
大蒜 1瓣
盐之花 适量
现磨胡椒 适量
番茄瓣 24块（见第460页）
装饰用香草（莳萝、龙蒿及细香葱）适量

螯虾： 将8只螯虾用来摆盘，去虾线，将虾螯交叉着向后固定，之后在煮鱼调味汁内煮1分钟。其余螯虾也去虾线，分开头尾，虾头可做酱汁。将虾身也放入煮鱼调味汁内，汤汁烧开后煮1分钟。取出待其冷却后，将虾尾之外的虾壳去除。将虾肉用盐和胡椒调味。之后拍碎虾头为酱汁做准备。

布雷斯鸡： 将布雷斯鸡的内脏去除后切成4块鸡肉，将鸡翅尖、鸡翅及鸡腿的骨头去除。切下一部分肉以露出骨头，在其表面划几刀之后绑好。将鸡肝及鸡心保留。再将面粉撒上鸡骨及内脏，用黄油和大蒜煎至上色，之后以盐、胡椒及辣椒粉调味。将鸡肉撇清澈后备用。

海鲜酱： 将骰子块混合蔬菜及大蒜放入刚才的鸡油里炒至金黄，之后放入拍碎的虾头煮5分钟。接着将香草、鸡肉及鸡骨放入，再倒入干邑白兰地并将酒精点燃，倒入白葡萄酒使锅底焦香溢出，煮至汤汁收干。接下来，倒入甲壳类高汤将食材全部浸没，待酱汁收汁至原来的¾时，将高脂鲜奶油入锅煮沸。之后将酱汁过滤，以油糊及海鲜黄油勾芡，再放入使其入味的龙蒿煮2分钟，之后再过滤。最后，在鸡肉上淋几滴柠檬汁和白兰地，再撒上辣椒粉、盐及胡椒调味。

迷你西生菜： 以榛子黄油及大蒜翻炒西生菜叶，之后以盐之花及现磨胡椒调味备用。

焗烤通心粉： 将牛奶和水煮沸后，放入通心粉煮5分钟，以大蒜及盐调味。将通心粉煮至半熟时捞出沥干，再与鲜奶油（配方外）一起煮软。接着将刨碎的帕玛森奶酪放入⅔的量，将其倒入提前涂好黄油（配方外）的烤盘内，再撒上剩余的帕玛森奶酪及百里香，接着淋上化黄油，入烤箱焗烤至表面金黄即可，之后与鸡肉一起上桌。

焗烤通心粉：

通心粉 500克
水 250毫升
牛奶 750毫升
大蒜 适量
盐 适量
刨碎的帕玛森奶酪 250克
化黄油 30克
百里香 适量

上桌前，将加热的海鲜黄油快速淋在虾肉上。再加热摆盘用的8只螯虾，并裹上一层橄榄油（配方外）使螯虾变油亮。

最后，将鸡肉和酱汁入锅，盖锅盖以小火缓慢加热，接着依次放入虾肉、西生菜、番茄瓣，点缀些装饰用香草即可。

迷你白香肠搭配
松露慕斯炒菌

Petits boudins blancs, poêlée de champignons, sauce mousseuse truffée

难度：🍳🍳🍳　分量：8人份

准备时间：1小时30分钟　泡发时间：12小时　烹调时间：40分钟

原料：

调味牛奶：
牛奶 475毫升
胡萝卜 100克
洋葱 100克
柳橙皮碎 1颗
月桂叶 适量
百里香叶 适量

白香肠馅：
切碎的白洋葱 150克
黄油 30克
带腿鸡胸肉 375克
猪肥油（背部）75克
猪油 30克
液体鲜奶油 100毫升
马铃薯粉 45克
蛋清 4个
松露酱及松露汁 适量
盐及胡椒 适量
白香肠肠衣：羊肠衣 2尺
牛奶 1升
水 1升

炒菌：
干燥羊肚菌 70克
混合菌类（牛肝菌、鸡油菌、
喇叭菌及卷缘齿菌等）60克
切碎的红葱头 50克
切碎的大蒜 4瓣
香芹及龙蒿 3大匙
黄油 50克

松露慕斯：
金黄色鸡高汤 300毫升（见
第65页）
液体鲜奶油 300毫升
黄油 20克

　　提前一天将羊肚菌以水泡发。

　　第二天，将牛奶及胡萝卜、洋葱、柳橙皮碎、月桂叶及百里香叶一起入锅煮成调味牛奶。同时，在另一口锅内混入切碎的洋葱、黄油、带腿鸡胸肉、猪肥油、猪油、鲜奶油、马铃薯粉及蛋清，用电动搅拌器拌匀，再倒入调味牛奶，之后放入松露酱及松露汁，再以盐及胡椒调味。

　　白香肠：将白香肠馅灌进羊肠衣，扭出长约4厘米的24根小白香肠。将牛奶及水入平底锅内，再放入白香肠煮20分钟，之后移入冷水内冷却。

　　炒菌：将羊肚菌沥干，保留泡发用水。先用少量黄油将混合菌类炒软，将汁水保留。之后在另一口锅内，用剩余的黄油将切碎的红葱头及大蒜炒软，再放入炒好的菌类、香芹及龙蒿。

　　松露慕斯：将鸡高汤、泡发用水及炒菌类保留的汁水一起入锅煮，再放入鲜奶油、黄油、松露酱、松露汁及柠檬汁，以盐及胡椒调味，之后打匀使其变乳化。

　　将白香肠放于深盘的中心，再摆上炒菌。之后放上松露慕斯，再滴几滴松露油，并点缀上几片松露、细叶芹及细香葱。最后，撒上柳橙皮碎及牛肚菌粉即可。

松露酱及松露汁 适量
榨汁的柠檬 1颗
盐及胡椒 适量

摆盘：
松露 10~30片（非必须）
松露油 适量
细叶芹及细香葱 适量
柳橙皮碎 1颗
牛肚菌粉 4小匙

微热的乳鸽沙拉搭配
精致抹酱与鹅肝

Pigeon tiède en salade, béatilles, gros lardons de foie gras

难度：♦♦♦ 分量：8人份

准备时间：45分钟　腌渍时间：3小时　烹调时间：1小时

原料：

乳鸽：
乳鸽 2只
粗盐 1000克
百里香叶 适量
胡椒 适量
大蒜 3瓣
鸭油 适量

鹅肝条：
生鹅肝 250克

精致抹酱：
切成块的生鹅肝 50克
切碎的红葱头 60克
干邑白兰地 500毫升
盐及胡椒 适量
半熟鹅肝丁 50克（非必须）
法国面包 2条
大蒜泥 1瓣

配菜及摆盘：
卷叶生菜 3把
白醋 100毫升
盐 适量
鹌鹑蛋 8颗
春季嫩白洋葱 2把
芥菜苗 20克
甜菜苗 20克
水菜沙拉 20克
橄榄油 适量
榨汁的柠檬 1颗
盐之花及胡椒 适量
陈年巴萨米克醋 8小匙
绿色橄榄油 350毫升
切碎的扁叶香芹 1/4把
帕玛森奶酪片 适量
油渍大蒜 8瓣
中型带梗酸豆 8颗

乳鸽： 将烤箱预热至180℃。去除乳鸽的内脏，将鸽心及鸽肝保留。之后将鸽腿及鸽胸肉切开，再撒上粗盐、少量百里香叶、胡椒及1瓣大蒜，腌渍3小时。之后去掉粗盐，再放入鸭油内浸泡1小时。将少量鸭油、2瓣带皮大蒜及剩余的百里香叶入炖锅，将鸽肉带皮那面煎至金黄，再将炖锅放入烤箱烤10分钟。待其冷却后，保留烤后的汁水用于最后的调味。

精致抹酱： 将鹅肝块入平底锅煎至金黄，煎好后保留鹅肝油，之后会用来浸泡红葱头。将乳鸽的心肝炒至变色后，倒入刚才的鹅肝油，再倒入干邑白兰地使锅底的焦香溢出，并将酒精烧掉，之后盛入盘内。待其冷却后，以盐及胡椒调味，再用刀切碎并混合半熟鹅肝丁即可。将法国面包斜着切成长块，放入烤面包机内烤一会，再抹上大蒜泥，并涂上精致抹酱。

卷叶生菜： 保留生菜中黄绿色及浅绿色的部分，浸入加了白醋的冷水内。

溏心鹌鹑蛋： 在水中加适量盐，放入鹌鹑蛋煮2分钟20秒，去壳后泡冷水中备用。

将完整的嫩白洋葱入炖锅煮一会，取出后对半切开，再入平底锅将切面煎至上色。

将生鹅肝切成长条，再煎至上色（见第210页的步骤3及步骤4）。

将卷叶生菜沥干，再混合芥菜苗、甜菜苗及水菜沙拉，倒入橄榄油及柠檬汁调味。

在每个盘内将各种生菜摆成鸟巢状，再放上1个对半切开的溏心鹌鹑蛋、煎洋葱及煎鹅肝条。

将鸽胸肉加热后再去皮、去骨并切成片，之后放在烤好的法国面包长块上，再撒上盐之花及胡椒调味。

将步骤1中最后保留的汁水中放入巴萨米克醋、橄榄油及切碎的扁叶香芹，再倒入盘内。最后，点缀上帕玛森奶酪片、油渍大蒜及带梗酸豆即可。

烤乳鸽搭配法式橄榄脆饼

Pigeon laqué, panisses et olives

难度：🍴🍴🍴 分量：8人份

准备时间：1小时　冷藏时间：45分钟　烹调时间：3小时

原料：

烤乳鸽：

500~66克的带血乳鸽（即不放血的乳鸽）5只
压碎的榛果 300克
柳橙皮碎 1颗
大蒜 1瓣
橄榄油及黄油 适量
高脂鲜奶油 100毫升
精盐及黑胡椒 适量

法式脆条：

水 2升
精盐 10克
橄榄油 适量
鹰嘴豆粉 500克
刨碎的帕玛森奶酪 100克
切成丝的黑橄榄 100克
花生油 1升
竹签 10根

酱汁：

乳鸽肉汁 300毫升（见第64页）
白洋葱 2颗
白砂糖 50克
猪血 50毫升
雪莉酒醋 50毫升
切成丝的酒红橄榄 20颗
切成小块的黄油 适量

将乳鸽表皮的毛去除，内脏也一并去除。将鸽肝及鸽心切碎，放入冰箱保存。将鸽腿切下并去骨，再塞入榛子碎及柳橙皮碎，以保鲜膜卷起（图1至图4），放入真空袋内压缩，之后再放入低温烹调机以75℃的低温烹调3小时。

取出后将鸽翅的尖端及锁骨（呈Y形状的骨头）切下，修整鸽腿及鸽胸肉备用。

法式脆饼： 将混合了精盐及橄榄油的一半水煮沸，另一半水与鹰嘴豆粉混合。之后将煮沸的水倒入鹰嘴豆糊内，再煮20分钟，注意一边煮一边搅拌。快煮好时，将刨碎的帕玛森奶酪及切成丝的黑橄榄放入并拌匀。接着放入提前铺好保鲜膜的烤盘内，其上再铺一层保鲜膜并压上重物，放入冰箱冷藏。

酱汁： 将白洋葱剥皮后切碎，与白砂糖一起煮至焦糖化，得到光滑细腻的洋葱酱。倒入一半乳鸽肉汁、碎鸽心、碎鸽肝、猪血及雪莉酒醋，以小火煮10分钟，接着用电动搅拌器拌匀后再以漏斗过滤器过滤，撒盐及现磨胡椒调味。

配菜： 将去梗的西芹切成长段，留下叶片摆盘用，同时挑出绿色及嫩黄色叶备用。将西芹与白色鸡高汤、橄榄油、1个黄油小球及盐放入真空袋内压缩，以低温煮软，再放入冷水内冷却。

将烤箱预热至180℃。将适量黄油入酱汁锅煮至起泡，再放入拍碎的大蒜一起煎备用的鸽胸肉，撒精盐及黑胡椒后放入烤箱烤6分钟，取出后静置10分钟。

将另一半乳鸽肉汁收汁至浓稠，放入酒红橄榄丝及黄油块，轻轻晃动锅体使黄油至化并增稠。之后即可装入酱汁壶内备用。

1

2

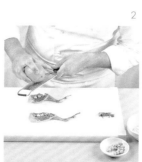

3

4

配菜：
西芹 2把
白色鸡高汤 100毫升（见第66页）
橄榄油 适量
黄油小球 2个
盐 1小撮

摆盘：
芝麻叶 20克

将芹菜茎及步骤4中的酱汁入锅以另一个黄油小球及橄榄油翻炒一会。用花生油炸法式脆条。同时以适量橄榄油将鸽腿带皮的那面煎至金黄。将烤好的鸽胸肉取出并切下外皮，再淋上酱汁壶内的酱汁，并用高脂鲜奶油在表面划几道白线。

在每个盘内铺上1片西芹叶片，其上摆1块鸽胸肉，旁边放鸽腿。再用竹签串起法式脆条，最后以绿色及嫩黄色西芹叶与芝麻叶点缀即可。

小牛胸腺搭配糖炒蔬菜与香草辣酱

Pomme de ris de légumes glacés, jus pimenté à la vanille

难度：♣♣　分量：8人份

准备时间：45分钟　冷藏时间：12小时　烹调时间：15分钟

原料：
小牛胸腺 1200克
面粉 50克
橄榄油 150毫升
黄油 40克
大蒜 4瓣
埃斯普莱特辣椒粉 适量
盐及胡椒 适量

香草辣酱：
洋葱 50克
红葱头 20克
胡萝卜 50克
芹菜茎 20克
大蒜 3瓣
橄榄油 适量
番茄 2颗
市售浓缩番茄酱 2大匙
泰式辣椒 2根
香草荚及香草子 1根
不甜的白葡萄酒 100毫升
白色鸡高汤 200毫升（见第60页）
釉汁 150毫升（见第61页）
盐及胡椒 适量
香草（百里香、月桂叶、罗勒及龙蒿）适量
植物油 适量

配菜：
迷你带叶胡萝卜 24根
迷你带叶芜菁 8颗
迷你韭葱 16根
荷兰豆 120克
西蓝花 1/4个
带蒂圣女果 8颗
半渍的番茄瓣 24块
浓缩白色鸡高汤 50毫升
黄油 30克
榨汁的柳橙 1颗

小牛胸腺：用水焯过后去除多余的筋及血管等。在其上放重物按压并冷藏一晚。

香草辣酱：依次将洋葱、红葱头、胡萝卜、芹菜茎及大蒜去皮，洗净后切成小块，用橄榄油炒软后，再放入番茄、浓缩番茄酱、泰式辣椒、香草荚及香草子一起炒。之后倒入白葡萄酒使锅底的焦香溢出，再煮至收汁。再倒入白色鸡高汤，盖锅盖以小火炖煮。之后用漏斗过滤器过滤，并混合釉汁，再撒盐及胡椒调味。之后再过滤一次备用。

配菜：提前处理好配菜一栏的蔬菜，用盐水（配方外）焯过后以冷水冷却。上桌前，再以浓缩白色鸡高汤、黄油及柳橙汁翻炒至蔬菜表面裹一层汁水。

将面粉撒在小牛胸腺上，炒热橄榄油、黄油及4瓣大蒜，之后将小牛胸腺入锅，每面各煎5分钟，再撒盐、胡椒及辣椒粉调味。

摆盘：将小牛胸腺取出后放入盘内，再摆上配菜，并淋上香草辣酱。之后用植物油炸一会香草后再盛入盘内，最后再以装饰用香草摆盘即可。

摆盘：
装饰用香草（罗勒、细香葱
嫩尖、炸罗勒叶、炸莳萝嫩
尖、新鲜莳萝、细叶芹及胡
萝卜叶）适量

烤比目鱼搭配贝亚恩酱

Petite sole grillée et sa béarnaise

难度：🍳 分量：8人份

准备时间：1小时　冷藏时间：20分钟　烹调时间：40分钟

原料：

比目鱼：
比目鱼 8条
橄榄油 20毫升
盐及胡椒 适量

贝亚恩酱：
红葱头 60克
白葡萄酒醋 150毫升
白葡萄酒 150毫升
粗粒胡椒 5克
龙蒿 1/2把
水 2大匙
蛋黄 6个
澄清黄油 400克（见第50页）
龙蒿嫩尖 适量
细叶芹 1/2把
扁叶香芹末 1/2把
盐及胡椒 适量

摆盘：
苦苣叶 1株
龙蒿嫩尖 适量
柠檬 4颗

比目鱼： 将黑色鱼皮及内脏去除，刮净鱼鳞。之后用清水冲洗后再以厨房纸擦干，冷藏20分钟。

红葱头泥： 将切碎的红葱头、白葡萄酒醋、白葡萄酒、粗粒胡椒及龙蒿入平底锅，收汁至¾。之后以漏斗过滤器过滤并备用。

沙巴雍： 在另一口锅内放入2大匙水及蛋黄，用打蛋器快速搅打成稍微起泡的沙巴雍，以小火加热，将温度控制在60~62℃以下。若沙巴雍达到此温度或能看到锅底，则迅速离火，并将澄清黄油缓慢倒入锅内，搅拌至细腻且均匀的霜状即可。

之后将红葱头泥、少量盐及胡椒、龙蒿嫩尖、细叶芹和扁叶香芹末放入，再根据口味撒入剩余的盐及胡椒调味，这时贝亚恩酱就做好了。

将烤箱预热至170℃。给比目鱼淋上橄榄油、撒上盐及胡椒后放在烤架上，先烤带皮的那面。之后旋转90°后再放回烤架上，烤出格纹；另一面也用此法来烤。之后放入烤箱烤4~6分钟。

最后，在盘内摆上一条比目鱼，将贝亚恩酱盛于小碗内，再点缀上苦苣叶及龙蒿嫩尖。还可根据个人喜好放上半个柠檬。

香煎鲷鱼搭配藜麦手抓饭及鱼骨汁

Dos et ventre de dorade, pilaf de quinoa, jus d'arête

难度：👨‍🍳　分量：8人份

准备时间：1小时20分钟　　烹调时间：45分钟

原料：

鲷鱼及鱼骨汁：
约500克的鲷鱼 4条
红葱头 80克
蘑菇 100克
橄榄油 4大匙＋适量
大蒜 3瓣
百里香 1根
月桂叶 1片
苦艾酒 7大匙
家禽肉汁 400毫升（见第64页）

藜麦手抓饭：
红椒 1个
青椒 1个
洋葱 50克
黄油 30克
红色及白色藜麦 200克
调味香草捆 1捆
白色鸡高汤 300毫升（见第60页）
渍柠檬 1/4颗

摆盘：
圣女果 10颗
橄榄油 适量
盐角草 80克

　　鲷鱼： 将每条鲷鱼的两块鱼排及鱼骨切下，鱼骨用来做鱼骨汁，再将每块鱼排切成两片。

　　鱼骨汁： 将鱼骨洗净，将去皮的红葱头切碎，将蘑菇切成片。在平底锅内用橄榄油将鱼骨炒至上色，接着放入未去皮的大蒜、百里香、月桂叶、红葱头碎及蘑菇片一起炒。炒约5分钟后，倒入苦艾酒收汁。之后将家禽肉汁倒入，以小火煮20分钟。煮好后以漏斗过滤器过滤，若鱼骨汁太稀可继续收汁，若太稠则可倒入少量水（配方外）稀释。

　　藜麦手抓饭： 将青椒及红椒去蒂、去子，再切成小细丁，将洋葱切成丁。接着用黄油炒软，再放入藜麦、香草捆及白色鸡高汤，盖锅盖以小火煮20分钟，之后放入提前切好的渍柠檬丁。

　　用热水烫圣女果为其去皮，之后放入少量橄榄油内浸泡。用水冲洗两次盐角草以去除盐味，擦干后以剩余的橄榄油清炒一会。

　　将鱼排带皮的那面朝下，用适量橄榄油煎3分钟，翻面后再煎几秒即可。

　　在每个盘内放上两片煎好的鱼排，再将藜麦手抓饭堆成长方形，其上摆好油渍圣女果及盐角草。最后，再用鱼骨汁在盘面上画出圆圈即可。

白鲑鱼搭配鲜贝及
糖炒蔬菜

Filet de féra, coquillages et légumes glacés

难度：👨‍🍳 分量：8人份

准备时间：30分钟　烹调时间：15分钟

原料：

糖炒蔬菜：
带叶胡萝卜 1把
带叶芜菁 1把
迷你球茎茴香 1盒
迷你韭葱 1盒
水 适量
黄油 40克
白砂糖 1小撮
盖朗德盐之花 适量
现磨黑胡椒 适量

酒蒸贝：
蚶 300克
布修贻贝 300克
红葱头 2颗
黄油 50克+130克
白葡萄酒 200毫升
调味香草捆 1捆

白鲑鱼排：
约200~250克的白鲑鱼排 4片
盖朗德盐之花 适量
现磨胡椒 适量

摆盘：
细香葱 1把
扁叶香芹 1把

糖炒蔬菜： 将胡萝卜及芜菁的皮轻轻刮下，之后洗净备用。切下迷你球茎茴香头尾，将迷你韭葱去皮后洗净。

　　将每种蔬菜都分别用水、50克黄油、白砂糖、盐之花及现磨黑胡椒炒一会，炒至水分变少、蔬菜表面裹上一层糖色即可。

酒蒸贝： 将蚶及贻贝洗净后沥干。用适量黄油将切碎的红葱头炒软，在上色前倒入白葡萄酒，放入香草捆、蚶及贻贝。盖锅盖以大火煮两三分钟。

　　将一半汤汁以漏斗过滤器过滤后倒入小锅内，再收汁至一半，放入剩余的切成小块的黄油，一边轻晃锅体一边为酱汁增稠。

白鲑鱼排： 修整鱼排的形状并去骨，每片切成两半，在其表面划几刀，之后撒上盐之花及现磨胡椒，再以小火将每面各煎3分钟。

　　在每个盘内都摆上糖炒蔬菜、酒蒸贝及白鲑鱼排，并淋上酱汁。最后，再以细香葱及扁叶香芹点缀盘面即可。

鳕鱼夹西班牙香肠搭配
白豆泥

Pavé de cabillaud lardé au chorizo, mousseline de paimpol

难度：🍳 分量：8人份

准备时间：30分钟 烹调时间：50分钟

原料：

白豆泥：
白豆 2000克
金黄色鸡高汤 1升（见第65页）
调味香草捆 1捆
室温回软的黄油 150克
液体鲜奶油 200毫升

鳕鱼夹西班牙香肠：
鳕鱼 1000克
切成细条的西班牙香肠 300克
橄榄油 200毫升
圣女果 150克
大蒜 2瓣
百里香 1/2把
红葱头 2颗
埃斯普莱特辣椒粉 适量
细香葱 1把
盖朗德盐之花 适量
现磨胡椒 适量
橄榄油及黄油 适量

将白豆豆荚剥去，与香草捆一同放入金黄色鸡高汤内煮沸，再煮30~40分钟，其间要将浮沫捞去。将白豆沥干后，保留煮汁。提前保留适量摆盘用白豆，剩余的白豆放入料理机内打成泥，再放入黄油、鲜奶油及煮汁。再将白豆泥过筛，并保温备用。

将鳕鱼切成8份，在鱼肉的最肥厚处划几刀，并塞入切成细条的西班牙香肠，剩余的西班牙香肠细条摆盘用。

以小火加热橄榄油，并将香肠细条浸入，之后再以漏斗过滤器过滤橄榄油，

将烤箱预热至170℃，将圣女果放入烤盘，撒上少量盐之花及现磨胡椒，滴几滴步骤3中过滤的橄榄油，再放入拍碎的大蒜、百里香、红葱头及辣椒粉，放入烤箱烤4分钟。

将剩余的盐之花及现磨胡椒撒在鳕鱼皮上，将鳕鱼带皮的那面朝下入平底锅以橄榄油及黄油煎三四分钟，一边煎一边用汤匙捞起锅内的油淋在鱼身上，之后翻面再煎3分钟即可。

在每个盘内摆上2小堆白豆泥、烤圣女果、鳕鱼夹西班牙香肠细条及摆盘用白豆，再摆上少量西班牙香肠细条及细香葱。最后，在盘面滴几滴步骤3中过滤的橄榄油即可。

尼斯风味鲻鱼搭配
美味乡村面包片

Filets de rougets barbets de roche, à la niçoise, tartine au parfum de soleil

难度：👨‍🍳👨‍🍳　分量：8人份

准备时间：1小时　腌渍时间：2小时　烹调时间：1小时

原料：

鲻鱼排
约80~100克的鲻鱼排 8块
橄榄油 2大匙
切成薄片的大蒜 5瓣
香草末（罗勒、百里香、迷
迭香及墨角兰嫩尖）适量
盐之花及现磨胡椒 适量
埃斯普莱特辣椒粉 1小撮

茄子泥：
茄子 600克
橄榄油 2大匙
香草末（迷迭香、百里香、
月桂叶及罗勒嫩尖）适量
对切的大蒜片 适量
大蒜 1个球
红糖 适量
切碎的白洋葱 150克
榨汁的柠檬 一二颗
橄榄油 适量
切碎的香菜 2大匙
盐及胡椒 适量

番茄糊：
番茄糊 8大匙
橄榄油 适量
切碎的罗勒 2大匙
熟松子 1大匙
盐及胡椒 适量

橄榄酱：
去核酒红橄榄 200克
鳀鱼 8~10条
大蒜 1瓣
橄榄油 3大匙
盐及胡椒 适量

鲻鱼：将鱼肉片下，再取出鱼刺。用橄榄油、切成薄片的大蒜及香草末腌渍2小时。上桌前再以腌渍用油将鱼肉煎至金黄。之后撒上盐之花、现磨胡椒及辣椒粉调味。

茄子泥：将烤箱预热至170℃。将茄子对半切开，在茄子肉上交叉划几刀，再淋上橄榄油、撒上少量香草末。之后放上烤盘，再将对切的大蒜片铺在茄子上，盖好锡纸烤30分钟，烤至茄子变软即可。

取出茄子后，刷一层烤时溢出的油，再撒红糖。将烤箱温度调至220℃，将茄子放回烤箱至表面焦糖化，注意不要烤煳。之后将茄子肉以汤匙刮下，再用滤网过滤成茄子泥，并去掉多余的油脂。

将1个球的大蒜去皮后备用。

将洋葱入锅以一部分橄榄油炒软，在其变色前放入茄子泥、大蒜及剩余的香草末，盖锅盖煮20分钟。待其冷却后，倒入剩余的橄榄油及柠檬汁，再放入切碎的香菜，撒盐及胡椒调味，这时茄子泥就做好了。

番茄糊：规律地将橄榄油以匀速倒入番茄糊内，一边倒一边搅拌至完全融合后再倒下一次。接着将切碎的罗勒及熟松子放入，并以盐及胡椒调味。

橄榄酱：将去核酒红橄榄、鳀鱼、大蒜及橄榄油用电动搅拌器打至酱状，根据个人喜好放入盐及胡椒调味。

烤乡村面包片：为每位客人准备好3片厚约1.5厘米的烤乡村面包片，用烤面包机烤刷上橄榄油的面包片的两面，再将切

烤乡村面包片：
乡村面包 1条
橄榄油 适量
切碎的大蒜 1瓣

摆盘：
干燥番茄瓣 24块
罗勒嫩尖（罗勒及紫罗勒嫩尖）适量
炸中型罗勒叶 24片
细香葱尖 适量
带梗酸豆 24颗
干燥西葫芦花 4朵
渍柠檬皮碎 1小匙
陈年巴萨米克醋 1大匙
市售青酱 1大匙
橄榄油 适量
可食用花 32朵

碎的大蒜涂在面包片表面。

在盘内摆好已抹橄榄酱、茄子泥及番茄糊的3片烤乡村面包片，在其上放上煎鲻鱼。

在盘内放上干燥番茄瓣、罗勒嫩尖、炸罗勒叶、细香葱尖、带梗酸豆、西葫芦花及渍柠檬皮碎。最后，在盘的边缘抹上巴萨米克醋，再滴几滴青酱和橄榄油，点缀上可食用花即可。

烤江鳕卷搭配新式蔬菜高汤酱

Lotte comme un rôti, nage de légumes nouveaux liés au pistou

难度：♟♟　分量：8人份

原料：

烤安康鱼卷：
江鳕 1600克
橄榄酱 100克
番茄瓣 20块
过水焯的罗勒叶 20片
猪五花肉 20片
猪网膜 200克
初榨橄榄油 1大匙
黄油 30克
大蒜 5瓣
盐之花 适量
埃斯普莱特辣椒粉 适量
柠檬皮碎 1颗

新式蔬菜高汤酱：
橄榄油 1小匙
猪五花肉 80克
大蒜 3瓣
春季嫩小白洋葱 12颗
球茎茴香 1颗
嫩芹菜茎 2把
白芦笋 12根
带叶胡萝卜 8根
带叶芜菁 12个
鱼高汤 400毫升（见第75页）
香草捆（迷迭香、莳萝、百
里香、月桂叶及罗勒）适量
诺曼半盐黄油 30克
圣女果 12颗
干番茄瓣 12块
蚕豆 2大匙
豌豆 2大匙
荷兰豆 40克
特级四季豆 40克
迷你西葫芦 4条
市售青酱 1大匙
柠檬汁或柠檬醋 适量
橄榄油 适量

准备时间：1小时　烹调时间：15分钟

烤江鳕卷：将烤箱预热至180℃。将鱼肉片下，取出鱼刺。在鱼肉上划几刀，将橄榄酱装入裱花器内，裱在鱼肉的刀口处，再将每组两片的鱼肉叠好，整齐地摆好番茄瓣。之后将鱼肉以过水焯过的罗勒叶及猪五花肉裹起，之后用猪网膜包好并捆牢。用橄榄油、黄油及大蒜将鱼肉卷煎至上色，再放入烤箱烤12分钟，过程中要不停地为鱼肉卷淋上烤时溢出的油脂，以免鱼肉卷太干。待鱼肉卷中心的温度达到56~58℃时，将鱼肉卷取出，在烤架上静置5分钟，最后在每个盘内放一二块鱼肉卷，再撒上盐之花、辣椒粉及柠檬皮碎即可。

新式蔬菜高汤酱：将切成丁的猪五花肉入平底锅，用橄榄油炒至上色。

再用同一锅的橄榄油煎大蒜、小白洋葱、球茎茴香、芹菜茎及芦笋，接着放入胡萝卜及芜菁。倒入鱼高汤煮至微滚，在放入香草捆后盖上锅盖，以小火煮至蔬菜变软。

将蔬菜煮汁倒出，在其内放入切成小块的半盐黄油，一边轻晃锅体一边使其融化，为煮汁增稠。接着，过盐水（配方外）焯绿色蔬菜（蚕豆、豌豆、荷兰豆、四季豆及迷你西葫芦）。将猪五花肉丁、圣女果、干番茄瓣、焯好的绿色蔬菜及青酱入平底锅，再倒入适量柠檬汁或柠檬醋增加酸度。之后一边少量多次倒入橄榄油，一边规律地搅拌至完全融合。离火前再撒上切碎的罗勒，以盐及胡椒调味，这时新式蔬菜高汤酱就做好了。

摆盘：将烤箱预热至80℃。将4片伊比利火腿卷成长五六厘米的小卷。将刨碎的帕玛森奶酪入不粘锅煎成奶酪脆片。再将过水焯过的西葫芦花放上硅胶烘焙垫烤一会儿，使其变干燥。

在每个深盘内都摆上各种蔬菜，再倒入新式蔬菜高汤酱。将烤江鳕卷、罗勒嫩尖、芝麻叶、干燥西葫芦花、帕玛森奶酪脆片及伊比利火腿卷放在中心。最后，撒上烤松子、淋上适量橄榄油，再以精盐、盐之花及现磨胡椒调味即可。

切碎的罗勒 2大匙
盐及胡椒 适量

摆盘:
伊比利火腿 4片
刨碎的帕玛森奶酪 160克
干燥西葫芦花 4朵
罗勒嫩尖 12朵
芝麻叶 适量
烤松子 适量
橄榄油 适量
精盐、盐之花及现磨胡椒 适量

烤大菱鲆搭配马铃薯鸡油菌与墨鱼油醋蔬菜

Turbot rôti, pommes de terre, girolles, blanc de seiche et vierge de légumes au basilic

难度：👔👔　分量：8人份　　准备时间：1小时　烹调时间：45分钟

原料：

大菱鲆与墨鱼：
1200~1300克的大菱鲆 4条
干燥茴香叶 适量
大蒜 2瓣
百里香 适量
墨鱼 300克
橄榄油 适量
粗盐 适量
半盐黄油 200克

配菜：
鸡油菌 600克
橄榄油 100毫升
干燥茴香叶 适量
百里香 适量
大蒜 2瓣
盐 适量
小马铃薯 500克
白葡萄酒 100毫升

油醋蔬菜：
黄西葫芦 30克
紫西葫芦 30克
留皮去子的小黄瓜 20克
芹菜茎 20克
番茄 50克
紫洋葱 20克
烤松子 40克
黑橄榄 40克
绿色橄榄油 350毫升
巴萨米克醋 3大匙
意大利红酒醋 25毫升
矮生罗勒 1/4把
精盐 适量
埃斯普莱特辣椒粉 1小匙

摆盘：
春季嫩白洋葱细丝 1把

大菱鲆与墨鱼： 将大菱鲆的内脏及鱼眼去除，将茴香叶、未去皮的大蒜及百里香塞入鱼腹内，之后即可冷藏备用，烹调前20分钟取出。清洗墨鱼，将鱼身两面都划几刀，之后冷藏备用。

配菜： 将烤箱预热至170℃。将洗净的鸡油菌擦干，用橄榄油将鸡油菌及1瓣大蒜炒2分钟，撒盐调味，之后备用。将小马铃薯洗净，与未去皮的1瓣大蒜及百里香入炖锅一起炒，再倒入白葡萄酒使锅底的焦香溢出，之后盖锅盖入烤箱烤30分钟。

油醋蔬菜： 依次将两种西葫芦、小黄瓜、芹菜茎及番茄切成小细丁，将紫洋葱切碎。之后与烤松子、黑橄榄、橄榄油、巴萨米克醋、红酒醋、矮生罗勒、精盐及辣椒粉混合。

将烤箱预热至180℃。用橄榄油及粗盐为大菱鲆调味，之后将上桌的那面朝上放于烤架上，再抹上半盐黄油，烤10~12分钟，注意过程中要不时将烤时流出的油脂淋在鱼肉上。烤好后以锡纸包好，静置备用。

同时，将步骤2中备用的鸡油菌入平底锅，以烤鱼时流出的油脂炒一会，之后依次放入白洋葱细丝、红椒粗丝及碎香芹。

将墨鱼切成小条，以大火快速炒一会。

将锡纸包好的大菱鲆放入烤箱再烤3分钟，之后将黑色鱼皮去除。在鱼脊处分别放上烤马铃薯、油醋蔬菜、炒鸡油菌及炒墨鱼条，摆成长条状。接着撒上油渍大蒜、带梗酸豆及三种罗勒。最后，可将步骤3中的油醋蔬菜汁装入酱汁壶内，随用随取。

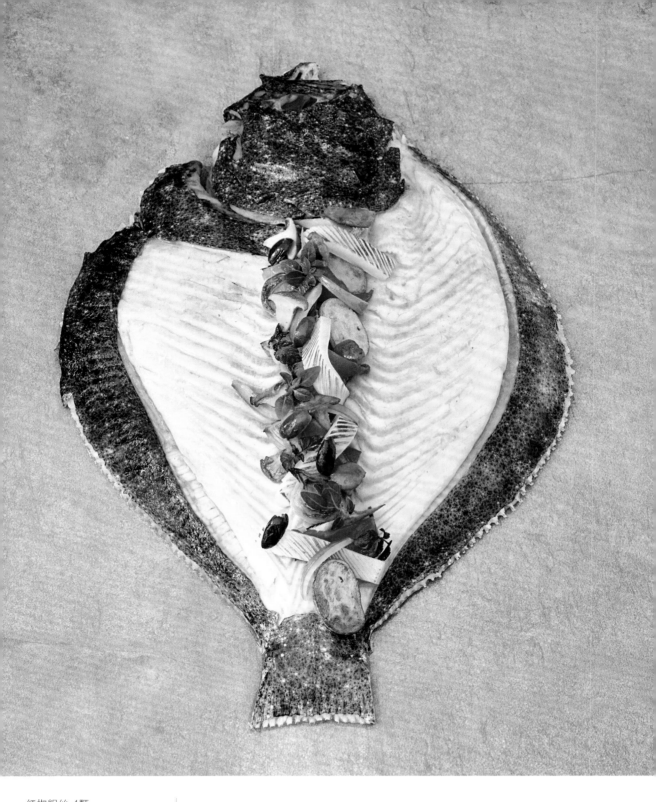

红椒粗丝 4颗
碎香芹 适量
油渍大蒜 8瓣
带梗酸豆 8颗
矮生罗勒、罗勒及紫罗勒 适量

鲜虾梭鱼丸搭配荷兰酱

Quenelle de brochet aux écrevisses, sauce hollandaise

难度：👨‍🍳👨‍🍳　分量：8人份

准备时间：50分钟　烹调时间：45分钟

原料：

浓稠龙虾酱：
混合蔬菜（胡萝卜、洋葱、红葱头及西芹）300克
大蒜 2个球
切碎的番茄 5颗
市售浓缩番茄酱 4大匙
干邑白兰地 80毫升
不甜的白葡萄酒 200毫升
鱼高汤 1.5~2升（见第75页）
龙虾汤 1升
调味香草捆 1捆
牛奶 250毫升
黄油 50克
面粉 50克
高脂鲜奶油 300毫升
液体鲜奶油 200毫升
生的龙虾黄油 50克
熟的龙虾黄油 50克
龙蒿 1把
盐及胡椒 适量
榨汁的柠檬 1颗

梭鱼丸：
梭鱼或梭鲈 350克
鸡蛋 1颗
液体鲜奶油 450毫升
室温回软的龙虾黄油 80克
埃斯普莱特辣椒粉 1小撮
盐及胡椒 适量

淋酱：
澄清黄油或鲜虾黄油 30克

摆盘：
去头、去壳的熟虾 56只
龙虾黄油 50克

浓稠龙虾酱：清洗混合蔬菜，再切成骰子块。之后与大蒜、番茄及浓缩番茄酱一起炒软，倒入干邑白兰地使锅底的焦香溢出，之后倒入白葡萄酒收汁。再倒入鱼高汤及龙虾汤，放入香草捆，以小火煮20~30分钟。之后以漏斗过滤器过滤，再放入牛奶、黄油及面粉制作油糊（见第38页步骤1）。拌匀后，将两种鲜奶油放入并继续收汁。离火后，将切成小块的生的龙虾黄油入锅，轻晃锅体使其自然融化，用同样的方法将熟的龙虾黄油入锅。放入龙蒿静置5~10分钟使其入味，之后过滤，并以盐及胡椒调味。再倒入柠檬汁增加酸度。接着将做好的浓稠龙虾酱倒入1个大烤盘或8个小烤盘内，覆上保鲜膜保温备用。

梭鱼丸：将鱼肉低温冷藏，撒少量盐后以电动搅拌器打成泥状。放入鸡蛋及200毫升鲜奶油，过筛使其口感更加细腻。在冰块上放好搅拌盆，放入剩余的鲜奶油，用刮刀拌匀，之后一边放入龙虾黄油，一边用打蛋器快速打匀，再根据个人喜好撒盐、胡椒及辣椒粉调味做成鱼肉馅。另取一个沙拉盆，装满冰水及冰块，将搅拌盆放在沙拉盆上，使鱼肉馅保持低温，之后用汤匙或保鲜膜制成8个椭圆形的梭鱼丸。将一锅水煮沸，微滚（无需沸腾）时下入梭鱼丸，煮20分钟。

将烤箱预热至180℃。将保温备用的浓稠龙虾酱的保鲜膜取下，将梭鱼丸放入，再涂上一层淋酱。放入烤箱烤10~12分钟，烤至梭鱼丸膨胀变大成原来的2倍即可。

最后，放入7只提前抹过龙虾黄油的去头、去壳的熟虾、1只整虾及1小匙熟龙虾卵，再以细叶芹及细香葱作为点缀即可。

虾螯向后固定的整虾 8只
熟龙虾卵 8小匙
细叶芹 适量
细香葱 适量

格勒诺布尔比目鱼卷

Sole dans l'esprit d'une grenobloise

难度：♟♟♟　分量：10人份

准备时间：1小时30分钟　烹调时间：30分钟

原料：

比目鱼：
600~800克的比目鱼 5条
榛子黄油 适量（见第51页）
柠檬皮碎 1颗
盐及胡椒 适量

甜酥面包：
白吐司 500克
香芹 3把
黄油 200克
盐及胡椒 适量

配菜：
马铃薯 1500克
橄榄油 100毫升
黄油 100克
粗灰盐 适量
精盐 适量
油渍番茄瓣 12块

巴萨米克酱：
巴萨米克醋 40毫升
新鲜黄油 100克
榨汁的柠檬 1/2颗
盐及现磨白胡椒 适量

摆盘：
去核黑橄榄 30颗
柠檬丁 1颗
油渍番茄瓣 30块
罗勒 1/2把
带梗酸豆 30个
市售青酱 250克

清除比目鱼的内脏，去黑色鱼皮，用汤匙为白色那面去鳞，再片下鱼肉。以盐和胡椒调味后，在鱼肉上挤一条榛子黄油，撒上柠檬皮碎，再用保鲜膜卷起（图1及图2），接着放入真空袋内压碎备用。

甜酥面包： 先做出绿色及白色面包粉。将去边的吐司切成小丁，放入预热至100℃的烤箱烤干，取出一半用料理机打成白色面包粉。将烤箱调至160℃继续烤另一半吐司丁，之后混合香芹入料理机打成绿色面包粉。用擀面杖将黄油擀软后以盐及胡椒调味，之后分别与白色面包粉及绿色面包粉混合，在烤盘纸上将其摊开，再各铺一张烤盘纸用擀面杖擀平，之后放入冰箱冷冻。待其凝固后，切成细条状，并交错颜色拼在一起（图3至图6），之后再次冷冻并凝固。

将马铃薯带皮煮软。

同时，准备摆盘的原料。将去核的黑橄榄沥干并切成细丝，取柠檬皮并过水焯3次，同样沥干后切成细丝。将柠檬果肉每瓣切成3块，其余原料备用。

将煮好的马铃薯去皮，用叉子在隔水加热的盘内压碎。一边倒入橄榄油，一边搅拌至与马铃薯泥完全融合。将黄油切成小块，也如以上方式那样放入。按照个人喜好放入粗灰盐及精盐，为使隔水加热时保温，需覆上保鲜膜备用。

巴萨米克酱： 加热巴萨米克醋并收汁，再依次放入新鲜黄油、柠檬汁、盐及胡椒。

在70℃的低温烹调机内放入装有比目鱼卷的真空袋煮8分钟，煮好后取出，并保温备用。上桌前，先放入70℃的蒸汽烤

1

2

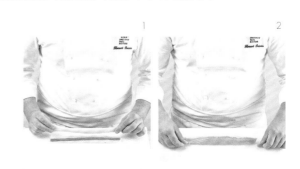

博古斯学院法式西餐烹饪宝典

箱烤2分钟，再将真空袋打开，取下保鲜膜及食材。在烤干的
鱼卷上放细条状的甜酥面包，再放入明火烤箱烤。

最后，依次在盘内将番茄瓣、柠檬丁、罗勒及酸豆排成一
排，平行摆放有甜酥面包的比目鱼卷，再点缀些巴萨米克酱及
青酱即可，也可将青酱另外盛入一个容器再上桌。

青酱牙鳕卷搭配
马铃薯面疙瘩

Merlan, basilic et gnocchis

难度：♟♟♟ 分量：10人份

准备时间：1小时　去腥时间：5分钟　烹调时间：50分钟

原料：

牙鳕卷：
约400克的牙鳕鱼排 5片
盐及胡椒 适量

罗勒黄油酱：
法式白酱 150克（见第35页）
黄油 15克
大蒜 1瓣
芥末 1小撮
菠菜泥 5克
罗勒 2把
柠檬黄油 适量
冷水 1大匙

摆盘：
菠菜嫩叶 100克
南法菜蓟 5个
盐 适量
榨汁的柠檬 1颗
橄榄油 适量
柳橙果肉 3颗
白奶酪 适量
油渍圣女果 适量
带梗酸豆 适量

面疙瘩：
面疙瘩 适量（见第332页）
打发鲜奶油 200毫升
蛋黄 1个
市售罗勒青酱 适量
刨碎的帕玛森奶酪 适量

牙鳕卷： 去除鱼皮及内脏，将鱼片切下，再放入5%的盐水（1升配方外的冷水需50克盐）内浸泡5分钟去腥。沥干后沿着鱼片的长边切成10条，撒盐及胡椒调味。之后用保鲜膜卷起，放入冰箱冷藏保存。

将菠菜嫩叶洗净，快速过水焯，之后放在涂了油（配方外）的烤盘纸上。

南法菜蓟： 削掉菜蓟不能食用的部分并洗净，再用盐、柠檬汁及橄榄油调味。接着放入真空袋内压缩，再放入90℃的蒸汽烤箱烤40分钟。

面疙瘩： 将面疙瘩煮熟，再冷却。在每个盘内都放适量面疙瘩，再覆上保鲜膜。之后混合打发鲜奶油、蛋黄、青酱及刨碎的帕玛森奶酪，制成绿色奶油。取下保鲜膜，将绿色奶油刷在面疙瘩上，之后入烤箱烤至上色。取出后放在之前的盘内或另外换盘一起上桌。

罗勒黄油酱： 用电动搅拌器将法式白酱、黄油、大蒜、芥末、菠菜泥及罗勒拌匀，将柠檬黄油放入为其增稠，之后装入酱汁壶内备用。将牙鳕卷用吸油纸包好，放入70℃的烤箱烤8分钟，取出后备用。在为牙鳕卷淋酱前，先在罗勒黄油酱内加1大匙冷水。

将牙鳕卷的保鲜膜取下，轻轻擦干表面后放在烤架上，接着厚厚地淋一层罗勒黄油酱，再将白奶酪装入裱花袋内，并为牙鳕卷装饰上一圈一圈的白线（图1至图3），之后放在盘内，并用罗勒黄油酱在盘内划出一道线。最后，在盘内摆好面疙瘩、菜蓟、菠菜嫩叶、油渍圣女果、带梗酸豆及切成小丁的柳橙果肉即可。

1　　　　2　　　　3

鲈鱼搭配玉米及羊肚菌

Bar au maïs et morilles

难度：👕👕👕 分量：10人份

准备时间：1小时 冷藏时间：12小时 去腥时间：15分钟
烹调时间：40分钟

原料：

鲈鱼：
鲈鱼排 2500克
盐 适量
黄油 50克
胡椒 适量
细香葱末 1/2把

炸玉米饼：
葱 1/2根
玉米粒 300克
鸡蛋 2颗
牛奶 125毫升
面粉 150克
酵母 5克
盐 5克
炸油 适量

玉米泥及爆米花：
整根玉米 300克
牛奶 1升
水 1升
80克的洋葱 1颗
黄油 30克
白色鸡高汤 150毫升（见第60页）
松露油 2大匙
盐及胡椒 适量

玉米笋：
生玉米笋 250克
蜂蜜 50克
白葡萄酒醋 3大匙
白葡萄酒 200毫升
盐 5克
黑胡椒粒 5粒
八角 2粒
香菜子 20颗

炸玉米饼糊： 将去皮的葱切成末，沥干玉米粒，放入鸡蛋和牛奶并打匀。之后在一搅拌盆内依次放入面粉、酵母、盐、蛋液及牛奶、玉米粒及葱末，放入冰箱冷藏一晚。

将干燥羊肚菌浸入冷水泡20分钟以上，用来制作沙巴雍。将鲈鱼的鱼鳞及内脏去除后，切下鱼排。切成10份后，放入5%的盐水（1升配方外的冷水兑50克盐）内浸泡15分钟，取出后备用。

玉米泥： 将玉米粒剥下，其中的一半用来制作爆米花，另一半放入牛奶和水中以小火煮30分钟。离火后沥干，将其中的两排玉米粒作为一组纵切，摆盘备用，剩余的玉米粒用来制成玉米泥。将去皮的洋葱切碎后入一酱汁锅，用少量黄油炒软，再放入剩余的玉米粒及白色鸡高汤，以小火煮30分钟。沥干后，混合剩余的黄油及1大匙松露油，以电动搅拌器打匀，撒少量盐及胡椒调味，并保温备用。

爆米花： 将保留的一半玉米粒爆开，以1大匙松露油及少量盐调味，之后备用。

用盐水（配方外）焯生玉米笋，将蜂蜜、白葡萄酒醋、白葡萄酒、盐、黑胡椒粒、八角及香菜子入锅，煮沸后放入玉米笋，转小火煮10分钟。

玉米脆片： 用打蛋器混合玉米面、水及橄榄油，制成玉米面糊。将少量面糊倒入烧热的不粘平底锅内，盖锅盖以中火煎烤成酥脆的玉米脆片，一共制作10片。

沙巴雍： 将泡发的羊肚菌沥干后摆盘用。将50毫升的泡发水以小火收汁，再一边缓缓地放入鸡蛋、蛋黄、雪莉酒醋、精盐及提前化好的黄油，一边用打蛋器快速拌匀。之后装入不锈

玉米脆片：
玉米面 30克
水 250毫升
橄榄油 60克

羊肚菌沙巴雍：
干燥羊肚菌 30克
鸡蛋 3颗
蛋黄 1个
雪莉酒醋 2大匙
精盐 5克
黄油 250克

摆盘：
白萝卜芽 适量

钢黄油枪内，再放入65℃的温水内隔水保温。

制作粉炸鲈鱼排（见第267页）。

用汤匙挖出炸玉米饼糊小球，放入油温为170℃的炸油内炸3分钟。炸好后，以厨房纸吸干多余的油脂，撒盐调味。将步骤3中摆盘备用的玉米粒入平底锅干煎。将50克黄油加热至起泡，放入泡发好的羊肚菌煎一会，撒盐及胡椒调味，再放入细香葱末。

在每个盘内分别放上玉米泥、1片玉米脆片、适量爆米花、玉米笋、白萝卜芽、粉炸鲈鱼排、煎羊肚菌及干煎玉米粒。最后，将装入小碗的沙巴雍及炸玉米饼一起上桌即可。

鲈鱼搭配西葫芦及油渍番茄

Filet de bar en écailles de tomates confites et courgettes

难度：👨‍🍳👨‍🍳👨‍🍳　分量：8人份

准备时间：1小时　烹调时间：1小时15分钟

原料：

鲈鱼：
约1000克的鲈鱼排 2块
橄榄油 适量
红葱头 100克
白葡萄酒 100毫升
鱼高汤 200毫升（见第75页）
液体鲜奶油 400毫升
黄油 200克
盐及胡椒 适量

番茄瓣：
带蒂番茄 2000克
盐及胡椒 适量
白砂糖 1小撮
切成细末的大蒜 1瓣
橄榄油 100毫升
百里香 4根
月桂叶 4片

西葫芦鳞片：
西葫芦 400克
盐水 适量

摆盘：
巴萨米克醋 适量
番茄小细丁 适量
百里香嫩尖 适量

清除鲈鱼内脏，取下鱼排，并切成8份，再冷藏备用。

将烤箱预热至110℃，烫煮带梗番茄为其去皮，再切成4等份，去之后保留番茄瓣。之后放上铺有烤盘纸的烤盘，撒盐、胡椒及白砂糖调味。再将切成细末的大蒜撒在番茄瓣上，淋上橄榄油、撒上百里香，将月桂叶放在番茄瓣之间，再放入烤箱烤1小时。

将西葫芦切成2毫米的薄片，再用盐水（配方外）焯几秒，之后放入冷水中冷却，这样可使其口感更爽脆，之后沥干备用。

将烤箱温度升至150℃。将鲈鱼带皮那面朝下，用橄榄油煎1分钟，之后小心地取下完整的鱼皮。在鱼皮的上下两侧各铺一张烤盘纸，之后夹在两个平行烤盘之间烤至酥脆。切成菱形小片备用。

将番茄瓣及西葫芦薄片用模具修整成鱼鳞状。

将烤箱温度升至170℃。将步骤5中的鱼鳞放在鲈鱼排上，再将其整个放入提前抹油（配方外）的烤盘内，再依次放入红葱头、倒入白葡萄酒及鱼高汤，烤15分钟。烤好后，将鲈鱼排取出备用，将烤盘内的汤汁倒入一口锅内收汁，倒入鲜奶油，放入切成小块的黄油，之后轻晃锅体使其融化增稠，再将煮好的酱汁用漏斗过滤器过滤，撒盐及胡椒调味。

在每个盘内摆上1块鱼鳞状鲈鱼排，鱼排首尾各放1片菱形鱼皮，淋上适量酱汁。最后，滴几滴巴萨米克醋、番茄小细丁及百里香嫩尖即可。

烤海螯虾搭配炖饭与菌类

Langoustines rôties, risotto aux champignons des bois

难度：🍳 分量：8人份

准备时间：30分钟　烹调时间：25分钟

原料：

海螯虾：
海螯虾 2000克

混合菌类：
牛肝菌 150克
迷你鸡油菌 150克
黄油 30克
盐及现磨胡椒 适量

炖饭：
黄洋葱 1颗
橄榄油 100毫升
炖饭米 250克
金黄色鸡高汤 1升（见第65页）
白葡萄酒 2大匙
帕玛森奶酪 100克
黄油 100克
细香葱 1把
细叶芹末 1/2把

摆盘：
巴萨米克醋 适量

　　海螯虾： 剥壳后保留虾的最后两节及虾尾的壳，用牙签将虾线剔出，之后冷藏备用。

　　将牛肝菌及鸡油菌洗净后擦干，用平底锅加热黄油，之后将菌类炒至上色，撒盐及现磨胡椒调味。

　　炖饭： 用一口炖锅加热橄榄油，放入切成丁的洋葱，注意不要炒至上色。之后放入炖饭米翻炒均匀，再倒入白葡萄酒使锅底的焦香溢出。之后一边倒入金黄色鸡高汤，一边搅拌，煮16~18分钟。收汁后依次放入帕玛森奶酪、切成丁的黄油、少量炒菌类、细香葱及细叶芹末。煮好的炖饭呈浓稠的乳脂状，之后保温备用。

　　将海螯虾入平底不粘锅内快炒三四分钟，注意不要炒太久以免虾肉变老。

　　在每个盘内放上1个小球的炖饭、适量炒混合菌类及2只海螯虾，再点缀几滴巴萨米克醋即可。

焗烤海鲜搭配蒸煮蔬菜丝

Gratin de fruits de mer et julienne de légumes étuvés

难度：👨‍🍳 分量：8人份

准备时间：50分钟 烹调时间：40分钟

原料：

青蔬丝：
芹菜球 300克
胡萝卜 500克
韭葱白 500克
黄油 50克
白砂糖 1小撮
盖朗德盐之花 适量
现磨胡椒 适量
水 2大匙
咖喱粉 1小匙

混合海贝类：
贻贝 300克
血蛤 300克
蛤蜊 300克
扇贝 300克
红葱头 2颗
白葡萄酒 200毫升

丝绒酱：
黄油 30克
面粉 30克
牛奶 300毫升
液体鲜奶油 30克
埃斯普莱特辣椒粉 适量
肉豆蔻粉 1小撮

摆盘：
贝柱 500克
橄榄油 2大匙
细香葱末 1把

青蔬丝： 将芹菜球、胡萝卜及韭葱白切成细丝，将韭葱白细丝泡冷水并沥干。将全部青蔬丝入炖锅以黄油及白砂糖炒一会，再放入盐之花、现磨胡椒、2大匙水及咖喱粉，盖上锅盖，以小火煮20分钟。

混合海贝类： 用冷水进行清洗，酌情可多清洗几次。用红葱头及白葡萄酒将混合海贝类煮至开壳，再盖上锅盖煮4分钟，之后保温备用。

丝绒酱： 用黄油、面粉及适量牛奶制作油糊（见第35页步骤1）。取150毫升上一步骤中的煮汁，依次倒入油糊、剩余的牛奶及一半鲜奶油，煮至浓稠。再以辣椒粉及肉豆蔻粉调味。最后将另一半鲜奶油提前打发，再缓缓倒入其中制成丝绒酱。

摆盘： 将烤箱预热至170℃。加热橄榄油后放入贝柱，将每一面都煎至上色。将青蔬丝铺在烤盘底部，再放上混合海贝类、贝柱及少量细香葱末。倒入丝绒酱后放入烤箱烤15~18分钟。最后，取出烤盘，并摆上剩余的混合海贝类及细香葱末即可。

斯佩耳特小麦炖饭搭配芦笋

Épeautre comme un risotto, asperges vertes cuites et crues

难度：👨‍🍳 分量：8人份　　准备时间：1小时　烹调时间：30分钟

原料：

绿芦笋 28根
盐水 适量
帕玛森奶酪 80克
斯佩耳特小麦 300克
盐 适量
胡椒 适量
洋葱丁 140克
不甜的白葡萄酒 3大匙
蔬菜高汤 1升（见第69页）
陈年红酒醋 2大匙
橄榄油 4大匙+适量
罗勒叶 8片
精盐 1小撮
现磨胡椒 适量

芦笋：将芦笋尖用刀稍微修整下，将硬的粗纤维切下。取其中的24根芦笋，切下约7厘米长的芦笋尖。将一半芦笋梗用少量盐水焯一会再冰镇，使其冷却。之后用调理机打成芦笋泥备用。再将另一半芦笋梗切成丁，炖饭时使用。再用少量盐水焯24根芦笋尖，为保持清脆的口感只需焯一会即可，之后放入冷水中冷却，再沥干。

将剩余的4根芦笋用切菜器切成薄片，放于盘内，并覆以保鲜膜。

将其中一半帕玛森奶酪刨碎，另一半刨成薄片。

将斯佩耳特小麦及其重量约3倍的冷水入平底深锅内煮沸，再转小火炖煮（按小麦包装袋上的指示来煮）。离火后以少量盐及胡椒调味，若有需要可将多余的水分沥干。

将洋葱丁入平底炒锅内以1大匙橄榄油炒软，之后放入芦笋梗丁煮1分钟，再倒入白葡萄酒使锅底的焦香溢出，煮至收干。接着倒入适量蔬菜高汤，以大火煮2分钟。再将斯佩耳特小麦及芦笋泥放入煮1分钟，关火后放入刨碎的帕玛森奶酪及陈年红酒醋，再以少量盐及胡椒调味。

用剩余的3大匙橄榄油、剩余的3大匙蔬菜高汤及剩余的盐加热24根芦笋尖。

在每个盘内放上炖饭，摆好芦笋尖。再将提前用适量橄榄油、精盐及现磨胡椒调味的芦笋薄片摆上。最后，以罗勒叶作为装饰即可。

什锦水果布格麦搭配
小茴香胡萝卜冻

Boulgour aux fruits secs carotte-cumin

难度：🍳　分量：8人份

准备时间：45分钟　静置时间：15分钟
烹调时间：20分钟

原料：

布格麦：
布格麦 400克
橄榄油 3大匙
蔬菜高汤 700毫升（见第69页）
盐及胡椒 适量

配菜：
油渍番茄 150克
杏干 60克
黑橄榄 60克
盐渍柠檬 60克
白葡萄干 60克
杏仁 60克
榛子 60克

小茴香胡萝卜冻：
生胡萝卜汁 200毫升
蔬菜高汤 300毫升
小茴香 2克
植物性凝结粉 25克
精盐 1小撮

摆盘：
香菜泥 50克
用打蛋器打过的酸奶 50克
嫩苗（豆芽、薄荷及罗勒
等）50克

　　布格麦： 将布格麦用橄榄油炒软，倒入蔬菜高汤，以盐及胡椒调味。之后盖上锅盖，小火煮20分钟。离火15分钟后，以叉子拌匀并备用。

　　配菜： 将油渍番茄、杏干、黑橄榄及盐渍柠檬切成同样大小的小丁。以温水（配方外）浸泡白葡萄干。将杏仁及榛子入锅炒香，之后也切成同样大小的小丁。

　　小茴香胡萝卜冻： 依次混合胡萝卜汁、蔬菜高汤、小茴香及1小撮精盐。以漏斗过滤器过滤后放入植物性凝结粉，煮沸。之后快速地倒入提前铺好烤盘纸的长方形模具内，厚约2毫米。

　　将小茴香胡萝卜冻铺匀，静置冷却。

　　在每个盘内摆上长方形模具，先装入厚约1厘米的布格麦，再以相同的另一个长方形模具做出长方形小茴香胡萝卜冻，铺于布格麦上。最后，滴几滴香菜泥及酸奶，再摆上提前摘好并洗净的嫩苗即可。

黑扁豆搭配烟熏奶泡

Lentilles beluga écume fumée

难度： 👨‍🍳👨‍🍳 **分量：** 8人份

原料：

扁豆：
大个洋葱 1颗
胡萝卜 1根
黑扁豆 600克
丁香 2颗
调味香草捆 1捆
粗灰盐 适量

配菜：
春季嫩白洋葱 400克
大个带叶黄色萝卜 400克
盐水 适量

烟熏奶泡：
牛奶 400毫升
木屑 40克
蔬菜高汤 250毫升+适量
（见第69页）
大豆卵磷脂粉 525克
杏仁油 1大匙
精盐 适量
现磨胡椒 适量

准备时间： 1小时 **静置时间：** 15分钟
烹调时间： 50分钟

扁豆： 将洋葱及胡萝卜先去皮，再去两端。将黑扁豆及大量冷水（配方外）放入带盖汤锅内，煮沸后将浮沫捞去。对半切开洋葱并塞入丁香，将萝卜切成块，与调味香草捆一同放入汤锅内，以小火煮至微滚，煮20分钟，过程中继续捞去浮沫。煮好前撒粗灰盐调味，之后在锅内静置15分钟，再将黑扁豆过滤出并备用。

配菜： 将洋葱及黄色萝卜先去皮，再去两端。将萝卜切成约2.5厘米的方块，放入煮沸的盐水中煮10分钟，之后放入冷水中冷却并沥干。洋葱也以同样的方式煮好后对半切开，再用平底锅以大火炒至焦黄，之后再次对切。

烟熏奶泡： 将牛奶放入烟熏炉以木屑烟熏入味。之后将烟熏牛奶及其他原料一起放入平底深锅内，煮至58℃，再撒精盐及现磨胡椒调味。摆盘前用电动搅拌器打至质地绵密的奶泡即可。

将前文中的配菜用适量蔬菜高汤进行加热。在每个盘内摆上一圈黑扁豆，其外围再放上萝卜块和洋葱块。最后，在盘中央放上1大匙烟熏奶泡即可。

蔬菜串搭配豆腐慕斯及海带高汤

Jeunes légumes en brochette, royale de tofu, bouillon d'algues

难度：👕👕 分量：8人份

准备时间：1小时30分钟　浸泡入味时间：15分钟
烹调时间：30分钟

原料：

豆腐煮及豆腐慕斯：
嫩豆腐 300克
豆浆 250毫升
鸡蛋 2颗
蛋黄 1个
盐及胡椒 适量

蔬菜串：
南法菜蓟 3颗
挤汁的柠檬 1颗
橄榄油 100毫升
精盐 1小撮
大个带叶胡萝卜250克
春季嫩白洋葱 3把
芹菜茎 250克
黄芜菁 250克
小甜菜 2个
樱桃萝卜 200克

绿米脆片：
香菜 1把
长米 150克
蛋清 适量

海带高汤：
蔬菜高汤 1升（见第69页）
姜末 10克
酱油 1大匙
海带 40克
盐及现磨黑胡椒 适量

豆腐慕斯： 将其中的50克嫩豆腐切成约1.5厘米的丁，之后冷藏备用。再将剩余的嫩豆腐、豆浆、鸡蛋及蛋黄用电动搅拌器打成顺滑的慕斯状，撒盐及胡椒调味后用漏斗过滤器过滤，之后装入上桌的盘内。接着，给豆腐慕斯盖上保鲜膜，放入预热至83℃的蒸汽烤箱煮18分钟，取出备用。

蔬菜串： 将菜蓟的蓟心取出并抹上柠檬汁，之后切成4瓣，倒入橄榄油、半杯水（配方外），撒入精盐，用炖锅煮10分钟。之后将带叶胡萝卜等所有蔬菜洗净并去皮，再分别以盐水（配方外）焯过，并放入冷水后沥干。斜切芹菜茎，将芜菁及甜菜切成4瓣，之后用竹签交错着串起所有蔬菜。

绿米脆片： 和将烤箱预热至90℃。香菜混合少量水（配方外）用电动搅拌器打碎、压缩后得到香菜的叶绿素。将长米放入水中以低温加热，倒入香菜汁。再将蛋清放入，并以电动搅拌器打成均匀的糊状。之后在硅胶烘焙垫上用茶匙滴几滴绿米糊，用抹刀抹平后放入烤箱烤8分钟至酥脆。

海带高汤： 保留8片海带用来摆盘。将蔬菜高汤、姜末、酱油及海带煮沸，之后盖上锅盖静置15分钟使其入味。撒盐及现磨黑胡椒调味后用过滤器过滤。接着将摆盘用的8片海带放入90℃的烤箱烤至酥脆。

将豆腐慕斯及蔬菜串放入75℃的蒸汽烤箱加热7分钟。接着，在装有豆腐慕斯的上桌的盘内倒入煮沸的海带高汤。最后，摆上蔬菜串、备用的豆腐丁、绿米脆片及烤海带脆片即可。

百变番茄杯

La tomate dans tous ses états

难度: ♟♟♟ 分量: 8人份

准备时间: 1小时20分钟 静置时间: 12小时
浸渍时间: 12小时30分钟 烹调时间: 35分钟

原料:

番茄冻:
熟透的番茄 2000克
粗盐 适量
巴萨米克醋 适量
罗勒 1/2把
吉利丁片 10克（以1升液体
来兑）

番茄煮:
番茄碎 400克
牛奶 400毫升
鸡蛋 4颗

番茄脆片:
罗马番茄 三四颗
盐 适量
橄榄油 2大匙
糖粉 10克

番茄雪酪:
水 140克
白砂糖 50克
葡萄糖浆 10克
番茄汁 500毫升
柠檬汁 40毫升
牙买加胡椒 6颗
罗勒叶 适量
盐之花 1小撮

番茄鞑靼:
红葱头 50克
罗马番茄 三四颗
腌渍小黄瓜 2条
晚摘的橄榄炸成的橄榄油 适量
盐之花 适量
现磨胡椒 适量
埃斯普莱特辣椒粉 1小撮

番茄冻: 用电动搅拌器将番茄、粗盐及巴萨米克醋打匀，装入沙拉盆内。之后放入罗勒叶，倒入滤网后冷藏，静置一晚使其自然滤干。

番茄煮: 混合番茄碎、牛奶及鸡蛋，倒入滤网过滤后冷藏2小时使其变清澈。之后倒入上桌的玻璃杯内，用保鲜膜封好口。接着放入预热至85℃的蒸汽烤箱烤18分钟，再冷藏备用。

第二天，将步骤1中制作番茄冻的汁从冰箱内取出，放入提前泡软并挤干的吉利丁片（1升水兑10克，根据比例放入适量即可）。待番茄冻冷藏定型后，再切成与玻璃杯等大的形状，放在番茄煮上，冷藏备用。

番茄脆片: 将烤箱预热至85℃。横切番茄，切成相等厚度的薄片，再以盐及橄榄油调味，撒上糖粉。之后放入烤箱烤30分钟至番茄脱水并变脆，即可冷却备用。

番茄雪酪: 将水、白砂糖及葡萄糖浆煮沸后放凉，依次放入番茄汁、柠檬汁、牙买加胡椒、罗勒叶及盐之花，放入冰箱冷藏浸渍一晚。取出后过筛，之后放入制冰机内，按照指示制作雪酪。

番茄鞑靼: 将红葱头去皮后切碎。烫煮番茄为其去皮后切成小丁。在一个大碗内混合红葱头碎、番茄丁、腌渍小黄瓜、橄榄油、盐之花、现磨胡椒及辣椒粉，之后装入上桌的玻璃杯内，覆在番茄冻上。

配菜: 将帕玛森奶酪片切成三角形小片，对半切开带梗酸豆。将番茄切成4瓣，用巴萨米克白葡萄酒醋腌渍15分钟。

摆盘: 从玻璃杯的最下层开始依次为番茄煮、番茄冻、番茄鞑靼、醋渍番茄瓣及番茄雪酪，再摆上三角形奶酪小片、罗勒叶、罗勒嫩尖及番茄脆片即可。

配菜：
帕玛森奶酪片 适量
带梗酸豆 1大匙
古老品种的番茄（如黑番
茄、菠萝番茄等）适量
巴萨米克白葡萄酒醋 适量
罗勒叶 8片
罗勒嫩尖 适量

牛油果盛宴

Déclinaison d'avocat

难度：👨‍🍳👨‍🍳👨‍🍳 分量：8人份

准备时间：1小时30分钟 烹调时间：6小时

原料：

牛油果泥：
牛油果 4颗
榨汁的柠檬 2颗
橄榄油 5大匙
精盐 1小撮
埃斯普莱特辣椒粉 适量
盐及胡椒 适量

西班牙炸丸子：
面粉 30克
鸡蛋 1颗
面包粉 60克
植物油 500毫升

牛油果脆片：
牛油果 2颗
橄榄油 1小匙
牛油果鞑靼：牛油果 2颗
切成小细丁的甜椒 40克
切碎的红葱头 35克
柠檬汁 1大匙
橄榄油 1大匙
越南米皮 2张

柚子奶泡：
蔬菜高汤 200毫升（见第69页）
柚子汁 3大匙
椰奶 150毫升
大豆卵磷脂粉 2克

配菜：
牛油果油 1大匙
西柚丁 75克
焯过水的柠檬皮碎 8克
甜椒丁 2颗

牛油果泥： 混合牛油果、柠檬汁、橄榄油、精盐及辣椒粉，再以电动搅拌器打成均匀的果泥，撒盐及胡椒调味后分成2份。为避免氧化，用保鲜膜包好后放入冰箱冷藏备用。

西班牙炸丸子： 在半球形硅胶模具内装入一半果泥后冷冻。凝固后脱模，两两一组共24颗圆球，分别裹两次面粉、打散的蛋液及面包粉（见第172页），之后冷藏备用。

牛油果脆片： 将烤箱预热至90℃。将切成薄片的牛油果刷一层薄薄的橄榄油，在其上下两侧各铺一张烤盘纸，夹在两个平行烤盘之间烤6小时，烤至酥脆即可。

牛油果鞑靼： 将牛油果切成小块。混合甜椒小细丁、红葱头碎、柠檬汁及橄榄油制成酱汁，给牛油果调味。

用越南米皮蘸水使其变软，以汤匙盛出适量牛油果鞑靼，放于米皮中心。卷成大小一致的圆形卷，之后切成长约5厘米的小段，冷藏备用。

柚子奶泡： 将蔬菜高汤、柚子汁及椰奶混合并以漏斗过滤器过滤。放入大豆卵磷脂粉后以打蛋器快速打匀，再倒入装有气瓶的不锈钢奶油枪内。

摆盘： 将植物油烧热至170℃炸丸子，之后以厨房纸吸油。将用汤匙挖出的牛油果泥放入盘内，摆成一口"井"的形状，将牛油果油倒入"井"内。之后摆好2个牛油果鞑靼卷、3颗西班牙炸丸子、西柚丁、柠檬皮碎、柚子奶泡及甜椒丁。最后，摆上牛油果脆片即可。

博古斯学院法式西餐烹饪宝典 |

558

石锅拌饭

（韩国）

Bibimpap（riz mélangé）

难度： 🍳 **分量：** 8人份

准备时间：50分钟　腌渍时间：30分钟　烹调时间：40分钟

原料：

牛肉及腌渍酱汁：
牛排骨肉 300克
酱油 2大匙
香油 2大匙
白砂糖 1/2小匙
蒜末 1/2小匙
植物油（炒肉用）2大匙

蔬菜等配菜：
菠菜叶 400克
香油 1小匙
白芝麻 1小匙
切末的大蒜 1瓣
盐 1小撮
豆芽 500克
泡发的香菇 250克
植物油 2大匙
胡萝卜 250克
米饭 8人份（见第338页）
鸡蛋 8颗
紫菜 1片

拌饭酱：
韩式辣椒酱 4大匙
香油 3大匙
白砂糖 1大匙
水 3大匙
白芝麻 2大匙
苹果醋 1大匙
蒜末 1大匙

牛肉及腌渍酱汁： 将牛排骨肉多余的筋切下，之后切成小条。拌匀酱油、香油、白砂糖及蒜末，放入牛肉腌渍30分钟。在一中式炒锅内放入2大匙植物油将牛肉快速炒4分钟，备用。

蔬菜等配菜： 将菠菜叶洗净，以盐水（配方外）焯30秒，放凉后挤干水分。之后用刀切成段，混合少量香油、白芝麻、蒜末及盐，拌匀后备用。将豆芽洗净后也以盐水（配方外）焯30秒，按照拌菠菜叶的方式调味后备用。将泡发的香菇挤干水分后切成丝，以一半植物油用中式炒锅快速炒好后备用。将胡萝卜切成粗丝，以剩余的植物油炒软后备用。

分离蛋清与蛋黄，分别用打蛋器打匀。将蛋液像煎松饼那样倒入不粘锅内，煎出两块蛋饼，放凉后切成粗细一致的蛋饼丝。

将紫菜剪成细丝。

拌饭酱： 混合7种原料制成拌饭酱，装入小容器内。

摆盘： 将米饭摊平在石锅内，其上摆好牛肉及所有蔬菜等配菜。将整个石锅加热5分钟，这样既可加热配菜，也可使米饭底部变成锅巴。最后，与拌饭酱一同上桌即可。

香菜腰果鸡胸肉

（中国）

Wok de poulet aux noix de cajou et coriandre

难度：🍳　分量：8人份

准备时间：30分钟　腌渍时间：30分钟　烹调时间：10分钟

原料：
鸡胸肉 600克（见第180页
步骤9及步骤10）
花生油 5大匙

腌渍酱料：
小苏打粉 1小匙
地瓜粉 1大匙
米酒 1大匙

配菜：
西芹 200克
青椒 300克
白洋葱 100克
姜 30克

酱汁：
蚝油 1大匙
酱油 4大匙
水 4大匙
白砂糖 1小匙
米酒 2大匙
香油 1大匙

摆盘：
腰果 150克
新鲜香菜 1/4把
米饭 8人份（见第338页）

腌渍鸡胸肉：将鸡胸肉切成约1.5厘米的方块，用小苏打粉抓匀后腌渍15分钟。洗净后拍干，再用地瓜粉及米酒腌渍15分钟。

配菜：将西芹、青椒及白洋葱切成小丁、姜切成细丝，备用。

酱汁：混合6种原料制成酱汁。

在锅内干煎腰果，备用。

烧热中式炒锅：将3大匙花生油入锅，油开始冒烟后放入鸡胸肉炒3分钟，之后以滤锅将油沥干。再将剩余的花生油入锅，以大火将配菜炒2分钟，放回鸡胸肉并倒入酱汁翻炒，炒至食材皆裹上酱汁即可关火。

摆盘：分成8等份，每份都放上干煎腰果及新鲜香菜，与米饭一起上桌即可。

泰式酸辣汤

（泰国）

Tom yam goong, soupe épicée aux crevettes

难度：🍳 分量：8人份

准备时间：30分钟 烹调时间：12分钟

原料：
香茅 2把
高良姜或一般老姜 30克
金黄色鸡高汤 2升（见第65页）
辣椒粉 1/2小匙
红葱头丝 150克
番茄 250克
香菇 250克
中型虾 450克
榨汁的青柠 3颗
鱼露 6大匙
泰国罗勒 40克
新鲜香菜 40克
盐及胡椒 适量

　　将香茅及高良姜切成丝，与辣椒粉一同放入鸡高汤内炖煮。

　　烫煮番茄使其去皮后切成4瓣，再将洗净的香菇切成4瓣。待鸡高汤沸腾10分钟后，放入红葱头丝、番茄瓣、香菇瓣及去壳虾，继续煮2分钟。

　　关火后，以青柠汁及鱼露调味，再放入泰国罗勒及香菜。之后可按个人喜好撒盐及胡椒调味。最后，倒入碗内上桌即可。

印尼焦香熏鸭

（印度尼西亚巴厘岛）

Bebek betutu（canettes marinées, cuites en feuilles de bananier）

难度：👨‍🍳👨‍🍳　分量：8人份

准备时间：30分钟　腌渍时间：12小时　烹调时间：3小时

原料：
约1300克的整鸭 2只
香蕉叶 4片（或用锡纸代替）

腌渍酱料：
大蒜 7瓣
红葱头 6颗
香茅 5把
姜 80克
姜黄 40克
高良姜 60克
粗粒黑胡椒 1/2小匙
泰式辣椒 8根
香菜子 1/2小匙
盐 1小匙
榨汁的青柠 3颗
泰国青柠叶 8片

摆盘：
米饭 8人份
虾片 适量

　　将整鸭处理好（见第172页）后备用。

　　烹调前一晚，将除泰国青柠叶之外的腌渍酱料混合后放入杵臼内捣成腌酱。戴手套后将腌酱涂满整鸭内外，腌渍一晚。

　　将香蕉叶悬空放于铁板或煤气炉上加热1分钟。之后将青柠叶铺在整鸭上，再将整鸭以香蕉叶包好，并用牙签固定。

　　以100℃蒸汽烤箱或双层蒸锅烹调2小时30分钟，开叶后再将温度调至150℃烹调30分钟。

　　摆盘： 将整鸭、米饭及虾片一起上桌即可。

北非鸽肉饼

（摩洛哥）

Pastilla de pigeon

难度：👨‍🍳👨‍🍳　分量：8人份

准备时间：45分钟　烹调时间：30分钟

原料：
整鸽 4只
洋葱 500克
姜 40克
大蒜 9瓣
肉桂棒 3根
新鲜香菜 1/2把
扁叶香芹 1/2把
藏红花 5克
摩洛哥混合香料 4克
橄榄油 4大匙
盐 1小撮
鸡蛋 2颗

焦糖杏仁：
白砂糖 100克
去皮杏仁 300克

组合：
薄酥皮或北非薄面皮 16片
橄榄油或澄清黄油 适量
肉桂粉 30克
糖粉 30克

　　清理整鸽内脏（见第172页）。将洋葱、姜及大蒜去皮后切成薄片，接着将整鸽、洋葱、姜、大蒜、肉桂棒、香菜及扁叶香芹一同放入带盖汤锅内，先以小火炒软，再倒水（配方外）浸没食材，之后放入藏红花、摩洛哥混合香料、橄榄油及盐，以小火煮至微滚，持续15分钟，煮至鸽肉可从骨头上轻松剥离即可。取出鸽肉后继续收汁，煮至快干时再离火，之后放入2颗打散的鸡蛋。再将锅放回火上，以小火缓慢加热至锅内食材开始膨胀。待其稍微成形，即得到溏心蛋糊，放凉备用。

　　将鸽腿肉去皮去骨，之后留下鸽菲力。

　　焦糖杏仁：用小火干煎白砂糖至焦糖色，放入杏仁并裹上焦糖色。提前备好一个已抹油（配方外）的餐盘，倒入焦糖杏仁并使其定型。待其冷却后再以刀背敲碎，备用。

　　将烤箱预热至180℃。将一张薄酥皮铺于工作台上，抹一层橄榄油或澄清黄油后再铺一张薄酥皮。之后放上焦糖杏仁、溏心蛋糊、去骨鸽腿肉及鸽菲力，再放一遍溏心蛋糊。接着，向中心处折起薄酥皮，翻面后再抹上剩余的橄榄油，放入烤箱烤15分钟。

　　最后，将肉桂粉及糖粉撒在取出的鸽肉饼上即可。

寿司及味噌汤

（日本）

Sushi soupe miso

难度：👨‍🍳👨‍🍳　分量：8人份

准备时间：2小时　烹调时间：1小时

原料：

寿司醋：
米醋 60克
盐 10克
白砂糖 60克

寿司醋饭：
寿司醋 适量
大米 400克
水 480毫升

寿司：
鲑鱼 1200克
鲷鱼 1000克
鲈鱼 1000克
鲔鱼 500克
大菱鲆 1000克
照烧酱 适量
鲑鱼子 100克
芥末 30克
紫菜 4片

鲔鱼寿司酱汁：
白洋葱 1颗
苹果 1颗
柚子汁 100毫升

味噌汤：
水 1升
柴鱼片 1把
10厘米×10厘米的海带 1片
味噌 80克

摆盘：
酱油 50毫升
芥末 40克
加了米醋的姜末 80克
可食用花 16朵

将大米淘至水清澈为止，静置一会会让大米的口感变得更好。

寿司醋：淘米的同时，用平底锅加热米醋、盐及白砂糖，白砂糖溶解后即可关火，不用煮沸。放凉后备用。

寿司醋饭：将大米及其分量约1.2倍的水入锅以大火煮10分钟，之后转中火煮15分钟至水分蒸干，最后转小火煮5~10分钟。煮好的米饭装入非金属容器（如日式木桶最佳）内。一边搅拌米饭一边扇扇子为其降温，这样既能保证米饭更晶莹剔透，也能避免变软烂。待米饭温度降至室温需要约10分钟。

生鱼片：分别处理鲑鱼、鲷鱼及鲈鱼（见第261页），将鱼肉小心地取下（见第258页），片成约3毫米厚的生鱼片。保留长条的鲑鱼，之后制成鲑鱼卷寿司。将鲔鱼去皮后，也片成约3毫米厚的生鱼片。

鲔鱼寿司酱汁：将白洋葱及苹果打成泥，再混合柚子汁。之后将其滴几滴在鲔鱼寿司上。

组合寿司：将沾湿的双手以非惯用手拿生鱼片（十一二克）；将寿司醋饭捏成圆形，用惯用手拿好。将芥末用惯用手抹在生鱼片上，再将粘有芥末的那一面与寿司醋饭捏在一起。

处理及组合大菱鲆寿司：将生鱼片以火枪快速烧一遍，之后放在一小球寿司醋饭上，再抹上照烧酱。

鲔鱼卷寿司：将紫菜（较宽的那边靠近自己）放于竹帘上。用沾湿的手指薄薄地放一层醋饭，每边都留出一二厘米的空隙。

将鲔鱼摆在中心即可卷起。之后以紫菜留出的空隙来固定寿司卷。切成6段，其余紫菜也做同样的处理。

组合鲑鱼军舰卷：将约5克的寿司醋饭捏成一个小球，压平后作为军舰卷的底部，周围包裹一圈紫菜条，再放上鲑鱼子。

味噌汤：将柴鱼片、海带及水放入锅内混合，煮沸后立即关火，静置10分钟使其入味。之后用漏斗过滤器过滤，放入味噌后再次煮沸即可起锅。

摆盘：最后，将各种寿司、寿司卷及可食用花摆在寿司盘内，与酱油、芥末、姜末及味噌汤一起上桌即可。

餐酒交错

Les ACCORDS METS *et* VINS

目 录
Sommaire

主旋律之餐酒搭配

Les accords mets et vins un accord majeur

众所周知，在法国文化中，葡萄酒具有举足轻重的地位。不管是餐桌上，还是庆功会上、节日时或朋友聚会上，都有它的身影。正因为在用餐前试喝很少见，使得餐酒搭配变得很难，这也是为什么选择葡萄酒既复杂又有趣。实际上，餐酒搭配不仅要选择最合适的酒，还要考虑其他因素，如气氛、场合、季节与环境等。

选择酒与选择食材很类似，即将季节考虑进去才能尝到好味道。葡萄酒好像总会出现在冬季的餐桌上，这样才能温暖人心；而凉饮则会让我们联想到夏季。但是，我们也可以在夏季喝上像阳光般耀眼的葡萄酒，如同我们在冬季体验酒中"大地"的味道。法国酒的种类较多，所以能为每个季节的餐桌增添一份活力。

三的定律

想要找出烹调方式、调味及配菜三者的平衡，需要进行大胆的尝试，再想出各种办法搭配葡萄酒与食物。当然，过程中不可避免会犯错，但我们却能从错误中获得好多经验。

原色的白

白葡萄酒分几种：不甜的、微甜的、甜的以及有无气泡等。它们性质相异，又精巧细致。

吃海鲜最少不了搭配白葡萄酒，如特别经典的组合：牡蛎搭配蜜思嘉（Muscato）。虽说白葡萄酒因用香气逼人、性质各异的葡萄酿制而成，会特别适合夏季饮食，但在冬季饮食中，白葡萄酒也能一显身手。

一个很好的例子就是产自法国阿尔萨斯的不甜蜜思嘉，就有非常吸引人的香味与口感，还有隐隐而致密的清甜。没有沉重的甜腻感，非常适合搭配开胃菜来饮用。

说到主菜，白葡萄酒也很适合搭配鳟鱼这种淡水鱼。同时，餐后饮用也很好。只要肯花点小心思，就能带来多变的口感。

葡萄酒的复杂度受酿酒方式的影响，这也使得我们可以探索不同的可能性。法国勃艮第白葡萄酒会与酒泥一同放入橡木桶内，这样既可以增添香味，又可以激发出多种可能性。

勃艮第产区与隆河谷地的白葡萄酒复杂多样，非常适合搭配细腻的白肉（如小牛肉和鸡肉）来饮用，或味冲的甲壳类海鲜（如大螯龙虾与龙虾）。这些食物很适合搭配白葡萄酒，能展现葡萄品种、果味及土地的味道。

酒泥越陈越香

酒桶底部的沉淀物即酒泥。在陈年过程中，不时搅拌并摇晃酒桶，可使酒泥重新浮起，这样可增添酒香。

解渴的酒？（UN VIN DE SOIF）

其实本无负面意思。能解渴的酒通常很清爽，具有细致的单宁及果味，而无厚重的负担。

来自法国普罗旺斯的粉红葡萄酒比较畅销，但还有很多特别的不知产地的粉红葡萄酒，如来自法国邦多勒（Bandol）及塔维（Tavel）的粉红葡萄酒。法国有些地方还会直接将粉红葡萄酒称为塔维。

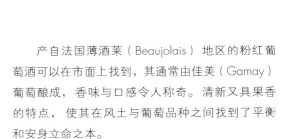

拥有果香及清新味道的粉红葡萄酒

粉红葡萄酒作为夏夜的最佳伴侣多了一分果味，少了一分复杂。粉红葡萄酒较易入门，因其无需陈年太久。清凉的粉红葡萄酒总能衬托出夏夜的细腻美味，其虽然简单又易于使人满足，但不代表它就是一种普通的葡萄酒，其实市面上也有很多高大上的粉红葡萄酒。

产自法国薄酒莱（Beaujolais）地区的粉红葡萄酒可以在市面上找到，其通常由佳美（Gamay）葡萄酿成，香味与口感令人称奇。清新又具果香的特点，使其在风土与葡萄品种之间找到了平衡和安身立命之本。

粉红葡萄酒中也有以古老方式酿制的像法国塞尔东（Cerdon）这样的气泡酒，非常适合搭配开胃菜或甜点。这种酿制方式酿成的酒既清新又具果味香。其气泡细腻、酒精浓度低、甜味致密，既不腻味又不厚重。

塞尔东适合饮用的温度为七八摄氏度，不过也不是绝对的，会因年份与等级不同而各异。一般来说，陈年较少的酒试饮温度越低，反之亦然。

红酒的细腻与复杂之处

红酒具有多重性。陈年较少的红酒比较简单直接，香味属于第一层味道。而有些红酒装瓶3年后才适合饮用，有些则需要时间才能展现特色。有些红酒特别复杂，香味不再局限于第一层，而是达到第三层，这些都是10~15年以上的红酒。如新鲜水果味变成果干、蒸馏水果酒及果酱等味道。因此，虽然能够感觉到，但单宁已因岁月的洗刷而不同。我们可在品酒时仔细进行记录，便于熟悉红酒的香味。这是一个细腻的感官世界，让美食家变得既兴奋又令人着迷，吸引着人们一起发现这份细腻。

酿酒过程中的自然因素及人为因素决定了红酒的陈放能力。

人为因素由酒庄如何定义自家的酒和酿酒方式决定。如浸皮法时间较短，从葡萄中萃取出的成分较少，这样会产出适合较早饮用的红酒。风土及葡萄种类是自然因素中最不能被忽视的，它们很大程度上决定了红酒的品质。如佳美葡萄酒就宜早饮用，其产区为法国薄酒莱南部（如金色石子与薄酒莱新村），土壤为黏土及石灰岩；北部的多样化土壤加上火山灰岩，其产出的酒较浓烈，具有陈年的能力。还有一个重要因素即气候。实际上，每年的葡萄酒品质受到各种气候（如气温及降水量等）的影响，炎热而干燥的夏季最易产出浓郁的酒。

夏季的餐点非常适合选择年轻而新鲜的红酒。

巅峰时刻（PLÉNITUDES）

主要指一瓶酒的嗅觉、味觉及视觉三者和谐与冲突的味道在发展过程中达到平衡。以上三者之间完美平衡的一刻即为巅峰时刻。

陈年久的单宁，年轻的你（LES）

陈年少的单宁通过葡萄皮出现在红酒内。随着时间的推移，红酒的单宁也会逐渐平衡。单宁可决定酒的可口度，即酒的"质地"。

陈放于木桶内的红酒的单宁会因木头变得更加多样化。陈年时，葡萄与木桶的单宁会融合在一起，形成丝绸般柔软的口感。此外，单宁还具有抗氧化、减缓细胞老化及保持青春等优点。

法国隆河谷地、隆河丘村庄、薄酒莱及一些罗亚河产区盛产清爽且果味十足的红酒。

厚实的酒较适合搭配颜色较深、具有大地风味的较浓的餐点。在颜色上，出名的佳酿往往十分相似。

年轻的红酒非常适合搭配烤牛肉及嫩马铃薯，因其具有果味、香料味及优雅的单宁。此类红酒的口感浓稠而厚重，能很好地搭配口感扎实的煎烤肉类餐点。而浓郁的果香则能带出烤牛肉的鲜味。此类红酒若搭配肉汁较少的餐点，就不合时宜了。

相比之下，10~15年的红酒最适合搭配经过长久烹煮的、去除肉筋的炖肉料理（如红酒炖牛肉）。这类肉本身具有非常好的味道，陈年久的酒，其结构虽不尽相同，但也有自身独特的嗅味觉框架。若酒的整体能够呼应肉及肉汁的味道，就可达到完美的餐酒交错。

理想的酒窖

既然是由你决定，那么一定存在理想的梦幻酒窖。称之为理想是因为我们会喜欢、会在梦里勾勒它的模样，并笃定会实现。当然，在严格的规定之外，由一些特定的准则及要求约束的理想的酒窖或多或少会带有个人感情因素。

回忆的味道

　　直接在酒庄买酒，这瓶酒会承载你与酒庄主人相遇的回忆、主人的故事、酒庄的样子及气味等。

只要打开这瓶酒，回忆就会涌现。

　　快乐的感觉来自于与人交流得到的感官上的乐趣。自然地，我们会选择带有这种回忆的酒，与能够欣赏他的伙伴一起分享。

赫赫有名的酒庄

很多人在葡萄酒圣经、他人或葡萄酒经销商的推荐下，会从赫赫有名的酒庄中购买，因为他们具有"品质保证"。因其历史渊源的不同，知名酒庄的葡萄酒具有分级，价格较高，这也是新手的必经之路。只有品尝到这些好酒，初学者才能训练好自己的味觉，发现其中的奥秘及专属辞藻。

跳华尔兹的葡萄酒

请一定知道一瓶酒适合存放多久后品尝，再建造自己的酒窖。有些适合趁早饮用，有些则越陈越香。

伴随季节的通常是需要赶快喝掉的酒，即平时喝的葡萄酒，如薄酒莱新酒、春天的粉红酒或冬季搭配海鲜的蜜思嘉。

贮存中等价位的葡萄酒具有弹性，也能通过自身选择找到独特的品位。这些酒既可以马上品尝，也可以放上四五年，沉淀出更加复杂浓重的口感。

庆祝特别的场合，我们总会拿陈年的好酒。既通过葡萄酒来铭记重要时刻，也能与其一起老去。这些酒的特色来自人力、酿造过程、年份与风土等自然因素之间取得的完美平衡，它们都是上等的好酒。

酒瓶的重要性

选酒的一个重要条件即酒瓶的大小。一大桌客人更适合1.5升的葡萄酒，这也是保存葡萄酒的理想容器。就拿香槟来说，1.5升也是最适合的。较小的酒瓶比较适合装餐桌酒等短时间存放的酒，或用来小杯喝的甜红酒。

酒窖的环境

贮存很重要，若没有好的贮存环境，就不可能收藏葡萄酒。

酒窖的温度需要恒定，冬夏温度在12~14℃之间，不能有大幅的变化。若温度超过15℃，则无法贮存葡萄酒。

长期贮存需要湿度维持在70%左右。近年来，软木塞逐渐被易开瓶盖取代，所以维持湿度也变得没有那么重要。

软木塞的弹性取决于湿度，所以会以自然泥土作为基础，上面再铺一层碎石，这样就能保证一定湿度。

葡萄酒性质脆弱而细腻。在明亮的空间内需小心贮存，或直接贮存于阴暗处。香槟尤其怕光，人们喝起暴露在光照下的香槟时，就会说其喝起来有股"光照味道"。

在贮存珍贵的葡萄酒时，不能有任何移动或晃动。这也是为什么要将标签朝外的酒瓶放于酒架

从小至大的酒瓶的法文名称

Fillette：375mL

Bouteille：750mL

Magnum：1.5L

Jéroboam：3L

Réhoboam：4.5L

Mathusalem：6L

Salmanazar：9L

Balthazar：12L

Nabuchodonosor：15L

Melchior ou Salomon：18L

Melchis é dech：30L

上，便于人们在不移动酒瓶的情况下就可知道信息。将葡萄酒平躺放置，可以随时准备好开瓶上桌。

白葡萄酒需要放在较低的酒架上，因越靠近地面温度越低。珍贵的葡萄酒可以贮存多年后再品尝。最好能按照区域分类摆酒，这么能省事不少。因为收藏酒会越来越丰富，所以需要找到合适的位置。

最后，不能在有强烈气味的环境中贮存葡萄酒，因其无法承受外界的强烈气味。想要贮存葡萄酒并营造个人酒藏却没有酒窖时，各种尺寸的酒柜就成为必备的家具。

渗酒（COULURE）

太干的软木塞会变小，这样会使瓶内的葡萄酒漏出，并一点一点全部流尽。

如何开葡萄酒

Ouvrir une bouteille de vin

词汇释义：

侍酒餐巾 用来侍酒的餐巾。

锡纸封签 标于葡萄酒或烈酒酒瓶瓶口，证明已纳税。

软木塞底 与酒直接接触的那面。

做法：

1 备好酒杯及侍酒餐巾。在酒瓶垫上放好酒瓶，将酒标面向客人。沿着酒瓶用开瓶器的刀片划开锡纸封签，倒酒时不要接触到锡纸。

2 将瓶口用侍酒餐巾擦拭干净。

3 于软木塞中心刺入开瓶器螺旋铁，用力向下旋，将软木塞牢牢抓紧，注意不要刺穿塞底。

4 将软木塞缓慢拉起。

5 为了更万无一失，用手指取出软木塞，以此完成开酒的最后一步。同时，尽量避免发出任何不雅的声响。将软木塞取出时应是安静无声的。

6 先闻一下软木塞，确认酒是否变质。之后将瓶口以侍酒餐巾擦净。

如何倒酒

Servir un verre à la bouteille

做法：

1 右手拿酒瓶，注意不要遮住酒标，左手拿侍酒
餐巾。站在客人右侧，这样便于客人确认酒标。
之后倒入酒杯的三分之一的量即可。

2 用手腕的力道快速而轻巧地转动酒瓶，避免酒
滴落。

3 将瓶身上的酒用侍酒餐巾小心擦净。

4 最后，再请客人确认一遍酒标即可。

如何换瓶醒酒

Carafer un vin

※ 醒酒瓶用于酒瓶内无沉淀物的酒，主要为陈年少的酒，较多为白葡萄酒。醒酒的过程能加速酒与空气接触，鼻子嗅到的气味会比嘴尝到的味道更丰富。

做法：

1 备好广底醒酒瓶、酒杯及侍酒餐巾。将酒瓶竖直后再打开。

2 往酒杯内倒入一点酒，闻一下，确认是否变质。

3 若未变质，再将酒杯内的酒倒入醒酒瓶内，轻晃使酒沾满醒酒瓶后，再倒回酒杯内，之后倒掉。此步骤是为了给醒酒瓶"沾酒"（viner），并准备装酒。

4 小心地沿着醒酒瓶的瓶身内侧将全部酒倒入即可。

如何开酒瓶架上的酒并倒酒

Ouvrir et servir une bouteille de vin en panier

※　放于酒瓶架上的酒一般为年份长的葡萄酒。不离开酒瓶架
　　将酒打开、倒酒，可避免沉淀物浮起，影响酒的清澈度。
　　一旦将酒瓶放上酒瓶架后，就不可重新放置。放时，注意
　　要顺着酒瓶架滑入，旋转瓶身将酒标露出。

做法：

1 将酒瓶放于酒瓶架上，酒标朝上。注意不要翻
转或直立酒瓶，需稳稳地放于酒瓶架上，避免
晃动起沉淀物。将锡纸封签划开。

2 将锡纸封签取下后，用侍酒餐巾将瓶口擦净。

3 在软木塞中心刺入开瓶器螺旋铁，用力向下刺入，便于牢牢抓紧软木塞，注意不要将其刺穿。

4 将软木塞缓慢拉出。

5 用手指慢慢拉出软木塞，这时因空气上升的酒就会重新流回去。

6 小心倒酒的同时，注意保持酒瓶的倾斜，不要将酒瓶直立。

如何利用烛光换瓶醒酒

Décanter un vin à la bougie

※ 烛光可帮助我们看清瓶肩处沉淀物的位置，依此决定哪部分酒可倒入醒酒瓶内。醒酒主要有两个目的：一是为得到更加清澈的酒；二是为了加速酒与空气的接触。

词汇释义：

瓶肩（L'épaule de la bouteille）指酒瓶颈部最开始变宽的部分。

做法：

1 备好醒酒瓶、小碟子、酒杯、蜡烛及侍酒餐巾。取出酒瓶架上的酒瓶的软木塞，将其放在小碟子内，将蜡烛点燃。

2 与换瓶醒酒相同，先确认软木塞是否变质，之后将少量酒倒入酒杯内，为醒酒瓶沾酒。

3 将醒酒瓶内的酒倒回酒杯，之后倒掉。

4 取下酒瓶架上的酒瓶，保持平躺的状态。

5 将酒瓶瓶肩的位置放于烛光上方，与烛光对齐，
之后小心地将酒沿着醒酒瓶的瓶身倒入。

6 若在瓶肩处发现沉淀物，则停止倒酒。

如何开气泡酒

Ouvrir une bouteille de vin effervescent

词汇释义：

线篮　有如下两个特征：其一为四条铁丝的金属牢笼，以固定软木塞；其二为利用下侧扭紧的铁丝，将瓶内的气泡压力锁住。

帽盖　属于线篮的一部分，指有酒庄标志的金属圆顶，在线篮与软木塞之间，其可避免因瓶内压力使软木塞受损，顶端为压力最大处。

锡纸　即完全包裹软木塞、线篮及酒瓶上方的金属包装纸。会有褶皱，且设计因酒庄各异。为了方便开瓶，线篮处有一道易开线。

做法：

1 将气泡酒从冰桶内取出，将瓶身擦净，放于酒瓶垫上，使酒标朝向客人。

2 顺着易开线将锡纸撕开。

3 一只手扶好软木塞及酒瓶，一只手扭开线篮，连同帽盖取下。

4 将酒瓶倾斜45°，一只手撑于瓶底处旋转酒瓶，便于将软木塞取出。

5 抓紧软木塞后慢慢取出。

6 用手拿好酒瓶底部，将拇指放于瓶底的凹槽处，以单手倒酒。

餐桌艺术

Les ARTS de la TABLE

目 录

Sommaire

即刻为您提供服务的餐桌艺术

Les arts de la table à votre service

餐桌艺术属于一种特别的上菜方式，也是一种表现钟爱美食的方式。众所周知，具有精致内涵的往往是带有餐桌艺术的食物，它早已不再是让人们得以生存的食物。在开心且有礼仪的场合中会有餐桌艺术的身影，它可使享用美食变成一种快乐的与他人相聚且交流的幸福时刻。

以前的餐具主要由贵金属制成，上面会镶嵌宝石，这能在皇家的晚宴上彰显权利与欢乐。虽然那时的餐具非常奢华，但人们更愿意直接用手从盘内拿起食物享用。

直到17世纪，餐桌艺术由法国路易十四王朝制订，繁复却不失精髓与严谨，得以沿用至今。这一套餐桌艺术反映了那个时代无所不在的古典主义精神和对秩序的向往，这也是当时法国国王路易十四想要让宫廷贵族过的一种生活方式。

餐桌艺术发展蓬勃而变繁复是在19世纪，那以后就变得越来越富有弹性。人们最看重的就是客人的感受及对食物的评价，同时还不忘发扬古典主义的价值。

餐桌摆设及待客之道

说到餐桌艺术，人们总会想起漂亮的餐具，但其实不仅如此。不仅餐桌上的摆设、玻璃杯及餐具很重要，桌布及烛台细微变化的灯光也很重要。不过，我们应把重点放到餐桌上的装饰、家具、音乐或花朵上，来营造合适的氛围。

在选择餐桌上的装饰时，请尽量避开香味过重的花朵，这样会盖掉食物的香味。

想要愉悦客人，最重要的就是使人处于一个舒适且和谐的地方，切忌脏乱。整洁的环境会使人感觉轻松，并能找到属于自己的位置，不用产生自己是一个不速之客的错觉。

为餐桌摆设时，暂时先不管餐桌上的装饰是否实用，但是一定要干净整洁。我们需要找到构建整个空间的主线，例如，根据刀具的相对位置要斜放不同的杯子。同理，根据餐盘或餐桌的边缘，即"假想线"，使刀具的上下边缘对齐。不同的餐桌摆设方式有不同的假想线，如经典餐桌与宴会餐桌就不同（见第592页、第593页）。

广受好评的餐桌

桌布

为了保护餐桌，可为其铺上一条绒布，虽然可能略显老气，但是会使客人感觉较舒适，不用接触到餐桌的坚硬及冰冷。此外，绒布还可以将餐桌上刀具发出的声音降低。我们会在绒布上再铺桌布。可以说绒布和桌布扮演了很重要的角色，可为人们提供一定的舒适感及温暖。

桌布的折痕若很明显（最好铺在正方形或长方形餐桌上），一定要朝向同一方向。将无法遮盖住的折痕铺于桌面上，再盖上能够遮住的折痕，最好将可见的折痕面向房间的长边或大窗户等对外的开口。

餐桌布局

餐桌布局中的小细节一般非常重要，需在客人到来之前就准备好。摆好餐桌后，能让客人备感温暖，并感受到主人的用心。

经典餐桌摆法具有简洁、优雅的特点，宴会餐桌摆法因为餐具会提前摆好，所以客人可预期之后会上什么菜，也能帮助主人应付其他众多的客人。

摆放餐具时要非常严谨并小心翼翼，这样才能保证餐桌的整洁与秩序。例如，假设玻璃杯细细的杯脚上注有牌子或标签，就算不明显，也要将其朝向客人。这些细节都能为用餐场合营造出井然有序的氛围，也能使客人感受到主人的用心。这种严谨的态度，也是对传统精神的一种传承。

完美无缺的餐盘及酒杯

即便非常仔细地清洗餐盘，也不可避免会留下痕迹。若想将各种痕迹完全去除，需在摆桌前再清洗一遍。

需要用加了白醋的清水冲洗餐盘、餐具及分装盘。

清洗酒杯有诀窍：将沸水装满大型方盘，将酒杯倒立拿在方盘之上，使酒杯内产生雾气，之后再以没有棉屑的干净白布擦净。记住，一定要戴上手套再拿酒杯，这样才不会在杯身上留下指印。

经典餐桌摆法

Dresser une table classique

　　能够服务客人、展现视觉盛宴的艺术即摆桌。经典餐桌摆法会呈现出一张精心装饰的餐桌，再根据菜单及菜系来调整餐桌上的装饰品。餐饮业将餐桌摆设称为"à la carte"，即根据菜单调整摆设。

面包刀（couteau à pain）
放于面包盘上，与餐刀一样放于面包盘的右侧。面包刀不是用来切面包的，而是用于取黄油。

圆肚高脚水杯及酒杯（verre à eau et verre à vin）
若是比较松弛的场合，会用无脚水杯代替高脚水杯。

餐巾（serviette）
应与桌布相匹配，且熨烫平整，并放于餐刀右侧。尽量不要将其弄出折痕，可卷起使用。

面包盘（assiette à pain）
放于摆桌左上方，与观赏盘的上沿及右侧水杯的杯脚对齐。

餐叉（fourchette）
放于观赏盘左侧，叉齿扣于桌面上。

观赏盘（assiette de présentation）
尺寸一般很大，直径为26~28厘米。其为摆桌的中心，距离餐桌边缘一个拇指下指节的距离（即拇指弯起，从虎口至指关节的距离）。

餐刀（couteau）
放于观赏盘右侧，刀刃靠近盘子。

宴会餐桌摆法

Dresser une table banquet

此摆法会提前摆好各种餐具及杯子，之后上菜会容易
很多，这种摆法使人备感舒服。

点心餐具（couverts）
用于食用点心。起初放于
观赏盘上方。上点心前，
收走观赏盘，之后可移动
点心餐具：叉子在左，汤
匙及刀在右。

玻璃杯（verres）
即无脚水杯、白葡萄酒杯
及红酒杯。3个杯子应与
从点心刀刀尖开始延伸的
一条虚拟线相平行。

**面包盘及面包刀（petite
assiette et）**
始终将面包盘放于左侧。
面包刀不是用来切面包
的，而是用于取黄油。

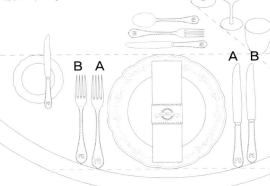

餐巾（serviette）
将餐巾熨平整，置于观赏盘
上，其应与桌布成套，并将菜
单夹入其中。

对齐（ligne）
摆桌时，请想象出一条平行于
餐桌边缘的线，这样便于对齐
餐具及餐盘。以这条线为基准
摆桌。

**A 组刀叉（主菜餐具）
（A-couteau）**
放于内侧，最贴近观赏
盘的位置，用来食用主
菜。若有多道菜，中间
需更换餐具，因为两侧
不能放超过3把以上的
刀叉。

B 组刀叉（前菜餐具）
放于主菜刀叉的外侧。
此副刀叉应与餐桌边缘
的虚拟线对齐，刀叉柄
应略高于观赏盘底线。

观赏盘（assiette）
尺寸一般很大，直径为26~28
厘米。其为摆桌的中心，距离
餐桌边缘一个拇指下指节的距
离（即拇指弯起，从虎口至指
关节的距离）。从前菜到奶酪，
其在用餐时都在桌上，上点心
前才会收走。上菜时，装有食
物的餐盘会摆于其正中央。其
样式应与餐桌的陈设及餐点相
匹配。

善用餐具（du bon）

人们开始普遍使用餐具以及餐桌礼仪开始发展都始于17世纪。可以说法国的奢侈品工业由餐具、餐盘及玻璃杯构成。这些都象征了法国贵族的经济地位，之后立刻受到了布尔乔亚中产阶级的效仿，用于建立自己的政治及经济地位。上流社会会使用奢华精美的器具，从而形成了规定，也排挤了那些使用技巧不够成熟的人。

自18世纪开始，餐桌艺术变得更加复杂，贵族们使用的餐具的用途细分得更加精细考究。据说，法国路易十五的情妇庞巴杜夫人拥有的金银餐具重达约64万斤。直到19世纪，此状况有过之而无不及，贵族的私人宅邸到处都是餐具，几乎无法收拾。这样的情况一直持续到20世纪中叶，餐具才开始变得适合现代化使用，也找寻到餐具的核心价值：为人们在聚餐时提供便利性。

如今，对于接待客人来说，餐桌摆设变得举足轻重。一般的餐具即可适用于多数餐点，所以不必将餐具再细分多个用途，因此也不用因更换餐具而打扰客人用餐。

现代餐具主要由6支外形各异的叉匙组成。过去以精致的木头、珍珠母贝及象牙制成的餐刀，它们不属于现代法国"金属餐具"中的一份子。日常生活中经常使用的是大汤匙及大叉子，如人们会用4个齿的叉子吃肉。实际上，起初的叉子只有2个齿，却无法固定食物。前菜叉及前菜匙的外形变化不大，尺寸较小。点心叉匙由于是配合点心盘，且辅助进食并切食物的，所以会更小。

餐刀及前菜刀的尺寸与搭配的叉匙相同。主菜含肉的人更喜欢锋利的餐刀，具有小而尖锐的锯齿。

一般鱼肉餐具包含一刀一叉，不过现在也包括汤匙。鱼叉的形状较圆，叉齿较短较钝，有3个齿。因叉面较平，可在不刺穿鱼肉的情况下将鱼固定。鱼刀则具有铲匙的功能，由于无需刺穿鱼肉，也不用切开鱼肉，其主要功能是将鱼肉剥开。鱼刀的刀面较宽，就算是整鱼也能将鱼肉及鱼骨轻松分开。现在也会在上菜时附上扁平的鱼匙，这样就能更方便地品尝美味的鱼汁了。

比起前菜餐具，甜点餐具则更小。理想状态下会有花哨的汤匙、刀及叉，适用于各种甜点。没有甜点刀时，也可用甜点叉笔直的外侧切甜点。

其他形状的餐具也能表明其适应性，如用来拌糖的咖啡匙尺寸较小，因为只是用来搅拌液体的，不是拿来喝的。用来吃水煮蛋的汤匙有长长的手柄，这样在挖到鸡蛋底时，不会碰到蛋壳，特别圆的汤匙也不会将蛋壳弄破。面包刀的形状很适合用来给面包涂抹黄油，但一定不要涂抹一大块。刀尖弯成两个尖角的奶酪刀，可在切完奶酪后，再将奶酪片叉起。

因酒而变美的玻璃杯

在以前的餐桌上，只有材质（如稀有金属或水晶灯）上乘的玻璃杯才会受人瞩目。

使用何种材质？

杯子的材质非常重要。水晶虽然很理想，但是用得越来越少，因其易碎又高昂的价格等缺点。如今高品质的玻璃杯兼具透明度及耐用度。

杯脚

拿起酒杯时，细细的杯脚可避免手温影响酒的温度，宽宽的杯底可稳住杯身。不影响酒温及稳定度比杯子优雅的造型及高贵程度更重要。此外，杯肚及杯口也相当重要。

杯肚

杯肚即用来装液体的杯子部分。根据不同种类的酒，可将酒表现得更加完美。一般来说，首先选择杯肚大的酒杯。品酒前，先闻一次酒，轻晃酒杯，使酒与空气相结合，之后再闻第二次。

与红酒不同，白葡萄酒不必过多接触空气，使用杯肚小一点的酒杯即可。

法国勃艮第及波尔多红酒杯的外形在红酒杯中最为人所知。其中勃艮第的杯肚浑圆，这样能聚集细腻的酒香味。

杯口

嘴直接接触的地方就是杯口。很多酒杯喜欢在容量上玩花样，这么一来使得喝酒时只能接触到一小点玻璃杯的边缘，影响了嘴和酒的接触。这样做很遗憾，因为杯肚在合理范围内应越薄及精细越好，不应有限制，这样才能让酒流畅地流动，同时也是展现酒的价值的一种方式。

细腻贴心及表演宏大的餐桌服务

在法国，餐桌服务包括法式、英式及美式三种，第四种为旁桌服务，即俄式餐桌服务，这是种非常豪华且优雅的服务方式，一般只有在较大的场合中才能见到，家庭中很少见。

法式餐桌服务

服务员站于客人左侧，端上食物及叉匙，让客人自行取至面前的餐盘内。在右撇子的世界里，站在左侧能让客人更灵活地、大幅度地活动手及右臂。

此服务方式可自行决定食物的质与量，但很耗时，不适合大型宴会，客人的座位之间也需要一定空间，这样才能取用方便。这只适合熟悉此服务的人，因为在取用食物时，需要考虑其他人的等待时间，这可能造成一些不自在的感觉。

英式餐桌服务

此为法式的改良版，由服务员替客人服务。若服务员技巧娴熟，可一手端菜、一手用公共叉匙为客人取食，这样能使客人感到备受重视，也能决定自己喜欢的质及量。当然，此服务也只适合人数较少的聚餐场合。

美式餐桌服务

若在餐厅用餐，一般会在厨房就将菜分装盛盘，之后再端于客人面前。若厨房提前准备好，就能把第一个人及最后一个人之间的等待时间降至最低，这是种既简单又有效率的餐桌服务方式，餐厅也经常使用。上菜之后，小惊喜会变成大惊喜，如小小的餐具互相碰撞并同时发出声响。除了事先备好美丽的餐盘，事前准备也很重要。有趣的是，冷盘式前菜可于客人未到前就上桌。

俄式餐桌服务

在19世纪的高级宴会上，此服务非常流行，因需要多种服务技巧。如今，除了非常高级的餐厅之外，其他地方已不存在了。假如你有闲情逸致，可在家宴请客人时使用漂亮的餐具，呈上焰烧八角鲷鱼、现切烤鸭或羊肉卷等，来重现此服务。这种服务称为"旁桌服务"（service au guéridon）。

感官盛宴

只有具备了天时、地利及人和，才能呈现出神

奇的感官体验，主要表现为三者的完美结合：包括烹调方式（厨房）、风土（酒）及历史（聚会的时间及空间背景）。其可用下图来表示。此图看似与感官盛宴无关，但在复杂的概念之后其实很简单且显而易见。

熟悉了餐桌服务的艺术及餐酒搭配后，很多感受都会充实你的知识，如通过不断地尝试、建立起对品酒饮食的记忆，还有根植于情感中的享受美食的体验等。

烹调食物及准备食材也适用于这一过程。烹调过程中难免会遇到困难，但也会使人增强信心，并从失误及挫折中收获惊喜。有些惊喜会让人大笑着回忆，但可能难以下咽；有些则意外地非常美味，既会成为一道独一无二的食物，也会成为宴客的一个佳选。我们可通过基本的烹调手法、食谱及各种小技巧，再加上一点小小的灵感和创造力，打造出属于自己的美食"作品"。

葡萄酒
酸度、甜度及味道

烹调/酿造方法

历史

完美结合

餐桌呈现
氛围、摆设及服务

餐点
色香味俱全

风土

保罗·博古斯厨艺学院主厨

Les Chefs
DE L'INSTITUT PAUL BOCUSE

（前排从左至右）
艾瑞克·克罗（Éric Cros）
克里斯托弗·罗彼塔里耶（Christophe L'Hospitalier）
亚伦·勒科隆克（Alain Le Cossec）
艾维·奥杰（Hervé Oger）
弗洛朗·博伊文（Florent Boivin）

（后排从左至右）
保罗·布朗德朗（Paul Brendlen）
塞巴斯蒂安·卡特（Sébastien Charretier）
西里尔·鲍威尔（Cyril Bosviel）
许赞（Chan Heo）
让·菲利蓬（Jean Philippon）
让-保罗·纳港（Jean-Paul Naquin）

保罗·博古斯厨艺学院
餐桌礼仪讲师

L'équipe Arts de la table
DE L'INSTITUT PAUL BOCUSE

（前排从左至右）
蒂埃里·格斯帕里安（Thierry Gasparian）
菲利普·西斯帕（Philippe Rispal）
伯纳德·希古鲁（Bernard Ricolleau）

（后排从左至右）
亚伦·多维纳（Alain Dauvergne）
保罗·达伦坡（Paul Dalrymple）
泽维尔·罗齐尔（Xavier Loizeil）

附录

Les ANNEXES

目 录
Sommaire

常用术语

A

薄面团（Abaisse）

指平坦的生面团，扁平的形状及适中的厚度。

擀薄面团（Abaisser）

指将球形面团伸展并擀平，达到想要的厚度及形状。

鸡杂（Abattis）

指整鸡去掉的部分，如鸡肝、鸡胗、鸡爪及鸡冠等。

肉柳条（Aiguillettes）

指从肉块上切下肉质非常软嫩的长条。

安格斯酱（Anglaise）

指以蛋清为基础的混合蛋液，可搭配面包粉使用。

混合液（Appareil）

指烹调前将各种食材混合，形成均匀流动状。

将蔬菜去头尾（Araser）

指将蔬菜的尾部、根或干枯的部分切下。

植物性香料（Aromate）

指具有强烈味道的植物的根、茎及叶，不管是烹调前的准备或烹调过程中都能轻易嗅出。

淋油（Arroser）

指在烹调过程中，将食物所出

的汤汁或油淋在其上，这样做可使食物不干。

调味（Assaisonner）

指放入一般性调味料，如盐及胡椒来为食物增加香味。

B

隔水加热（Bain-maire）

这是种缓慢而温和的加热方式，即在沸水中放入装有食材的容器，不让热气直接接触容器内的食材。隔水加热法既可在煤气炉上完成，也可用烤箱。

裹卷（Barder）

指烧烤前，为避免烤出的食物过干，可将家禽或油脂较少的野味以肥油或猪五花肉裹起，再将裹好的肉卷以细绳绑好。

打发（Battre）

指用打蛋器快速搅打蛋清及馅料等食材，这一过程可使液体与空气更好地结合，可增大体积并得到均匀的质地。

澄清黄油（Beurre Clarifié）

指将黄油用小火或隔水加热法加热，去除酪蛋白、水分及乳清残留物后得到的黄油，其质地细腻且易消化。

手动打冰黄油（Beurre Manié）

指揉面团前，用手打出松软、易处理的冰黄油。

黄油面糊（Beurre Manié）

指黄油与面粉混合揉成的面糊，可为酱汁或汤汁增稠。

软化黄油（Beurre Pommade）

指软化至室温的黄油，其质地细腻且易使用，可用来制作面团或涂抹模具、锅等。

放入黄油（Beurrer）

指烹调前，为防止发生粘黏，可在锅内壁、派皮及其他食材上涂黄油；

将黄油放入面团、馅料及糊状物内，可增加顺滑的口感。

过水焯（Blanchir）

指在沸水或微滚的水内放入蔬菜和肉类，一会后捞出放入冷水中。此法既可软化食材，也可固定食材的颜色。

上色（Blondir）

指稍微使食材表面着色，并呈漂亮的金黄色。

揉圆面团（Bouler）

指将手绕着圆转动，朝内将面团揉圆。之后衍生出"搓圆"（boulanger）一词，指做出圆球状面包。

调味香草捆（Bouquet Garni）

指主要由百里香、月桂叶、带梗罗勒及香芹构成，之后再以一片韭葱合成一捆，有时也会加上一根细的猪肋骨。烹调时，放入此可增加香味。

烩或煨（Braiser）

指将各种肉类及鱼类以带盖深锅慢慢煨煮。此法可为食材添香、衬托配菜的香味及软化食材。

缝绑（Brider）

指将家禽的翅膀及脚爪用针线固定在家禽身上，这样可避免烹调时四肢分离，进而影响成品外观。可参考"刺穿"。

压碎或磨碎（Broyer）

指将固体食材压碎或磨碎成小块或粉末，之后再做成粉末或面团。

小细丁（Brunoise）

指非常小的蔬菜丁，最好能保持整体蔬菜丁具有相同的形状及大小，尺寸约为二三立方厘米。

蒸汽（Buée）

指烹调过程中液体蒸发后产生的水汽。冒出蒸汽时，由于会影响视线，所以有时难以从烤箱取出食物，烹调时若需为食材淋汁也会很困难。

C

焦糖化（Caraméliser）

指可延长酱汁的烹调时间，尽量将风味进行浓缩。

骨架（Carcasse）

指一整副骨头，可为汤底增加香味。

去核（Cerner）

指沿着蔬果带蒂的部分用水果刀划一圈，可将果核取出。

面包粉（Chapelure）

即细致的干面包粉末或饼干粉末，可用筛子压过面包制成。

上模（Chemiser）

指将派皮铺平于派模底部及四周，之后填入馅料。脱模后，即可得到带有馅料的派皮。

过滤（Chinoiser）

指用漏斗过滤器将汤汁或酱汁过滤，一定要保证汤汁的清澈，尽量将混浊的杂质过滤掉。

修边（Chiqueter）

指烤前，在派皮边缘用刀轻划几刀，这样可保证烤时派皮可以得到均匀的膨胀。

切碎或切成末（Ciseler）

指将蔬菜或香草切碎或切成末；不划破鱼皮的前提下，将鱼肉划几刀，这样能加快烹调时间。

陶罐炖煮（Civet）

指炖煮野味，以各种兔肉及鹿肉为主。将切成丁的肉腌渍后，将油烧热并倒入红酒，放入细香葱及洋葱煎炒。

澄清或净化（Clarifier）

指将黄油中的酪蛋白、水分及乳清残留物分离，做出清澈黄油；
将蛋清与蛋黄以蛋壳分离；
将蛋清放入汤汁或高汤内，进行澄清。

嵌入肉条（Clouter）

指将肉类以细条状的培根或火腿穿过，来增加香味及油脂。

凝固（Coller）

指用吉利丁片或琼脂使食材在室温或低温环境下凝固，保持坚硬的外形。

染色（Colorer）

指用食用色素或色彩艳丽的天然食材，来为其他食材染色。

熬煮（Compoter）

指将小块的蔬菜根茎或水果以小火长时间熬煮，过程中不加水，煮至浓稠，这样可煮出食材的香味。

切碎或捣碎（Concasser）

指将固体食材粗略地切碎、或将胡椒捣碎等。

嵌入香料（Contiser）

指将松露或其他食材嵌入鱼肉或家禽肉内。

刮（Corner）

指用塑胶刮板装饰盘面，或将食材表面刮平。

揉好的面团（Corps）

指面团揉过后的状态。揉好的面团膨胀且具有弹性及延展性，向下按压会弹回。根据所用面粉麸质的多少及品质不同，面团状态各异。

使浓稠（Corser）

指在不减少食物分量的前提下收干，以达到最浓稠的味道为止，或放入能增香的增味剂。

以奶油装饰（Coucher）

一般会用裱花袋和裱花嘴涂一层奶油作为装饰。

猪网膜（Crépinette）

指一种油脂网膜，用来包裹食材，这样利于烹调时固定食材。

过筛（Cribler）

指将食材穿过筛网，来进行分离。

派皮（Croustsdine）

指各种形状的挞皮及派皮，与千层派皮可搭配使用。

D

带骨鱼排（Darne）

指将鱼身垂直切开，可得到二三厘米厚的鱼片，为圆形或椭圆形。

清除（Débarrasser）

指将食材中不可食用的或不用的部分切下。

醒酒（Décanter）

指将酒精静置，将固体部分沉淀，以过滤捞匙过滤或稍微将酒瓶倾斜，再倒入其他容器内。

去壳（Décortiquer）

指将甲壳类海鲜的壳去除。

去梗（Deffilandrer）

指烹调前，将蔬菜的硬纤维或菜梗切下。

去新芽（Dégermer）

指将大蒜切成两半，将新芽去除，这样更易消化。

刮锅（Déglacer）

指将食材煮至焦糖化，倒入酸的液体或水，将锅底的焦香刮出，使其融入汤汁。

去血水或脱水（Dégorger）

指用流水清洗肉或鱼，或直接将肉放于冷水内浸泡来去血水；

将大量的盐涂抹于蔬菜上，此时可挤出大量水分。

去油脂（Dégraisser）

指将肉表面的油脂及薄膜去除；

将液体表面漂浮的油脂捞出。

挥发水分（Dessécher）

如在制作泡芙时要做热面糊，需用木汤匙不停地搅拌加热中的面糊；

将食材放入低温烤箱内，可去除多余的水分或湿润的口感。

等分面团（Détailler）

指用切面刀或一般菜刀切面团，分出多份重量相同的小面团。

稀释（Détendre）

指将液体倒入汤底或酱汁内，可增加原液体的流动性。

加层（Doubler）

指烘烤时，在装有食材的烤盘下再放一二个烤盘，这样可避免其底部过热。

摆盘（Dresser）

指将食物精美地摆于餐盘内。

蘑菇泥（Duxelles）

指将蘑菇切成小丁，与香草一同炖煮，之后可用来做馅料。

E

去鳍（Ébarber）

指将鱼鳍以剪刀剪下。

去鳞（Écailler）

指将鱼鳞刮除。

剥（Écaler）

指将水煮蛋或溏心蛋的蛋壳剥去，也可剥去坚果的外壳等。

去皮或去壳（Écosser）

指将豆荚或谷物类的外皮去除。

撇浮沫（Écumer）

烹调时，将浮在液体表面的泡沫及浮渣去除。

择叶（Effeuiller）

指择下植物的叶，将香草的叶与梗分离。

去梗（Effilandrer）

请参考D中的"去梗（Deffilandrer）"。

滤干（Égoutter）

指将成品倒入滤网或筛网内以过滤多余的水分。

拌散米粒（Égrainer）

指烹调时，以叉子将米粒或谷粒分来。

串肉串（Embrocher）

指提前将肉串于烤肉架或烤肉串上，便于之后烧烤。

切成薄片或切成丝（Émincer）

指将肉类或蔬菜均切成薄片或丝。

烫煮去皮（Émonder）

指将蔬果放于沸水中烫一会，这样可轻松去皮。可参考M中的"去皮（Monder）"。

裹面衣（Enrober）

油炸前，将一层薄薄的面衣裹在食材上。

去皮或去子（Éplucher）

指将蔬果中不食用或不可食用的部分去除，如外皮、外壳、梗、子及蒂。

斜切（Escaloper）

指带有一定角度地拿刀，将肉或鱼斜切成片。

滤网袋或滤网布（Étamine）

指用来过滤液体（如酱汁或高汤等）的薄纱布。

焖煮或煨煮（Étuver）

指长时间盖锅盖焖煮肉类及蔬菜，再放入适量油，可使其味道更香浓。

挖空（Évider）

指将蔬果内部挖空，便于之后填馅。

榨汁（Exprimer）

指用力挤压食材，尽量更多地取得其汁液。

F

风干（Faisander）

指将野味（如鹿及兔等）放置一段时间，有些需放置8天，这样才能增加风味。雉鸡的味道主要来自微腐，即将要腐败的味道。

填馅（Farcir）

烹调前，在家禽、鱼肉或蔬菜内填入其他食材的馅料。

撒粉（Fariner）

为防止粘黏，需给面团撒上一层薄薄的面粉；

在烤盘或模具内撒一层薄薄的面粉，或抹一层油，以防粘黏。

火烧或烧除（Flamber）

指将拔过毛的家禽靠近火源，将表皮的羽毛及细绒毛一并烧去。

撒薄粉（Fleurer）

指为了最后的装饰撒上一层薄薄的细粉。

打发（Foisonner）

指用打蛋器快速将食材打发，使之与空气结合。

装派皮（Foncer）

指在派盘底部及周围铺满派皮。

高汤或汤底（Fond）

指炖煮肉类及蔬菜时得到的汤汁。因为食材的精华都溶于其中，所以高汤很珍贵。

快速搅打（Fouetter）

指用打蛋器快速搅打食材，或使其变浓稠。

榨汁（Fouler）

指挤压漏斗过滤器内的食材，尽量多取得汁液。

冰镇（Frapper）

指将液体或滚烫的食物快速冷却降温。

微滚状（Frémissant）

指液体刚好煮至微滚，液体表面微微滚动的状态。

油炸（Frire）

指在滚烫的热油内放入食材油炸。

香味（Fumet）

指食物的基础，特别指鱼类及野味的味道。

G

粉末状（Grainé）

指食材的颗粒非常小。

焗烤（Gratiner）

指将面包粉、奶酪粉或这两种粉撒在食材上，放入只开上火的烤箱内或烧红的铁板下方，将其烤至焦黄酥脆即可。

烤（Griller）

此法用来烹调各种肉类与鱼类等。主要指将食材接触火或铁板的热气的过程。

H

清除内脏（Habiller）

指将内脏清空、火烧并切除。

剁碎或切成末（Hacher）

指一般常用刀将固体食材切成小块。

小烤肉扦（Hâtelet）

指类似于迷你烤肉叉的铁制或银制小叉子，用来摆盘。

涂油或上油（Huiler）

指在模具或大理石工作台上涂上一层薄薄的油，这样做可使食材更易脱模或从工作台上取下。

I

沾湿（Imbiber）

指将食材弄湿或浸湿。

划几刀（Inciser）

特别用于一些特定的鱼类或家禽上。在其表皮较厚的部位划几刀，可减少烹调时间。

混合（Incorporer）

指将其中一种食材放入其他食材中，使其结合在一起的过程。

浸泡出味道（Infuser）

指在温热的液体中放入带有香味的食材，使液体吸收该食材的香味。

J

细丝（Julienne）

指将蔬菜切成细丝。

L

穿油或（在瘦肉里）夹塞肥肉（Larder）

烹调前，在肉块内塞入肥肉条，这样做可增加食物的油脂及香味。

增稠（Lier）

一般指在酱汁或汤汁内放入蛋黄，使其变得细腻而浓稠。

使均匀（Lisser）

指快速搅打酱汁或鲜奶油，使其质地更加细腻、光滑及均匀。

M

小丁（Macédoine）

指约1立方厘米的蔬菜小块。

刮净末端骨头（Manchonner）

为了在摆盘时，将肉类食物摆得更加美观大气，需去除部分骨头上所附着的肉。食用时，可将骨头以餐巾包好或以装用夹夹住，这样便于食用。

腌渍（Mariner）

指在味道强烈的液体中放入肉或鱼，使其入味。

大火加热（Marquer）

指从烹调开始就以大火加热肉类等。

粗粒胡椒（Mignonnette）

指磨碎的胡椒。

塑形（Modeler）

指将食材用手、模具或饼干模具做出形状。

去皮（Monder）

可参考E中的"烫煮去皮（Émonder）"。

打发（Monter）

指将食材用打蛋器搅拌至与空气相结合，从而变为固体。

使微腐或使（肉）变嫩（Mortifier）

指放置新鲜肉类至开始发酵并变软、微腐的状态。

加汁水（Mouiller）

指在烹调时倒入水或牛奶，使食材得到额外的水分。

N

煮至珍珠状（Nacrer）

指在开始煮手抓饭时，就先持续地加入油脂，这样就可煮出晶莹剔透如珍珠状透明的米粒。

釉化（Napper）

釉化的酱汁就像铺上桌布之后的餐桌。若用手指划过沾有酱汁的汤匙背面，酱汁若不重合，则表明已完成釉化。

P

裹面包粉面衣（Paner）

指烹调前，将食材裹上蛋液及面包粉。

烹调用纸包（Papillote）

一般指小的密封袋，最好以可食用的菜叶制成，烤盘纸也行，将食材放于纸袋内烹调，这是种健康而精致的烹调方式。

修整（Parer）

指将食材上不必要的部分切下，这样能保证整体的美观。

揉（Pétrir）

指将所有食材混合并按压，之后揉成均匀的面团。

捏派皮（Pincer）

指将咸派的边缘用手指捏出形状，这样烘烤时会易上色且变硬，可保证咸派的完整；

可参考C中的"焦糖化（Caraméliser）"。

戳洞（Piquer）

一般会给千层派皮或派皮底部戳洞，这样烤时派皮才不会膨胀或缩小变形。

烫煮（Pocher）

指在滚烫但还未沸腾的液体内放入食材进行烫煮。

R

锁住肉汁（Raidir）

煮肉会使肉变硬，在此之前，最好先炒一会蔬菜或肉类。

收汁或收干（Réduire）

指将食材在液体中煮沸，蒸发水分，这样能将味道及香味浓缩下来。

继续煮（Régénérer）

指用提前备好的（冷藏或冷冻的）食材重新加热食物，不改变其外观及味道。

油糊（Roux）

指混合面粉及油脂后的糊状物，多作为酱汁的底料。

S

摩擦去皮（Sasser）

指将迷你蔬菜的嫩皮用厨房餐巾或粗盐摩擦干净。

撒粉（Singer）

指将面粉等撒在食材上，这样可增加食材之间的黏稠度。

杀菌（Stériliser）

指将细菌以高温杀死。

略煮（Suer）

指将蔬菜慢慢煮软，煮出蔬菜的甜味即可。

速冻（Surgeler）

指将食材以极低温快速冷冻。

T

添油（Tamponner）

于酱汁表面轻轻划过一小块黄油，这么可避免其表面形成薄膜。

削整（Tourner）

指将蔬菜用刀稍微削出相同的形状。

穿刺（Trousser）

可参考B中的"缝绑（Brider）"。

V

分量（Venue）

指根据食谱上所对应的食材的分量，可估计出成品的分量。

Z

刨丝（Zester）

指将水果表皮以专用刀或刨丝器刨下有颜色的丝，这样可为食物增香。

烹饪技巧索引

Index des techniques

原料索引

Index par ingrédient

附
录
|

615

常用对照表

Index par ingrédient

烤箱温度对照表										
刻度	1	2	3	4	5	6	7	8	9	10
温度	30℃	60℃	90℃	120℃	150℃	180℃	210℃	240℃	270℃	300℃

上述温度对照适用于传统电烤箱，若使用煤气或电磁烤箱，需具体参照其产品说明书操作。

容量对照表		
容量		重量
1小匙	5毫升	面粉3克；精盐、白砂糖5克
1点心匙	10毫升	
1大匙	15毫升	奶酪粉5克；可可粉、咖啡粉、面包粉8克；面粉、米、粗粒小麦粉、鲜奶油、橄榄油12克；精盐、白砂糖、黄油15克
1咖啡杯	100毫升	
1茶杯	120~150毫升	
1碗	350毫升	面粉225克；可可粉、葡萄干260克；米300克；白砂糖320克
1利口酒杯	25~30毫升	
1波尔多酒杯	100~120毫升	
1水杯（大）	250毫升	面粉150克；可可粉170克；粗粒小麦粉190克；米200克；白砂糖220克
1酒瓶	750毫升	